生态文明基础教程

陈逸平　主　编

王晓春　李　楠　副主编

李铁铮　主　审

U0199194

中国林业出版社

图书在版编目(CIP)数据

生态文明基础教程 / 陈逸平主编 . —北京：中国林业
出版社，2021. 8
ISBN 978-7-5219-1211-1

Ⅰ . ①生… Ⅱ . ①陈… Ⅲ . ①生态文明–教材 Ⅳ . ①X24

中国版本图书馆 CIP 数据核字（2021）第 109525 号

中国林业出版社·教育分社

策划编辑： 田　苗
责任编辑： 田　苗　曹濛文
电　　话： (010)83143557　　　　　　　**传　　真：** (010)83143516
出版发行　中国林业出版社（100009　北京市西城区刘海胡同 7 号）
　　　　　　E-mail：jiaocaipublic@ 163. com
　　　　　　网 站：http：//www. forestry. gov. cn/lycb. html
印　　刷　河北京平诚乾印刷有限公司
版　　次　2021 年 8 月第 1 版
印　　次　2021 年 8 月第 1 次印刷
开　　本　710mm×1000mm　1/16
印　　张　18. 75
字　　数　332 千字
定　　价　48. 00 元

序

习近平生态文明思想是习近平新时代中国特色社会主义思想的重要组成部分，是习近平总书记立足新时代生态文明建设实践创造形成的重大理论成果，是建设社会主义生态文明的科学指引和强大思想武器。2021年7月21日，他在西藏林芝尼洋河大桥考察雅尼湿地时再次强调，"要坚持保护优先，坚持山水林田湖草沙冰一体化保护和系统治理，加强重要江河流域生态环境保护和修复，统筹水资源合理开发利用和保护，守护好这里的生灵草木、万水千山"，为我国生态文明建设提出了新的要求。学习好、传播好、贯彻好习近平生态文明思想是当前一项十分重要的任务。《生态文明基础教程》一书的编撰与出版，就是广泛传播习近平生态文明思想的具体行动。

生态文明建设是习近平新时代中国特色社会主义的重要特征。加强生态文明建设，是迈进新发展阶段、贯彻新发展理念、构建新发展格局的必然要求。生态文明建设对新时期林业和草原发展提出了更高要求，赋予了林业和草原前所未有的历史使命。林业和草原行业必须认真贯彻习近平生态文明思想，主动服从服务于国家战略大局，牢固树立尊重自然、顺应自然、保护自然的生态文明理念，深入实施以生态建设为主的林业和草原发展战略，以建设生态文明为总目标，以改善生态改善民生为总任务，切实履行保护自然生态系统、实施重大生态修复工程、构建生态安全格局、推进绿色发展、建设美丽中国、为应对全球气候变化作贡献的重大职责，着力构建国土生态安全空间规划体系、重大生态修复工程体系，有效保护生物多样性、提升森林生态旅游和康养品质，加大环境污染治理力度，实施乡村振兴战略、建设美丽乡村，推进生态法制建设，为建设生态文明和美丽中国，实现中华民族永续发展作出新贡献。

生态文明建设必须以生态文明理论和思想为指导，不断优化和完善人与自然的关系。习近平生态文明思想为新阶段全面加强生态环境保护、推进美丽中国建设、实现人与自然和谐共生提供了思想指引和行动指南。推动新发展阶段的生态文明建设，首要任务是深入学习、广泛传播、认真贯彻习近平生态文明思想，全面掌握蕴含其中的科学理念，用习近平生态文明思想武装头脑，指导生态文明实践活动。

生态文明建设是涉及经济社会发展全过程和各方面的系统工程，推进生态文明建设，必须树立生态文明理念，使全社会充分认识加快推进生态文明建设的极端重要性和紧迫性，切实增强责任感和使命感，让生态文明思想深入人心、推动实践。这就需要加快构建生态文明教育体系，把生态文明教育贯穿于国民教育、党政干部培训、企业教育培训、农村生态文化教育的全方位、全过程。要推进生态文明教育进教材、进课堂、进头脑，广泛传播习近平生态文明思想，不断增强全社会的生态文明意识和生态文明素养，使生态文明思想成为全民共识，并真正做到内化于心、外化于行。

认真贯彻落实习近平生态文明思想、牢固树立"绿水青山就是金山银山"理念，是立德树人的重要内容和载体。加强生态文明教育，已经成为高校培养德智体美劳全面发展的社会主义建设者和接班人的重要内容。高职院校学生的生态素养关系到我国生态文明建设的大局，也是大学生思想政治教育方面的重要内容。作为未来生产第一线的技术和管理人员，高职学生应具备良好的生态文明素质，养成生态自觉和生态能力。因此，高职院校应该重视大学生生态文明素养的教育和培养。

在高职院校广泛开展生态文明教育是当前的重要任务。这既是满足在校大学生学习生态文明思想的需要，又是完善在校大学生知识结构、提高其生态文明意识的重要抓手。高职院校生态文明教育要突出高职教育特色和专业特点，要从高职院校的实际出发、从高职学生的实际出发，提升高职学生对生态文明的整体认识水平，激发高职学生积极参与我国生态文明建设的热情，引导和教育他们用生态文明思想处理问题，不断增强他们的生态文明实践能力。

前些年，为了给农业推广硕士讲授现代传播学课程，我曾迈进甘肃省林业学校的校园。十多年过后，我高兴地看到，这所林校已经发展壮大成了甘肃林业职业技术学院，而且成了传播习近平生态文明思想的重要阵地。据我所知，该校十分重视对学生开展生态文明教育，承担了甘肃省高校大学生就业创业能力提升工程项目《新时代职业院校生态文明协同创新与技术服务实践体系构建》。为了更好地传播生态文明思想，该校组建了生态文明协同创新与技术服务项目组，并且专门成立了《生态文明基础教程》编写组。其作者均为长期从事林业职业教育、林业建设、生态文明建设的教师和科普工作者。

十分荣幸成为此书的第一读者。我看到，此书内容丰富，包括了生态文明概述、习近平生态文明思想、生物多样性与生态文明、林业与生态文明、森林生态旅游及康养与生态文明、美丽乡村与生态文明、环境污染治理与生态文明、生态文明建设的生态法治保障、生态文明建设的伟大成就九个方面。与其他生态文明教材相比，此书更贴近高职院校学生的思想实际，更适合高职院校生态文明教育教学的需要。我高兴地看到，此书还是一本科普读物，既具有思想性、科学性、知识性，又兼有实践性、可读性，可以作为从事生态文明建设、乡村振兴、环境保护等工作的朋友们学习的参考书。

编写组嘱我为此书写序，自知才疏学浅、迟迟未能动笔。恰逢昨日中国林业教育学会聘请我为新闻传播首席专家，自感有责任向广大读者推介这部新书，于是草就如上文字。我愿意与编写组诸位作者和此书的诸位读者共勉，齐心协力为传播、贯彻习近平生态文明思想贡献力量。

铁 铮

2021 年 7 月 27 日

前　言

　　党的十八大以来，以习近平同志为核心的党中央把生态文明建设摆在全局工作的突出位置，全面加强生态文明建设，开展了一系列根本性、开创性、长远性工作，决心之大、力度之大、成效之大前所未有，生态文明建设从认识到实践都发生了历史性、转折性、全局性的变化。

　　习近平总书记传承中华民族优秀传统文化、顺应时代潮流和人民意愿，站在坚持和发展中国特色社会主义、实现中华民族伟大复兴中国梦的战略高度，深刻回答了为什么建设生态文明、建设什么样的生态文明、怎样建设生态文明等重大理论和实践问题，系统形成了习近平生态文明思想，有力指导生态文明建设和生态环境保护取得历史性成就，发生历史性变革。习近平生态文明思想立意高远、内涵丰富、思想深刻，对于坚持走生产发展、生活富裕、生态良好的文明发展道路，加快建设资源节约型、环境友好型社会，推动形成绿色发展方式和生活方式，推进美丽中国建设，实现中华民族伟大复兴的中国梦，具有十分重要的意义。

　　当代青年是生态文明的建设者、生态文明的拥有者、生态文明的保护者、生态文明的享用者、生态文明的传承者，需要想干事、能干事、干成事的广大青年勇于直面问题、不断解决问题、努力破解难题，才能让生态文明建设持续向好稳健推进。这是当代青年应有的担当和责任，更是当代青年肩负的艰苦卓绝的现实重任和不可推卸的历史使命。推进生态文明建设，增强生态文明意识，学校有义不容辞的责任。2019 年，甘肃林业职业技术学院承担了甘肃省高校大学生就业创业能力提升工程项目《新时代职业院校生态文明协同创新与技术服务实践体系构建》，组建了生态文明协同创新与技术服务项目组和《生态文明基础教程》编写组。本书既是一部教材，也是一本科普读物，全书共分九章，内容和编写人员分别是：

　　第一章　生态文明概述　王晓春（甘肃林业职业技术学院）

　　第二章　习近平生态文明思想　谢小平、张小军（甘肃林业职业技术学院）

　　第三章　生物多样性与生态文明　廖永峰（甘肃林业职业技术学院）

　　第四章　林业与生态文明　何彦峰（甘肃林业职业技术学院）

　　第五章　森林生态旅游及康养与生态文明　李鸿杰（甘肃林业职业技术学院）

　　第六章　美丽乡村与生态文明　李楠（甘肃林业职业技术学院）

第七章　环境污染治理与生态文明　杜继龙(甘肃林业职业技术学院)

第八章　生态文明建设的生态法治保障　陈逸平(甘肃林业职业技术学院)

第九章　生态文明建设的伟大成就　李建强(甘肃省林业科技推广总站)

本书由陈逸平任主编,王晓春、李楠任副主编,陈逸平和王晓春对全书进行了统稿。特别邀请北京林业大学李铁铮教授对本书进行了审稿和指导,在此,表示衷心的感谢。

由于编者水平有限,书中难免存在一些不足之处,敬请读者批评斧正,不胜感激之至。

编　者
2021 年 6 月

目录

序

前　言

第一章　生态文明概述 ……………………………………………… 001

一、生态与生态环境 ……………………………………………… 002

二、生态文明概念 ………………………………………………… 005

三、生态文明特点 ………………………………………………… 009

四、生态文明与其他四个文明之间的关系 ……………………… 010

五、生态文明理论基础 …………………………………………… 012

六、生态文明建设概述 …………………………………………… 021

七、生态文明建设思想的发展历程 ……………………………… 029

八、当代中国生态文明建设的路径选择 ………………………… 036

九、生态文明建设与当代青年的责任 …………………………… 049

第二章　习近平生态文明思想 ……………………………………… 051

一、习近平生态文明思想的时代背景和科学判断 ……………… 052

二、习近平生态文明思想的重大意义 …………………………… 054

三、习近平生态文明思想的丰富内涵 …………………………… 059

四、习近平生态文明思想中的"六项原则" …………………… 066

五、习近平生态文明思想中的"五个体系" …………………… 068

六、习近平生态文明思想的宏伟目标、具体任务和具体要求 … 070

七、深入贯彻习近平生态文明思想需要处理好的关系 ………… 071

八、加快生态环境治理体系和治理能力现代化 ………………… 076

九、做习近平生态文明思想的信仰者、践行者、奋斗者 ……… 079

第三章　生物多样性与生态文明 ……………………………… 081
一、生物多样性 ……………………………………………… 082
二、可持续发展与生态系统 ………………………………… 085
三、生物多样性现状与保护 ………………………………… 090
四、保护生物多样性行动 …………………………………… 096
五、共建地球生命共同体 …………………………………… 099

第四章　林业与生态文明 ……………………………………… 103
一、现代林业概述 …………………………………………… 104
二、自然保护地体系建设 …………………………………… 118
三、生态公益林与国土安全 ………………………………… 138

第五章　森林生态旅游及康养与生态文明 …………………… 143
一、生态旅游 ………………………………………………… 144
二、森林生态旅游 …………………………………………… 155
三、森林康养 ………………………………………………… 166
四、我国森林生态旅游与康养的自然资源建设 …………… 182

第六章　美丽乡村与生态文明 ………………………………… 185
一、资源保护与节约利用推动农业绿色发展 ……………… 188
二、农业清洁生产引领农业绿色发展 ……………………… 192
三、生态突出问题集中治理带动农业绿色发展 …………… 195
四、补齐突出短板持续改善农村人居环境 ………………… 198
五、乡村文化繁荣助力乡村振兴战略实施 ………………… 201

第七章　环境污染治理与生态文明 …………………………… 205
一、治理大气污染改善空气质量 …………………………… 207
二、治理水污染保护水质环境 ……………………………… 219
三、治理土壤污染改良土壤结构 …………………………… 228

第八章　生态文明建设的生态法治保障 ···················· 243

　一、生态法治的内涵 ··································· 244

　二、我国生态法治建设的探索与发展 ····················· 247

　三、我国生态法治建设中存在的问题及原因 ················ 252

　四、加强生态法治建设的途径 ·························· 256

第九章　生态文明建设的伟大成就 ······················ 263

　一、全民义务植树运动有力推动了中国生态状况的改善 ········· 264

　二、六大林业重点工程为改善生态奠定了基础 ··············· 266

　三、国家生态文明示范区建设是探索生态文明建设的有效模式 ······· 270

　四、国家公园建设是生态文明建设的重要举措 ··············· 275

　五、国家乡村振兴战略推动生态文明建设向纵深发展 ··········· 277

　六、全面推行林长制是建设生态文明的制度创新 ············· 279

参考文献 ······································· 281

第一章
生态文明概述

党的十八大以来，以习近平同志为核心的党中央高度重视社会主义生态文明建设，坚持把生态文明建设作为统筹推进"五位一体"总体布局和协调推进"四个全面"战略布局的重要内容，坚持节约资源和保护环境的基本国策，坚持绿色发展，把生态文明建设融入经济建设、政治建设、文化建设、社会建设各方面和全过程，加大生态环境保护建设力度，推动生态文明建设在重点突破中实现整体推进。习近平总书记关于生态文明建设的重要论述，立意高远、内涵丰富、思想深刻，对于我们深刻认识生态文明建设的重大意义，完整准确全面贯彻新发展理念，正确处理好经济发展同生态环境保护的关系，坚持走生产发展、生活富裕、生态良好的文明发展道路，加快建设资源节约型、环境友好型社会，推动形成绿色发展方式和生活方式，推进美丽中国建设，实现中华民族永续发展，实现中华民族伟大复兴的中国梦，具有十分重要的意义。生态文明建设是习近平新时代中国特色社会主义的一个重要特征。生态环境问题归根结底是发展方式和生活方式问题。加强生态文明建设，是贯彻新发展理念、推动经济社会高质量发展的必然要求，也是人民群众追求高品质生活的共识和呼声。

一、生态与生态环境

(一) 生态

生态一词源于古希腊语"oikos"，原意指住所或栖息地。《现代汉语词典》中对"生态"的解释是：生物的生理特性与生活习性。在一般意义上，"生态"是指生物之间以及生物与环境之间的相互关系和存在状态，亦即自然生态，有着自在自为的发展规律。简单地说，生态就是指一切生物的生存状态，以及它们之间和其与环境之间环环相扣的关系。

在中国古代，生态思想体现在秉承"天人合一"，崇尚"万物平等、和谐并育"，倡导"爱物节用"，主张人与自然的和谐共生、和谐统一，追求一种"物我一体""天人相通""天地融贯"的生命境界，人、物、天三者合一而化为宇宙，宇宙万物和合共处。"不可得而亲，不可得而疏；不可得而贵，不可得而贱。"只有敬重生命，仁爱万物，万物方能"生生不息"；只有"爱物节用"，才能有效预防自然对人类的报复。

如今，生态一词涉及的范畴越来越广，人们常常用生态来定义许多美好的事物，如健康的、美的、和谐的事物等均可冠以生态修饰。当然，不同文化背景的人对生态的定义会有所不同，多元的世界需要多元的文化，正如自然界的生态所追求的物种多样性一样，以此来维持生态系统的平衡发展。

现代意义上的生态包含以下四层含义。一是生态象征着某种耦合关系，这种耦合关系主要存在于整体与个体、自然与生物、局部与整体之间；二是生态是多学科综合研究的对象，涉及很多不同的学术领域，既是人类了解自然、适应自然的学科，也是研究自然与生物关系的学科；三是用于描述自然与人类的和谐关系；四是一种定向的进化过程，生态系统会从低级向高级、从简单到复杂进行定向演化，是一种寻求人类社会持续前进和完善的长期发展过程。

(二)环境

环境是与生态密切相关的一个概念。《现代汉语词典》中对环境的解释是：周围的地方，周围的情况和条件。《中国大百科全书》对环境的解释是：人群周围的境况及其中能够从不同角度影响人们生活与发展的多种自然要素与社会要素的综合。

所谓环境总是相对于某一中心事物而言的。环境因中心事物的不同而不同，随中心事物的变化而变化。我们通常所称的环境就是指人类的环境。人类环境分为自然环境和社会环境。自然环境又称地理环境，是指环绕于人类周围的自然界，它包括大气、水、土壤、生物和各种矿物资源等。自然环境是人类赖以生存和发展的物质基础，在自然地理学上，通常把这些构成自然环境总体的因素划分为大气圈、水圈、生物圈、土圈和岩石圈五个自然圈。社会环境是指人类在自然环境的基础上，为不断提高物质和精神生活水平，通过长期有计划、有目的的发展，逐步创造和建立起来的人工环境，如城市、农村、工矿区等。社会环境的发展和演替，受自然规律、经济规律以及社会规律的支配和制约，其质量是人类物质文明建设和精神文明建设的标志之一。

《中华人民共和国环境保护法》则从法学的角度对环境概念进行阐述："本法所称环境是指影响人类生存和发展的各种天然的和经过人工改造的自然因素的总体，包括大气、水、海洋、土地、矿藏、森林、草原、野生生物、自然遗迹、人文遗迹、风景名胜区、自然保护区、城市和乡村等。"

生态一词的内涵与外延远大于环境。因为生态的概念中涵盖了环境的内容指向，同时所有主体的环境都是特定生态系统中的一部分。生态与环境的实质指向不同。生态的实质指向是一种关系和状态，是局部或者整体生态系统中各生物之间及其与环境的关系状况。这种关系状况可能是此优彼劣、此重彼轻的失衡局面，也可能是相互促进、协调共生的平衡状态。环境的实质指向是客观事物，是与某一主体发生直接或间接关系且相互影响其生存发展的所有事物的总和。环境与生态的价值立场不同。环境一词只有针对某一主体来说才有具体的指向内容，通常所指的环境大多是针对人类来说的，这就难免具有人类中心主义倾向；而生态则立足于整个生态系统与生态平衡的整体，把人类仅看作是和其他动植物平等的一员。

可以看出，生态与环境既有区别又有联系。生态偏重于生物与其周边环境的相互关系，更多地体现出系统性、整体性、关联性，而环境更强调以人类生存发展为中心的外部因素，更多地体现为给人类社会的生产和生活提供的广泛空间、充裕资源和必要条件。生态与环境虽然是两个相对独立的概念，但两者又紧密联系、相互交织，因而出现了生态环境这个新概念。它是指生物及其生存繁衍的各种自然因素、条件的总和，是一个大系统，由生态系统和环境系统中的各个"元素"共同组成。

(三)生态环境

生态环境最早组合成为一个词需要追溯到 1982 年第五届全国人民代表大会第五次会议。会议在讨论中华人民共和国第四部宪法(草案)和当年的政府工作报告(讨论稿)时均使用了当时比较流行的"保护生态平衡"的提法。时任全国人民代表大会常务委员会委员、中国科学院地理研究所所长的黄秉维院士在讨论过程中指出平衡是动态的，自然界总是不断打破旧的平衡，建立新的平衡，所以用保护生态平衡不妥，应以保护生态环境替代保护生态平衡。

生态环境是指影响人类生存与发展的水资源、土地资源、生物资源以及气候资源数量与质量的总称，是关系到社会和经济持续发展的复合生态系统。生态环境问题是指人类为其自身生存和发展，在利用和改造自然的过程中，对自然环境破坏和污染所产生的危害人类生存的各种负反馈效应。生态环境与自然环境在含义上十分相近，有时人们将其混用，但严格说来，生态环境并不等同于自然环境。各种天然因素的总体都可以说是自然环境，但只有具有一定生态关系构成的系统整体才能称为生态环境，仅有非生物因素组成的整体，虽然可以称为自然环境，但并不能称作生态环境。

(四)生态学

生态学(Ökologie)一词是 1865 年由勒特(Reiter)合并两个希腊词 logos(意即研究)和 oikos(意即房屋、住所)构成，1866 年德国动物学家海克尔(Ernst

Heinrich Haeckel）初次把生态学定义为"研究动物与其有机及无机环境之间相互关系的科学"，特别是动物与其他生物之间的有益和有害关系。从此，揭开了生态学发展的序幕。在 1935 年英国的坦斯利（Tansley）提出了生态系统的概念之后，美国的年轻学者林德曼（Lindeman）在对 Mondota 湖生态系统详细考察之后提出了生态金字塔能量转换的"十分之一定律"。由此，生态学成为一门有自己的研究对象、任务和方法的比较完整和独立的学科。生态学（Ecology）的问世应是科学史上划时代的大事，因为它不仅开辟了一个全新的研究领域，而且采用了不同于现代主流科学的方法提出了全新的科学理念。

生态学是研究有机体与环境之间相互关系及其作用机理的科学。生物的生存、活动、繁殖需要一定的空间、物质与能量。生物在长期进化过程中，逐渐形成对周围环境某些物理条件和化学成分，如空气、光照、水分、热量和无机盐类等的特殊需要。各种生物所需要的物质、能量以及它们所适应的理化条件是不同的，这种特性称为物种的生态特性。由于人口的快速增长和人类活动干扰对环境与资源造成的极大压力，人类迫切需要掌握生态学理论来调整人与自然、资源以及环境的关系，协调社会经济发展和生态环境的关系，促进可持续发展。任何生物的生存都不是孤立的：同种个体之间有互助、有竞争；植物、动物、微生物之间也存在复杂的相生相克关系。人类为满足自身的需要，不断改造环境，环境反过来又影响人类。随着人类活动范围的扩大与多样化，人类与环境的关系问题越来越突出。因此近代生态学研究的范围，除生物个体、种群和生物群落外，已扩大到包括人类社会在内的多种类型生态系统的复合系统。人类面临的人口、资源、环境等几大问题都是生态学的研究内容。

二、生态文明概念

生态文明是由生态与文明两个词构成的复合概念。

（一）文明

中国传统文化中，文明一词最早出自《易经》，曰"见龙在田，天下文明"（《易·乾·文言》）。唐代孔颖达注疏《尚书》时将文明解释为："经天纬地曰文，照临四方曰明。""经天纬地"意为改造自然，属物质文明；"照临四方"意为驱走愚昧，属精神文明。"文"最初指玉的纹理，后来引申为有秩序、有规律的美好状态。在现代汉语中，文明指一种社会进步状态，与野蛮一词相对立。文明与文化这两个词汇有含义相近的地方，也有不同。文化指一种存在方式，有文化意味着某种文明，但是没有文化并不意味野蛮。汉语中的文明对行为和举止的要求更高，对知识与技术次之。

文明，是人类历史积累下来的有利于认识和适应客观世界、符合人类精神追求、能被绝大多数人认可和接受的人文精神、发明创造的总和。文明是使人类脱离野蛮状态的所有社会行为和自然行为构成的集合，这些集合至少包括了以下要素：家族、工具、语言、文字、宗教、城市、乡村和国家等。文明就是秩序、规律的显露，美好状态的达成。其同样指人利用规律、调控社会关系实现和谐状态的结果。由于各种文明要素在时间和地域上的分布并不均匀，产生了具有明显区别的各种文明，具体到现代，就是西方文明、阿拉伯文明、中华文明、古印度文明这四大文明，以及由多个文明交汇融合形成的俄罗斯文明、土耳其文明、大洋文明和东南亚文明等在某个文明要素上体现出独特性质的亚文明。

英文中的文明(civilization)一词源于拉丁文 civis，意思是城市的居民，其实质是指人们和谐地生活在所在地区与社会集团中的能力。希腊时代城邦是政治经济文化中心，只有城邦的生活才是真正人的生活，城市以外被视为野蛮、不值得重视的存在。19 世纪之前西方对文明的定义比较狭隘，认为生产方式先进、知识丰富就代表文明，而生产能力低下，礼仪不合于西方的定义就是野蛮，所以当西方侵略者对非洲和美洲进行侵略的时候总是定义为文明战胜了野蛮，但是却没有意识到他们的行为其实才是真正的野蛮。到了现代西方才逐渐认识到这种对文明的定义是错误的。从文艺复兴时期开始，文明这个词开始被视为和野蛮相对应的形容词而产生，它的基本意义是讲文明的、有修养的等。而从野蛮转变为文明需要提高自身修养，因此文明所涵盖的意义也更为丰富，素养、开化等含义融入了文明的范畴之列。其实文明不但囊括了素养、开化的含义，还包含经过开化之后达到的状态。美国著名学者菲利浦·巴格比提出原始的文明特指人类个体修养的历程。18 世纪中期开始，文明的内涵发生了转向，不再特指过程，更多地强调修养的状态，甚至还可以指代某类特定的活动模式。1978 年出版的《苏联大百科词典》中对"文明"的阐释是：社会进步、经济发展与文化发展的水平层次，也就是野蛮时期之后社会发展的水平。1979 年，德意志联邦共和国出版的《大百科词典》指出，"文明"一词从广义的角度看指的是优良的生活习惯与风气，从狭义的角度看指的是社会从人类群居生活蜕变之后，利用知识与技能形成和发展起来的物质形态与社会形态。

国内研究人员虞崇胜在其研究中对文明的概念进行了统计，将文明的定义归纳为以下 13 类：①文明属于先进的社会体制；②文明属于先进的社会文化；

③文明属于物质层面，文化属于精神层面，文明与文化紧密结合不可分割；④文明属于社会的产物；⑤文明属于人类社会进步、发展的结果；⑥文明是人类适应自然、改造自然的能力；⑦文明属于文化的升华与创新；⑧文明属于个体与社会活动的体现；⑨文明属于最广泛的文化实体；⑩文明属于知识、信息的传播方式；⑪社会所有的内容均包含在文明之内；⑫文明属于人类反抗自然、调节人际关系的成果；⑬文明属于都市化的文化。

文明的概念不仅是常识概念体系中的概念，也是科学概念体系中的概念。作为科学中的概念，文明一词一般有三重内涵：第一，历史学中的文明指社会形态，是包含全部的生产力物质条件、生产关系及建筑于其上的全部政治、意识等上层建筑的集合。迄今为止，包含采集文明、农耕文明、工业文明、生态文明。第二，以文明重点指某一时代经济基础上的上层建筑，包含人的精神创造的历史和现实的全部内容，内涵大致等同文化概念，包括独特的世界观、价值观、独特的思维方式和行为方式等。包含儒家文明、希腊文明、罗马文明等内容。第三，侧重于文明概念的积极方面，指由人塑造的、合乎规律的、关系和谐的状态，是纯粹的价值判断概念。这层意思与常识层面的"文明"概念基本一致，如政治文明、精神文明等概念。对于文明三重意义的理解实质上是对文明概念不断具体化的过程。

文明一词内容丰富，意义深远，并且处于持续发展演进之中。从狭义层面来看，文明仅指人力增多带来的经济需求（包括衣、食、住、行等方面）的外部表现。从广义层面来看，文明一方面包含寻求衣、食、住、行的良好条件；另一方面还包含人类修养的提升，即将人类素养提升到较高境界之义。综上可知，文明一词外延较广、内涵丰富，整体来看，它指的是人类社会在发展过程中所取得的经济、文化与制度等方面成果的综合。

（二）生态文明

生态文明概念，在我国最早见于1985年2月18日《光明日报》在"国外研究动态栏"刊载的《在成熟社会主义条件下培养生态文明的途径》一文，其中使用了"生态文明"这个词。1987年生态学家叶谦吉提出"大力建设生态文明"，党的十七大把生态文明作为中国特色社会主义文明体系生成阶段新的组成要素，生态文明成为理论研究和实践工作的重点、热点。20世纪80年代以来，学术界在不断探讨生态文明这个新概念。不同学者有不同见识和解析，因此生态文明概念常被多种语义共同使用，有的学者同时用多种意义层面的生态文明，有的学者在不同场合论述不同语义的生态文明。

　　从人类文明的发展历程来看，生态文明是人类实现永续发展所追求的一种社会形态。文明是人类文化发展的成果，彰显着人类社会发展的层次水平。从人类社会的发展与演进的角度来看，生态文明属于全新的文明形式，是在渔猎文明、农业文明、工业文明基础上逐渐发展而来。为了人类种族的延续，我们必须走向以"天人和谐"为主要特征的生态文明社会。

　　人类社会发展的第一个文明形态是渔猎文明。人类脱离动物界以后经过了漫长的原始社会，一般将此时期的文明称作原始文明或者渔猎文明。在这个时期人类物质生产行为主要包括采集与狩猎，这两种生产方式均是直接利用自然界中的生物作为人类的生活必需品。

　　人类社会发展的第二个文明形态是农业文明。大约1万年前人类文明出现了首个关键性转折，人类从渔猎文明时代迈入农业文明时代。此时主导的物质生产方式是农耕与放牧，人类改变了过去依靠自然界现成的食物为生的生存方式，而是利用自己的劳动种植粮食与圈养动物来获取生活必需品。

　　人类社会发展的第三个文明形态是工业文明。伴随资本主义生产方式的诞生，人类文明产生了第二个关键性转折，即由农业文明时代进入工业文明时代。此时人们大面积地开采各种矿产资源，高效运用化石能源开展机械化大生产，而且开始利用工业来改变农业，让农业也有了工业化的色彩。然而这时期由于人类对生态环境的破坏式发展和对自然资源的掠夺式开发，工业文明在为人类创造巨大物质财富的同时，也导致了严重的环境污染和资源浪费，从而导致人类的生存和发展濒临种种生态危机。环境恶化、资源枯竭、粮食短缺、人口激增等世界性难题越来越成为制约世界各国发展的巨大障碍。严峻的现实迫使人们对原有的社会发展模式进行深刻反思，只有更新以往的生产方式、生活方式，走人与自然和谐发展的生态文明道路，才是人类的正确选择。可以预见生态文明将是未来社会发展的趋势，而迈向生态文明社会的关键在于实现人类生活方式与生产方式的生态化转变。

　　从实践活动角度考量，生态文明是人类在改造自然的同时，又是主动保护自然的实践活动中取得的一切积极成果的总称。人类利用技术手段对生产力和生产方式的生态化改造能够促进自然生态系统的自我组织修复能力和自然生态系统的自洁平衡性能。人类的实践活动不仅能够创造物质性的财富，还能够创造精神性的财富，在改造自然的实践活动中，人们生态意识的觉醒和生态学等学科的发展在人类取得精神文明成果的同时，也为人类处理人与自然关系提供了强有力的精神支撑。

　　从具体社会形态下的特定阶段看，生态文明是社会文明发展的一个方面。需要说明的是，根据指代范畴的不同，社会文明有广义与狭义之分：从广义的角度看，社会文明强调社会综合水平的提高与开化的程度，是人类改造自然界与人类社会发展所取得的成果之和，是物质文明、精神文明、政治文明、生态文明与狭义的社会文明的融合体。从狭义的角度看，社会文明指的是与物质文明、精神文明、政治文明、生态文明并列的一种文明，是社会建设方面的成果表现。生态文明是某一社会形态下社会发展中与生态平衡、环境保护以及可持续发展等相关的一个具体方面，它与物质文明、精神文明、政治文明和社会文明(狭义的)均属于横向社会发展中的一个层面。生态文明属于改善与维护自然环境而取得的成果的综合体现，它主要表现在人和自然的协调发展以及社会生态思想、政策方针、法律制度、生态伦理、文化艺术等方面的提升与改进上，同时还表现在生态环境改良方面。生态文明建设的目标是让经济发展和资源、环境相和谐，形成良性循环，迈入社会经济发展、生活质量提升、人与自然和谐相处的发展轨道，确保人类社会的可持续发展。

如果说农业文明是"黄色文明"，工业文明是"黑色文明"，那么生态文明就是"绿色文明"。不同时期的文明对待自然的态度不同，原始文明时期，人们是敬畏自然、崇拜自然；农业文明时期，人们是依赖自然、顺应自然；工业文明时期是征服自然、改造自然；生态文明时期则是尊重自然、顺应自然、保护自然。

三、生态文明特点

(一) 伦理性

伦理，传统意义上一般是指处理人与人之间关系的各种道德准则。伦理道德通常处理的是人与人之间的关系，而不包括其他生物和非生物。生态文明的伦理性强调应将道德关怀从社会延伸到非人的自然万物及整个生态环境，而且应将人和自然的关系认定成道德联系。在工业文明时期，人类的主体地位异常突出，自然成为人类改造的对象，因此人们普遍认为只有人类存在价值，其他生物皆不存在价值，故而只需对人使用道德准则，没有必要对其他事物使用道德准则。而生态文明理念认为人和自然界的其他物种地位平等，均是构成生态体系的一个自然因素。整个生态系统中的主体不只包含人类，也包含其他生物和非生物；不只是人类有价值，其他生物也同样有自身的价值。所以人类应该尊重自然，承认自然价值的存在，对待自然万物应该体现应有的道德准则，同时也要肩负起保护自然的义务。在人类和自然发生某种关系的时候，一方面应考虑人类的发展和利益，遵循社会历史的发展规律；另一方面还应考虑自然系统的平衡与稳定，遵循自然界的发展规律。作为未来人类历史发展必然的社会文明形态，生态文明的建设目标就是缓解人和自然的冲突，协调人和自然的关系。而实现人与自然和谐的重点是更新人们的生态伦理意识，逐步摒弃以人类为中心的非生态价值观念。

(二) 和谐性

生态文明的和谐性意味着人与自然、人与人和人与社会的和谐共生，它是生态文明的核心要义。在现代工业文明引发的种种生态危机面前，人们逐渐认识到要实现人类社会的永续发展，不仅要处理好人与人、人与社会的关系，更应该处理好人与自然的关系，必须走出人与自然对立的误区，形成崇尚自然与保护环境的发展观念。在工业文明时代，人类无视自然规律、肆意破坏生态，在大自然一次次的"报复"下，人类逐渐意识到尊重自然、保护环境的重要性。作为人与自然、人与人、人与社会和谐共生的文化伦理形态，生态文明意味着人与自然及社会的和谐状态。为了达到人和自然共同发展的和谐状态，人类必须学会认识自然、尊重自然规律，自觉维护自然界的平衡与稳定。

(三) 导向性

所谓导向性是指具有某种倾向的价值观念或思想意识，使受众充实或调整自己的认知结构指导其行为，从而把其引导到一定的目标的功能属性。生态文明具有明显的价值导向性，它的本质内涵体现出自然万物皆有其内在价值。从整个生态系统的平衡与发展来说，所有的自然存在物的价值都需要得到人类的尊重与维护。这要求人们在追求人类自身发展的同时保护生物的多样性，维护生态平衡，合理使用自然资源。工业文明时代人类过分注重物质文明与经济增长而忽视了环境和生态问题，从而造成了环境污染、资源危机和生态退化等严重后果。究其原因就是人们在人类中心主义等错误发展理念指导下，用非生态的方式对待自然。现在之所以提出生态文明的发展理念，就是要转变原来的错误认识和发展方式，倡导人们在发展经济的过程中必须保护环境、维护生态，追求人与自然的和谐共生与良性互动，只有这样才能真正实现天人和谐与人类社会的永续发展。

四、生态文明与其他四个文明之间的关系

(一) 生态文明与物质文明

物质文明是现代化国家的经济基础，现代化国家必然是经济繁荣、物质丰盈

的国家。

坚定不移贯彻新发展理念，加快推动经济高质量发展。"十四五"期间是推动我国经济社会高质量发展的关键时期。要立足于新发展阶段的新特征新任务，把创新、协调、绿色、开放、共享的新发展理念贯穿到经济社会发展的全过程和各领域之中，"实现更高质量、更有效率、更加公平、更可持续、更为安全的发展"。

必须在正确处理好经济发展中"稳"和"进"的关系的前提下，充分并有效发挥国家发展规划的战略导向作用，"把握好宏观调控的方向、时机、力度和节奏，打好政策'组合拳'，提高宏观调控的前瞻性、针对性、有效性"，保持经济平稳健康可持续发展。经济发展是物质文明的重要体现，但发展经济不能以牺牲环境为代价，而要以保护环境节约资源为重要遵循。正如习近平总书记所说"既要绿水青山，也要金山银山""宁要绿水青山，不要金山银山""绿水青山就是金山银山"。物质文明为生态文明建设提供强大的经济基础，生态文明为社会经济发展提供必要的环境和资源，两者相互促进、不可分割。

（二）生态文明与精神文明

精神文明是现代化国家的精神支柱，现代化国家必然是思想活跃、文化繁荣的国家。意识形态决定文化建设的前进方向和发展道路，加强社会主义精神文明建设首先是加强意识形态建设。要坚持马克思主义在意识形态领域的指导地位，牢牢掌握意识形态工作的领导权。坚定文化自信，"围绕举旗帜、聚民心、育新人、兴文化、展形象的使命任务，促进满足人民文化需求和增强人民精神力量相统一，推进社会主义文化强国建设"。要采取多种措施，提高人民思想道德素质、科学文化素质和身心健康素质；推进社会公德、职业道德、家庭美德、个人品德建设；弘扬科学精神，普及科学知识；推进诚信建设和志愿服务，强化社会责任意识、规则意识、奉献意识。

精神文明是人类在改造自然、发展经济的过程中所获得的精神、文化成果的集合，体现的是人类精神层面的发展。在建设精神文明的过程中，精神成果是其主要目标追求，在生态文明中改造人们的生态自然观、价值观等方面内容也是精神文明的重要内容。生态文明是精神文明的有机组成部分，如果精神文明中不存在生态文明，也就不存在完整的精神文明。

（三）生态文明与政治文明

政治文明是现代化国家的政治保障，现代化国家必然是政治文明充分发展的国家。加快推进国家治理体系和治理能力现代化，不断提升国家治理效能，对建设社会主义现代化国家意义重大。政治文明建设离不开党的正确领导。要加强党中央集中统一领导，推进社会主义政治建设，健全规划制定和落实机制；充分调动一切积极因素，广泛团结一切可以团结的力量，形成推动发展的强大合力；保持香港、澳门长期繁荣稳定，推进两岸关系和平发展和祖国统一；高举和平、发展、合作、共赢旗帜，积极营造良好外部环境，推动构建新型国际关系和人类命运共同体。

政治文明为生态文明发展提供政治保证和制度保障，生态文明是政治文明发展中的重要内容和重要任务。政治文明的发展与生态文明密不可分，互相促进。

（四）生态文明与社会文明

社会文明是现代化国家的重要特征，现代化国家与现代化社会是相互支撑的。社会文明建设必须立足社会。人民对美好生活的向往，就是我们的奋斗目标。"十四五"期间，要始终坚持以人民为中心，围绕民生福祉中的关键问题，切实改善人民生活品质，加强和创新社会治理，提高社会建设水平。"坚持把实现好、维护好、发展好最广大人民根本利益作为发展的出发点和落脚点，尽力而为、量力而行"，切实推进社会文明建设迈上新的台阶。

社会文明蕴含着多种不同的内容，如社会主体文明、社会行为文明、社会关系文明、社会观念文明、社会建设文明等。从实现目标上看，生态文明建设的目的是实现整个社会的全面文明进步，而社会文明的进步又能够为生态文明的前进奠定基础。可以说，生态文明是整个人类社会持续发展的重要基础和保证，是其他方面文明得以持续发展的基本保障。当生态文明建设落后于其他方面文明发展时，就会阻碍整个社会的发展与进步；如果生态环境恶化到一定程度，人类文明也将难以为继。可见只有充分重视以绿色环保为主要特征的生态文明建设，将其视为文明体系的关键构成要素，我们所面对的生态环境问题才能真正得到解决，人类和自然才能从根本上形成和谐发展的局面。

五、生态文明理论基础

生态文明学是自然科学与人文社会科学相互交融的新兴学科，建立在自然科学和社会科学的相关学科理论之上，其学科基础主要有生态价值观理论、马克思主义关于复合生态系统理论、现代生态学理论、和谐协调理论、生态文化理论等。

(一) 生态价值观理论

生态价值观是生态文明建设的价值论基础。生态价值观就是处理生态与人之间关系的价值观。生态价值的表现形式主要包括生态的经济价值、生态的伦理价值和生态的功能价值三个方面。党的十八大报告中第一次使用了"生态价值"概念，把生态文明建设作为我国的发展战略任务之一，标志着中国特色社会主义现代化建设进入了一个更高的发展阶段。生态价值主要包括以下三个方面的含义：

第一，地球上的任何生物个体，在生存竞争中都不仅实现着自身的生存利益，而且也创造着其他物种和生命个体的生存条件，从这个意义上说，任何一个生物物种和个体，对其他物种和个体的生存都具有积极的意义(价值)。因而，生态价值是一种自然价值，即自然物之间以及自然物对自然系统整体所具有的系统功能。

第二，地球上的任何一个物种及其个体的存在，对于地球整个生态系统的稳定和平衡都发挥着作用，这是生态价值的另一种体现。地球生态系统中的生物与环境、生物与生物之间通过相互作用达到协调稳定状态，包括地球生态系统结构上的稳定、功能上的稳定和能量输入、输出上的稳定，并能在很大程度上克服和消除外来的干扰，从而自我调节和维持地球生态系统的动态平衡和自身稳定，体现各自的生态价值。

第三，自然界系统整体的稳定平衡是人类存在(生存)的必要条件，因而对人类的生存具有环境价值。人类是需要在自然界中生活的生命体，人类的生存发展需要适宜的自然生态条件，而这些自然生态条件就构成了人类生存须臾不可离开的必要自然环境。因而，只有坚持节约优先、保护优先、自然恢复为主的方针，才能给自然留下更多修复空间，才能维持自然界系统整体的稳定平衡。

(二) 马克思主义关于复合生态系统理论

"哲学所要回答的中心问题，是人和周围环境的关系问题。与此相联系，它从总的方面研究自然界万物之间、研究人和人之间的关系问题。"作为马克思主义哲学重要组成的自然—人—社会复合生态系统理论是生态文明学最重要的理论基础。自然—人—社会复合生态系统是不以人的意志为转移的客观存在。具体表现在以下几个方面：

1. 关于自然、社会和思维三大领域发展的共同规律

唯物辩证法认为世界万物都有其内在的直接或间接的联系。人类社会与自然

界作为一个紧密联系的系统是相互作用的。"辩证法的规律是从自然界和人类社会的历史中抽象出来的"。恩格斯首先是把自然的发展和人类社会的发展作为历史发展的统一体来阐述，所以辩证唯物主义的三大规律即对立统一规律、量变质变规律和否定之否定规律，这也是自然与人类社会复合体发展运动的共同规律。

2. 关于人与自然关系演进规律理论

（1）人与自然关系是人类生存与发展的基本关系

马克思、恩格斯总是把自然—人—社会复合体作为统一的有机联系的复合生态系统予以研究，并对此进行理论创新，立体地呈现了马克思主义关于人与自然、人与人、人与社会和谐发展的生态文明思想。马克思认为人是环境的产物，同时人又作用于环境。在人类文明演进中，人与自然关系是一对基本关系。人类社会由各种社会关系交织而成，而且人类社会进步程度越高，社会关系也越复杂，但复杂现象背后的基本关系是人与自然关系。人类生活及生存都与自然发生着直接或间接的联系。一方面，自然界是人类社会孕育、存在、发展及进步的前提和基础。人类与其他生命体是平等的，人类不是高高在上的自然界"主宰"，应该顺应自然；另一方面，人类又不同于其他生命体，人类有主观能动性。人类在遵从自然规则的前提下，可以借助生产工具有目的地改造自然，书写人类历史，并创造人类文明。伴随人类社会向前发展，人类活动一旦超过自然容许的限度，自然即会出现不可逆转的损失，进而危及人类的生存和发展。

（2）人与自然关系影响人类文明的演进

人与自然关系是一个演变的历史过程，并伴随人类进步而曲折螺旋式发展。

第一，人与自然处于蒙昧统一状态的原始文明时期。原始文明时期历经400万年，人与自然处于蒙昧的统一状态，自然主宰着人类，人类对自然的影响很小，人类被动依赖与适应自然。原始人类的生活方式和生活习惯严重依赖自然，主要依靠自然环境提供的物质条件存活，人类对自然极为崇拜。

第二，人与自然初步对抗的农业文明时期。农业文明时期距今约一万年，人类与环境显现了初步对抗。人类对自然界的认识有了一定发展，人类开始主动探索种植作物、开垦农田、养殖家禽家畜与开发水利。

第三，人与自然处于对抗状态的工业文明时期。工业文明时期距今三百多年。机器大生产开始取代手工劳动，人类进入了用科学技术改造和控制自然的工业文明时代。人类对自然进行着无限度的开发、索取、控制与征服，人类也创造了空前繁荣的物质文明和精神文明。但人类对自然的疯狂掠夺却带来了严重的环境危机、自然退化和自身机能的退化。

第四，人与自然和谐的生态文明时期。生态文明时期是人与自然共荣共存的和谐时期。人属于自然，人的生存发展须臾不能脱离自然，人要尊重自然规律，规范自身行为。人类对自然资源的开发利用应以资源增殖为前提，避免打破平衡，危及和谐，从而实现人与自然和谐相处并可持续发展。

(3) 马克思主义人与自然关系理论揭示了人类文明演进规律

马克思主义审视了各个时期的人与自然关系，并对自然被漠视进而遭到破坏以及由此引发的生态问题进行了深入分析，深入论述了人与自然关系影响人类文明演进。在马克思看来，人类历史前进的第一个前提是人的生存，而人的生存离不开作用于自然的社会实践。人类生存依赖于地球自然环境，人的生存需要通过作用自然、变革自然以满足自身生存需求。人是自然整体中的一个部分，人不能脱离自然。人类利用和改造自然，要遵循自然运行规律，不能违背自然规律，自然孕育人类并推动人类进步发展。

3. 关于社会发展与自然发展是有机整体的理论

人类社会就是从自然界脱胎而来，其发展也和自然界的发展紧密相连，并相互制约影响，是一个处于变化过程的有机体。社会有机体必须依赖外部自然界，这是社会有机体的生存基础。马克思提出：其一，将劳动和生产置于物质循环系统中，依照物质循环的自然规律来安排生产和劳动；其二，要从根本解决问题，就是要铲除资本主义制度，建立自然主义与人本主义携手的共产主义社会，以期化解人与自然的矛盾。社会有机体的最基本细胞是人，这是社会有机体最活泼的力量。人从不同角度依赖自然界，自然界具有独立于人的客观性、本源性。人作为能动存在物，必然要发挥聪明才智，显现劳动生产本身具有的目的性，这种目的性应当既满足人的基本的物质需求，又满足人的健康的精神需求；既诉求经济效益，又与环境友好；既考虑当下需求，又不损害后代利益，以实现一种真正意义上的公平的生产。这就把自然、人、社会三个子系统有机地统一起来，集中体现了自然—人—社会复合体的和谐统一、共生共荣、共同发展的生态文明思想。

(三) 现代生态学理论

现代生态学理论对于生态文明的指导作用是多方面的，其中最主要的是生态法则的指南作用，它是生态文明建设的重要法则。生态法则主要有以下五个方面。

1. 普遍联系、协同演进法则

生态系统是一个相互依存、有着错综复杂联系的整体，每一种事物都与别的事物相关，物物相关，相生相克。例如，某个群落中田鼠、熊蜂和三色堇(也称"蝴蝶花")处于一种相对平衡的状态。如果这个群落中加进了猫，猫吃田鼠，田鼠少了，田鼠不再破坏熊蜂的蜂窝，熊蜂就大量繁殖，三色堇依赖熊蜂传递花粉受精，从而导致三色堇泛滥，占据了其他生物的生境。每个物种在食物链中占有一定的位置，具有特定的作用，这就是"相生相克"。又如，环境(土壤、水、太阳光)、植物、动物和微生物之间的生态链和生态网的联系与功能，便是"物物相关"。所以生物圈中构成精密的内部联系网络，"生态网是一个扩大器，在一个地方出现的小小混乱就可能产生巨大的、波及很远的、延缓很久的影响"。

自然—人—社会复合生态系统的普遍联系规律，必然要求协同进化，协调发展。协同演进是指自然—人—社会复合生态系统中的生命体与其他生命体及其环境之间相互适应、协同演变的进化过程，有三层含义：一是指生物与非生物环境之间的互相适应与进化。环境给了生命体生存与发展的基础与支撑，生命体只有适应环境才能生存与发展。同时，生命体也改造了环境，对环境发挥了重要作用，参与了环境的演进。二是指生命体之间也互为环境。植物、动物与微生物之间都互为环境，他们之间以及它们与环境之间都构建了彼此互为资源、互为生存环境的格局，达到了很高的相互适应的水平。三是指人类这个特殊的生命体，也同样遵循着协同演进的规律。人类本来就是自然界的产物，人类的祖先本来就是自然界中的一个生物种群，所以人有自然属性与社会属性。人类对环境的适应不仅仅是被动的，而且可以是主动的，人类对环境的改造也可以是主动的。这就是人类主观能动性所使然，是人与动物的本质区别。正因如此，人类生命体与环境的协同演进和其他生命体与环境的协同演进有着质的区别。

2. 循环转化、皆有去向法则

恩格斯在《自然辩证法》一书中强调指出，物质运动的重要形式是循环和转化。循环转化的法则使自然生态系统的一切事物都必然有其去向。自然界是没有垃圾，没有多余物的，一切事物都在充分(循环)利用之中，一切"资源"都是优化配置，最讲经济效益的，切实达到生态效应与经济效应的相统一和最优化。生态系统存在能量流、物质流和信息流。

(1)生态系统的能量流动

能量既不能消灭，也不能凭空创造。在生态系统中，输入的能量总是和生物有机体贮存的、转换的、释放的能量相等。生态系统中的能量流动是通过食物链来实现的，能量沿绿色植物向草食动物再向肉食动物再向微生物逐级流动，一般后者获得的能量大约只是前者所含能量的10%，即1/10，称为"十分之一定律"。

呈现出递减性和单向性的特征。

（2）生态系统的物质循环

生物吸收太阳能，并从大气圈、水圈、土壤岩石圈吸收水、氧、氮、碳以及近 30 种的矿物质元素化合成生物有机体，有机体在经过若干个营养级后，又被群落中的微生物分解，一部分成为微生物的营养，其余的重新归还大气圈、水圈和土壤岩石圈，被其他植物重新吸收，同化为有用的物质。因此，这些物质都是在生态系统的生物之间、非生物（即环境）之间、生物与非生物之间进行不断的循环转化，通过这种循环转化，使得任何一个元素、一种物质都可以不断地被利用。能量流与物质流是紧密联系的，物质流是能量流的载体，而能量流又推动着物质流的运动。

（3）生态系统的信息传递

一般有营养信息传递、化学信息传递、物理信息传递、行为信息传递。生态系统的物质流、能量流都与信息传递分不开，生态系统的发展和稳定，也与信息密切相关。例如，植物需要有阳光的信息，有研究表明，植物的形态建成，即它的生长和分化的功能，是受阳光的信息控制的；又如，植物与植物间同样发生着复杂的信息联系，以此来保卫自己免受侵害，或是来抑制别的植物生长；再如，更为常见的动物之间的物理信息传递，鸟鸣、虫叫、兽吼等，都是在传递某种信息。

以上能源流、物质流和信息流都是循环转化运动的重要内容。

3. 生态平衡、阈值为度法则

生态平衡是自然—人—社会复合生态系统运行的最基本法则，人类一切的生产活动和生活活动首先要建立在生态平衡的基础上。生态平衡是指一个生态系统在特定时间内通过内部和外部的物质、能量、信息的传递和交换，使系统内部生物之间、生物与环境之间达到互相适应、协调和统一的状态，这种状态具有一定的自控制、自调节和自发展的能力，这就是生态系统的生态平衡。

生态平衡具有整体性特征。生态平衡是自然界大系统生态平衡和局域小系统生态平衡的协同统一。生态平衡不单指某个生态系统的平衡，而是指许多个生态系统处于平衡状态，甚至是全球的生态系统处于平衡状态。这是因为自然界本身就是一个有机联系的整体，它们之间的联系错综复杂而又相当有序。所以，一方面，只有大系统的生态平衡了才能为小系统的生态平衡创造良好的外部环境，如全球气候适宜，气候灾害减少，海洋生态、森林生态、农田生态、草原生态、湿地生态、城市生态以及生物多样性等都会比较稳定，粮食安全、生态安全、食品安全等就会有保障。另一方面，只有所有的小系统的生态平衡了，才能促进全球的生态平衡，森林的生态平衡了，海洋的生态平衡了，草原的生态平衡了，乡村和农田的生态平衡了，城市的生态平衡了，江河流域的生态平衡了，全球的生态才能平衡。

在生态平衡中，生态系统具有自调节、自控制和自发展能力，这是生态平衡的内在动因，所以生态系统具有一定的抗干扰和抗风险的能力。其中因子与子系统的自调节潜能是关键，但是这种自调节、自控制和自发展能力不是无限的，而是有一定限度的，这种限度在现代生态学上称为值，即各子系统各种因子都必须维持在一定的阈值范围，如果外界的干扰超过了阈值，自调节就会失灵，生态平衡就会被打破，生态系统就会发生紊乱甚至瓦解。所以，研究并掌握生态系统的阈值，将人类的生产和生活活动控制在其阈值之内，是十分关键的，这就是阈值法则。所以人类的活动要使生态系统保持在其阈值之内，是取得生态效应、经济效应和社会效应相统一和最优化的重要前提。阈值法则是人类的任何活动都必须遵循的。

4. 多样性增加、系统稳定性法则

现代生态学认为：生物越具丰富性、完整性，生态系统的结构就越复杂也越合理，抗干扰和自调节能力就越强，效率就越高，生态功能越优化，系统越趋于稳定。多样性增加系统稳定性是竞争与协调的对立统一，多样性导致竞争，竞争提高了系统因子的活力从而优化了系统结构，于是就产生更高层次的协调，增强了系统抗干扰、自调控、自发展的能力。如在自然界里，混交林的综合生态功能比单纯林更强，生态系统更加稳定。在经济领域也是这个道理：垄断终将导致经济衰退；单一成分的经济抗风险能力比较薄弱；"资本主义也有计划经济，社会主义也有市场经济"；合作双赢是未来商业竞争的必然趋势。在社会领域要和而不同：允许多种所有制共同存在，让它们互相补充；各民族和谐相处是国家稳定的保障；文化多样性是人类社会的基本特征，也是人类文明进步的重要动力，多层次文化的有机结合才能形成社会主义主流文化；世界多格局的形成是和平与发展的基础，等等，不一而足。

5. 法则面前、善恶有报法则

人类怎样对待自然，自然就怎样对待人类。中国古代就有人法地、地法天、天法道、道法自然的深邃的生态法则思想，它与和谐思想有机结合，是中华文明几千年绵延不断的重要思想基础，它使中华文明成为世界文明历史上的灿烂奇

观。事实证明，凡是违背自然—人—社会复合生态系统运行规律的，必然要受到规律的惩罚。工业文明反其道而行之，暴露出人类的暴力性和人性恶的一面，摧毁了自然界，自然界已经向人类亮出了黄牌，如果再往前一步，就是万丈深渊。生态文明要显示人类的协调性和人性善，人与自然、人与人、人与社会之间的关系必须和谐协调，双向互补、友善相待，这样人类才能与自然界共同走向美好的明天。

(四)和谐协调理论

和谐协调是生态文明的本质特征，它包括人与自然、人与社会、人与自身的和谐协调，即生态和谐、人态和谐与心态和谐。

1. 和谐协调是自然界的普遍规律

自然界在其45亿年的不断演替中以不争的事实反复证明：绿色生命的每一个自然生态系统都是最终走向以和谐协调占主导地位的顶级群落状态。这时生态系统趋于平衡(动态平衡)，其自组织能力、抗干扰能力、创造能力都比较强，因此绿色生命系统能够显示出生机勃勃、长盛不衰的繁荣景象，这就是生态和谐。人体作为自然生态系统和社会生态系统的有机融合，其发展也是如此。人的生理属于自然生态系统，人的心理则是自然生态系统和社会生态系统的融合。其中人的心理的物质基础属于自然生态系统，而心理意识则属于社会生态系统。但不管属于自然生态系统还是属于社会生态系统，人的生理的阴阳协调，心理的和谐平衡对于人的身体健康发展都具有十分重要的意义。许多事实一再证明，如果人的情绪经常处于失衡(即不和谐)状态，那么人的患病率就会高出许多。不少癌症都与恶劣的情绪有密切关系。中医就有怒伤肝、哀伤胃、惊伤胆、郁伤肺和乐极生悲之说，就是这个道理。

2. 和谐协调是人类永恒的追求

在人类社会的发展中人们渴望和谐、追求和谐，为实现和谐社会的理想不懈努力，正如习近平总书记指出的"实现社会和谐，建设美好社会，始终是人类孜孜以求的一个社会理想，是包括中国共产党在内的马克思主义政党不懈追求的一个社会理想"。在人类社会发展的进程中有矛盾、有斗争，而斗争的结果总是以先进取代落后，以高级社会取代低级社会，最终以和谐协调占主导。社会历史发展的实践也一再表明，只有达到和谐协调的社会系统才能升华到一个新的境界，才能焕发其生机，呈现其繁荣。人们总把太平与盛世联系在一起，即只有太平了才能达到盛世的境界，讲的就是这个道理。世界上虽然矛盾纷繁，有的甚至激化成战争，世界超级大国想独霸世界，但其主流仍然是和平与发展，并将成为不可逆转的历史潮流。

3. 和谐协调是生态文明世界观和方法论的重要内容

生态文明要求以和谐的思想、站在和谐的立场，对待人与自然的关系做到天人合一；对待人与人的关系做到和睦相处；对待人与社会的关系做到努力合群济众；对待国家之间的关系做到协和万邦。和谐思想也是马克思主义的共产主义世界观的重要组成部分，应用和谐协调的方法处理问题就能取得共赢。特别是当今世界，人类面临越来越多的共同问题，资源能源枯竭、生态环境危机、人类工业病蔓延，人类也越来越多地取得共识，只有国际社会的和谐协调共同努力才是解决问题的唯一正确有效办法。

（五）生态文化理论

习近平总书记在 2018 年全国生态环境保护大会上指出：中华民族向来尊重自然、热爱自然，绵延 5000 多年的中华文明孕育着丰富的生态文化。"天人合一""道法自然"等绵延数千年的生态智慧是重要的生态文化之源，对今天我国生态文明建设仍具有重大的现实意义。

1. "天人合一"思想

"天人合一"是中华文明的精髓，也体现了儒家"和"的思想。古代儒家主张"天人合一"，"天人合一"的实质是人与自然万物是同质同源的，天、地、人是一个统一的整体，包含着丰富的生态伦理，阐明了人与自然、人与人之间的关系。"天人合一"蕴含着万物平等的观念，在尊重自然环境的整体利益的前提下，做到人与自然的和谐统一。"天人合一"思想充分说明人的生存与发展离不开自然，人不是宇宙万物的主宰，人与万物是平等的，人应该尊重自然、爱护自然，在自然面前人应该有敬畏之心，要遵循自然规律，做到人与自然的和谐统一。

2. "道法自然"思想

"道法自然"出自老子的《道德经》："人法地，地法天，天法道，道法自然。"老子精辟地阐述了天、地、人乃至整个宇宙的生命规律。"道法自然"强调以自然而然为法，天地万物均遵循"道"的自然而然规律，揭示了整个宇宙的特性及天地间所有事物的属性。道家强调注重人的自然特质，保持人的自然本性，主张自然无为，遵循"道"的"无为"，推行"无为政治"，辅助和配合万物自然运行，而不要有任何有意造作，"无为而治"将环境与政治紧密联系，具有传统意义上的生态政治理念。老子"无为而治"的主张回答了怎样的治理才能最大限度地保证人与自然的协调。"道法自然"思想主张人们利用自然、改造自然时要遵循自然规律，反对"竭泽而渔""杀鸡取卵"这种违背自然界规律、破坏自然界原本秩序的行径。"道法自然"思想启发我们对待自然时要遵循自然规律，按规律办事，对自然资源要取之有度、用之有节，从而保证人类社会与自然界的可持续发展。

六、生态文明建设概述

在经济全球化深入发展的当代，世界各国的联系越来越密切，环境污染导致的自然生态破坏越来越成为一个突出的全球性问题，解决生态危机日益成为世界各国必须面对的挑战，如何保护生态环境日益成为国际社会共同努力的时代课题。面对这样的严峻形势和挑战，只有加强中国特色社会主义生态文明建设，才能有效地解决我国的生态环境问题，建设美丽中国，实现中华民族永续发展。

(一) 生态危机

生态危机成为一种全球化现象是有一个历史过程的。早在 19 世纪，马克思、恩格斯对资本主义生产方式就进行了深入分析，对人类的实践活动进行了严重警告："不以伟大的自然规律为依赖的人类计划，只会带来灾难。"20 世纪是全球化骤然扩张的世纪，也成为全球生态危机凸显的时期。

从时空上说，生态危机发生于 20 世纪并延续至今，有愈演愈烈之势，是包括所有发达国家和发展中国家在内的全球性问题。现代环境污染事件中著名的八大公害事件(比利时马斯河谷烟雾事件、英国伦敦烟雾事件、日本四日市哮喘事件、日本米糠油事件、日本水俣病事件、美国洛杉矶光化学烟雾事件、美国多诺拉镇烟雾事件、日本富山骨痛病事件)都集中发生在 20 世纪的五六十年代。这个时期的环境问题主要集中在生产、生活废水乱排放，很多有毒物质通过食物链进入人体，最终导致人体病变。发生在日本的水俣病事件就是因为河水被重金属汞污染，通过鱼进入人体从而暴发了疾病。虽然后来禁止了污染水体排入河流，但是水俣病的蔓延仍未停止，因为自然环境对汞的降解速度很慢。前后有 798 人因此患病，111 人严重残疾，实际受害人数至少 2 万人。除患病者外，该地区1955—1959 年出生的 400 个初生婴儿中，有 22 名患有先天缺损症，医生称为"先天性水俣病"。而这些婴儿的母亲汞中毒的症状极轻甚至没有症状。由于母乳中的甲基汞在婴儿体内富集，婴儿 3 个月时发生第一次抽搐，以后越来越严重，同时婴儿智力发育迟缓，严重的还会夭折。同样日本富山县神通川骨痛病事件也是水污染造成的。此时期的环境问题还有光化学污染，主要是由于含有毒物质的工业废气的排放所导致的，著名的伦敦烟雾事件即属于此种类型。当时一些伦敦居民感到呼吸困难，流泪、眼睛红肿、咳嗽、哮喘、胸疼胸闷甚至窒息，有的人发烧、恶心、呕吐。在 1952 年 12 月 13 日的前一周内已经有 2851 人死亡，以后的几周内又有 1224 人死亡，之后两个月内有 8000 多人死亡。事件发生后英国国内产生了强烈反响。直到 1963 年才查明灾害的原因是由于二氧化硫和烟尘中的三氧化二铁化合生成三氧化硫被水吸收，从而变成硫酸，凝聚在雾滴上进入人的呼吸系统，造成支气管炎、肺炎、心脏病等，从而加速了慢性患者的死亡。

从产生根源上看，一是人类对环境资源过度开发而产生的问题。二是人类将废弃物向环境过度排放造成的污染问题。三是人类技术活动的失控或滥用引起的技术污染产生的环境负效应。

从危害程度上说，生态危机不仅严重破坏自然环境，造成人类使用资源紧张，而且破坏整个生态环境系统的结果与功能，造成人与自然关系恶化，人与人关系失调，人与社会关系失衡，对人类的生存、心理发展等都带来毁灭性的打击。

当时人们对八大公害事件的认识还是比较肤浅的，但八大公害毕竟警醒了世人，正是从那个时候起环境保护受到了越来越多的人的重视并逐渐形成了环保共识。后来随着认识的深化，人们意识到人类不仅面临着废水、废气排放等问题，还面临着世界性的生态危机。生态危机已经不是某个国家、某个地区可以解决的问题，而是一场摆在全人类面前的深重危机。臭氧层空洞、森林面积锐减、荒漠化日趋严重、粮食危机、淡水危机、能源危机、资源枯竭、物种快速灭绝等都关乎人类的生存和发展。其中仅能源枯竭问题就十分令人担忧。如何认识和应对环境破坏引发的生态环境问题，成为国际社会共同关注的重大时代课题。

1. 地球生态系统面临的威胁

科学家通过分析总结出地球生态系统正面临着九个方面的威胁，其已经逼近了地球生态系统所能承受的极限。

(1) 海洋酸化

自工业革命以来，全球海洋浅层海水的 pH 已由 8.16 下降到了 8.05。其实酸化本身并不是主要问题，真正严重的是由此引起的连锁反应。浅层海水中碳酸钙饱和度的降低便是非常令人担忧的一点。虽然就目前而言还不是特别严重，但它一旦低于某一阈值，像海螺、珊瑚一类的以碳酸钙为主要发育条件的外骨骼海洋生物就将面临被海水溶解的风险。如此生命大幅度减少的海洋从大气中吸收二氧化碳的能力将会大幅度下降，地球也将变得更热。

（2）臭氧层空洞

20世纪70年代南极上空的臭氧层空洞向人类发出了警告，世界各国迅速采取了弥补行动。随着导致臭氧层空洞的化学物质的禁用，臭氧层暂时渡过了难关，但另一个担忧是全球气候变暖带来的影响。当全球气候变暖后更多的热量聚集在地表，致使臭氧层更加寒冷，很有可能促使滞留在大气层中的吞噬臭氧的化学物质把臭氧层"凿开"一个空洞。

（3）淡水枯竭

人类已经操控了世界上的多条河流，因为修筑大坝许多条河流终结了生命，人类行为已经导致许多湿地干涸。人们还大量抽取宝贵的地下水，一些人还在毁灭森林，破坏自然界的水循环。随着人口的增加水资源匮乏问题将越来越突出。

（4）物种大规模灭绝

生物多样性是健康生态系统的重要指标。目前还不能确定究竟要损失多少物种，哪些物种会导致生态系统崩溃。但是按照目前生物灭绝的速度，人类面临生态系统崩溃的危险正越来越大。

（5）氮循环异常

氮循环是全球生物地球化学循环的重要组成部分，全球每年通过人类活动新增的"活性"氮导致全球氮循环严重失衡，并引起水体的富营养化、水体酸化、温室气体排放等一系列环境问题。为了增加土壤中可吸收的氮，德国化学家弗里茨·哈伯于20世纪初发明了工业固氮方法，从大气中制取氮肥从而改变了自然界原来的氮循环。如今采用这种方法每年能从大气中固氮8000万吨，并将固态氮撒播到世界各地的农田里。此外燃烧化石燃料、木材和农作物等方法也能固氮。目前每年人工固氮量高达1.21亿吨，远远超出了地球所能承受的量级。

（6）土地匮乏

农业的拓展速度持续加快，人们已经开始征用热带雨林作为农业用地。目前世界上过半的热带雨林已经消失。草原原本是野生动物活动的天堂，现在却成为人类巨大的牲畜场。一些学者认为农业扩张使地球生态系统丧失了大量的服务功能，加剧了气候变化并改变了淡水循环。

（7）二氧化碳浓度增加

二氧化碳浓度增加导致全球气候变暖是近年来讨论最多的话题。大量历史证据显示大气中不断增多的二氧化碳改变了地球气候。化石燃料的使用使得大气中的二氧化碳含量大幅度增加。事实上早在 20 年前,大气中的二氧化碳含量就已经超过了安全界限。

(8)气溶胶"超载"

人类活动搅乱了地球的生态平衡,在燃烧煤炭、粪肥、森林和废弃农作物时产生的灰尘使得大气中的烟尘、硫酸和其他微粒含量增加。自工业革命以来地球上的气溶胶浓度已经增加了两倍以上。这些气溶胶不仅影响气候,还对人类健康构成威胁。

(9)人工化学合成物质的污染

目前地球上人造的化学物质接近 10 万种。我们用这些化学物质生产上百万种产品,在生产的同时又会产生许多副产品,这些东西对人类健康产生了严重的负面影响。其中对人类危害最大的是那些如铅之类的有毒重金属、积累在人体组织中的有机污染物以及放射性化合物。

2. 我国面临的生态环境问题

中华人民共和国成立以来,经过 70 多年的建设和发展,经济社会建设取得了巨大成就,基本解决了人民群众的温饱问题,使中国特色社会主义事业稳步前进。但是,我们也要清醒地认识到,由于历史负担、人口众多和经济高速增长等,我国生态环境面临着巨大压力,生态问题越来越成为我国的突出问题之一,主要表现有以下几个方面。

(1)自然生态系统脆弱

我国生态脆弱地区的总面积已达国土面积的 60% 以上。森林资源总量不足,整体生态功能较弱。湿地生态系统退化严重,面积萎缩,生态功能下降。濒危物种不断增加。荒漠化十分严重,沙化、石漠化土地面积大、治理难。根据第五次全国荒漠化和沙化监测结果(2020 年),全国荒漠化土地面积为 261.16 万平方千米,沙化土地面积为 172.12 万平方千米。

(2)生态灾害频繁发生

由于生态破坏十分严重,如林地流失、湿地破坏、矿产乱采滥伐等,我国成为世界上生态灾害频繁、严重的国家之一。1954 年、1981 年、1991 年、1998 年我国发生的特大洪水灾害造成了巨大的损失。据统计,1998 年全国受洪水灾害影响达 29 个省(自治区、直辖市),农田受灾面积 3.18 亿亩*,成灾面积 1.96

---

* 1 亩 ≈ 666.7 平方米。

亿亩，受灾人口 2.23 亿，死亡 3000 多人，经济损失 1666 亿元。洪水灾害以长江中游地区和松花江、嫩江流域最为严重，甚至引起世界关注。

（3）生态压力急剧增加

气候变化已经成为国际政治、经济和外交领域的热点问题，对我国经济发展的压力日益加大。而随着时间的推移，温室气体减排、大气净化、水资源需求等压力将进一步加重我国生态系统的负荷。

（4）生态环境差距巨大

目前生态环境差距已成为我国与发达国家最大的差距之一。例如，我国森林覆盖率比全球平均水平低近 10 个百分点，排在世界第 136 位；人均森林面积不足世界平均水平的 1/4；人均森林蓄积量只有世界平均水平的 1/7；单位面积森林生态服务价值，日本是我国的 4.68 倍。

正是由于以上生态环境问题的产生，如何保护生态环境已成为人民群众最为关心的热点问题之一。人民群众对美好生态环境的强烈呼声得到了党和国家的高度重视。围绕生态文明建设，党和国家陆续出台了一系列政策和措施，我国的生态环境保护正在路上。在继承前人研究成果的基础上，梳理我国生态环境面临的新问题与新挑战，剖析这些新问题与新挑战的社会根源，探讨解决这些新问题与新挑战的有效途径与方法，推进中国特色社会主义生态文明建设，具有重大的理论价值和现实意义。这种重大意义，具体表现为立足我国的国情，积极借鉴世界各国环境保护的成功经验，充分发扬我国的优秀文化传统，总结我国生态文明建设的实践经验，形成比较系统的、具有中国特色的生态文明理论，以有效指导我国的生态文明建设实践，并为世界各国生态环境保护提供一定的借鉴。

（二）生态文明建设的内涵

生态文明建设是人类在了解自然与利用自然的过程中，为了达到人与自然、人与社会以及人与人和睦相处的目的，不断消除社会发展过程中的人对自然的消极影响，逐步形成良好的生态运行机制与优美和谐的自然环境的过程。生态文明建设包括软件与硬件两方面的建设。其中软件建设方面包含人的生态思想的形成、生态素养的提升、生态文化的发展和生态文明教育的实施等；硬件建设方面包含相关的法律法规与政策规章的确立，也包括维护生态、保护环境等方面的基础设施建设，以及研制必要的用于环境保护方面的技术与产品。同时，生态文明建设是一个内涵丰富的庞大体系，它涉及多个不同的领域，根据具体内容的不同，可将其划分成以下几个方面：一是政治方面。应当树立正确的政治生态观，把生态文明作为政绩考核的一个重要方面，发扬生态民主、推行行政生态化。同时从生态文明方面，对现有的法律法规进行完善与补充，为生态文明建设提供法律保障，从而使生态文明建设成为中国特色社会主义发展道路上新的政治要求。二是经济方面。以实现经济活动的生态化为最终目标，对现有的产业结构、发展模式进行调整，注重节能环保产业与循环经济的发展，逐步形成可持续发展的增长模式，实现社会经济的生态化发展。三是文化方面。注重社会文化的生态化氛围营造，积极建设以生态传媒、生态宗教、生态美学、生态文艺、生态教育、生态道德、生态科技等为主要内容的生态文化体系。四是社会方面。要充分重视生态文明在社会事业中的发展，倡导保护环境、节约资源的社会价值观念，从而逐步形成科学、文明、健康的社会生活方式。

也有学者认为，生态文明建设是一个巨大复杂的系统，包括五个方面：一是生态文明理念在所有社会成员思想上的形成。这是生态文明建设的重要保障，属于精神文明建设的内容。二是生态生产力的发展。这是社会生产模式的本质改变，是建设生态文明的重点工程，属于物质文明建设的组成部分。三是生态文明消费观念的形成及其实践。这是社会生活方式的根本改变，既是物质文明的内容，同时又是精神文明的内容。四是生态体系的建构与修复。环境的改善和生态维护是生态文明建设的基础部分，这种建构与修复不能根治生态环境的恶化，立足于长远，它需要融入生产方式与生活方式的生态化变革之中，这样才能实现对生态环境问题的根本治理。五是生态文明建设的体制机制构建与落实。包含法律、政策规章、文化、伦理、教育等多个方面，其中大部分属于政治文明的范畴。这是生态文明建设的根本保障。

综上所述，生态文明建设是人们在尊重自然、顺应自然、保护自然的生态文明理念指导下，通过转变思想观念、生产方式、生活方式及消费方式，以实现人与自然和谐共生为目的，在全社会开展的一项综合性系统工程，它囊括政治、经济、文化和社会生活等各个方面。在生态文明建设的路径与对策方面，除了要转变人类的生产方式、生活方式、消费方式以及进行制度建设外，前提与更为关键的是转变人的思想观念，特别是通过各种形式的生态文明教育向社会成员普及生态文明知识，指导其形成正确的生态文明价值观。

（三）新时代生态文明建设的基本方略

生态文明建设是涉及人与自然环境因素的复杂系统工程。推进我国生态文明建设，既应该全面把握当前的基本国情，又应该从人民的根本利益出发，还应该遵循整个人类文明发展的基本方向。当前，我国生态文明建设需要坚持以下几个基本方略。

1. 坚持把节约优先、保护优先、自然恢复为主作为基本方针

我国在当前的经济社会发展阶段，既面临着仍然要以发展为第一要务的紧迫任务，又面临着经济发展与环境保护的双重目标。在处理经济发展与环境保护的具体实践中，应该在资源开发与节约中，把节约放在优先位置，以最少的资源消耗支撑经济社会持续发展；在环境保护与经济发展中，把保护放在优先位置，在发展中保护、在保护中发展；在生态建设与修复中，以自然恢复为主，将自然恢复与人工修复相结合。

2. 坚持把绿色发展、循环发展、低碳发展作为基本途径

虽然我国经济总量已经居世界第二位，但是我国的经济发展仍然有相当大的空间。实践表明，在新的发展阶段，发展不能再是粗放式的发展，而应该是绿色发展、循环发展和低碳发展。也就是说，经济社会发展必须建立在资源得到高效循环利用、生态环境受到严格保护的基础上，与生态文明建设相协调，形成节约资源和保护环境的空间格局、产业结构和生产方式。

3. 坚持把深化改革和创新驱动作为基本动力

发展中的问题需要在发展中解决，发展的动力应该在深化改革中激发。在全面深化改革的新时期，应该充分发挥市场配置资源的决定性作用和更好地发挥政府作用，不断深化制度改革和科技创新，建立系统完整的生态文明制度体系，强化科技创新引领作用，为生态文明建设注入强大动力。

4. 坚持把培育生态文化作为重要支撑

我国有 14 亿人口，如果人们缺乏生态文化意识，在生产、生活中从不考虑生态成本，那么就必然会付出巨大的生态损耗。相反，如果生态文化意识深入每个人的头脑中，并转化为爱护自然、保护环境的实践，那么就会汇集成巨大的生态红利，形成推进生态文明建设的无穷力量。所以，应该将生态文明纳入社会主义核心价值体系，加强生态文化的宣传教育，倡导勤俭节约、绿色低碳、文明健康的生活方式和消费模式，提高全社会的生态文明意识。

5. 坚持把重点突破和整体推进作为工作方式

生态文明建设，既是一个紧迫的现实问题，又是一项任重道远的系统工程。在推进生态文明建设的进程中，既应该立足当前，着力解决对经济社会可持续发展制约性强、群众反映强烈的突出问题，打好生态文明建设攻坚战；又应该着眼长远，把加强顶层设计与鼓励基层探索相结合，持之以恒地全面推进生态文明建设。

（四）新时代生态文明建设的特点

1. 系统性

随着生态文明建设进入"三期叠加"、生态保护与污染防治的关键阶段，传统的治理手段难以继续发挥主导作用，需要更多系统性、结构性的创新机制。构建一个系统完整的生态文明制度体系，是生态文明制度建设的关键。新时代生态文明建设不再是一项独立的工作，而是与经济社会发展等多方面存在深刻的内在关联。新时代生态文明建设体系是从全局性的视角来理解、认识和推动，将生态文明纳入总体布局，更加具有系统性。习近平总书记的讲话提出了六大原则、五大生态文明体系，系统地对生态文明建设问题作出深刻思考和全面认识，为我国生态文明建设的"根本大计"开启了新篇章，对推动 2035 年和 2050 年"两阶段"时间表的顺利落实有着十分重要的作用。

2. 可持续性

新时代生态文明建设发展与推动绿色发展、实施创新驱动发展的战略是密不可分的，具有可持续性的特点。通过培育壮大新产业、新业态、新模式等发展新动能，运用新技术促进传统产业智能化改造，对生态文明的建设有着极大的促进作用。另外，中国提出的"绿色、循环、低碳"发展、"五位一体"等推进生态文明建设的举措和机制，丰富和发展了全球可持续发展理念，为中国进入全球可持续发展的前沿创造了条件。绿色区块链生态体系中的绿色基础设施监测采集网络，有效解决了环境主体排放数据造假的难题，可促使高污染企业向绿色环保转型，使节能环保型企业向可持续性的方向发展，保持其节能减排的动力，为政府的环保监管提供真实可信的数据服务，同时打破了政府各部门之间的"数据孤岛"状态，简化业务流程，实现各部门间高效的业务协同。

3. 通俗性

党的十九大报告首次将"树立和践行绿水青山就是金山银山的理念"写入大会报告，且与"坚持节约资源和保护环境的基本国策"成为习近平新时代中国特色社会主义生态文明建设的思想和基本方略。习近平总书记提出的"两山论"——既要绿水青山，也要金山银山；宁要绿水青山，不要金山银山。即经济要发展，但不能以破坏生态环境为代价。绿水青山就是金山银山，把生态文明建设融入经济、政治、文化和社会建设的全过程通俗易懂，能够被广大人民群众所接受和认可，具有很强的通俗性。

七、生态文明建设思想的发展历程

半个多世纪以来，我们党在带领人民群众摆脱贫困走向富强的过程中，一直以世界眼光和战略思维关注着生态问题，对生态文明建设进行了不懈的探索。

（一）毛泽东生态思想：开启生态环境建设之路

毛泽东无论在革命战争年代还是在中华人民共和国成立后的和平时期，都非常重视祖国绿化和生态建设事业。中华人民共和国成立后，为了改善新中国的生态环境，毛泽东首先带领我们探索生态文明的奥秘，不仅促进了我国生态文明建设思想的形成，而且对毛泽东思想进行了拓展和延伸，从而创造了属于那个时代具有中国特色的生态文明建设思想。

中华人民共和国成立后，毛泽东更加重视造林绿化事业，提出有计划有秩序地绿化荒山荒地，号召全国人民植树造林，优化生态环境，绿化祖国山河的伟大目标。毛泽东先后多次作出指示，而且他指导绿化工作很具体、很专业。1955年12月毛泽东批示："在十二年内，基本上消灭荒山荒地，在一切宅旁、村旁、路旁、水旁，以及荒地上荒山上，即在一切可能的地方，均要按规格种起树来，实行绿化。"毛泽东提出的在宅旁、村旁、路旁、水旁绿化，就是我们后来一直在农村倡导的"四旁"绿化，这是加强农村绿化，改善农村生态环境的有效措施。1956年3月毛泽东发出了"绿化祖国"的伟大号召。1958年8月毛泽东强调："要使我们祖国的河山全部绿化起来，要达到园林化，到处都很美丽，自然面貌要改变过来。"1959年3月毛泽东提出"实行大地园林化"的奋斗目标，为后人描绘了祖国绿化的宏伟蓝图。毛泽东将"绿化祖国"与植树造林、水土保持、农林牧结合、五业并举综合平衡发展等有机结合，在美化人民的生存环境的同时促进了我国社会主义建设。

毛泽东认为，人与自然之间密不可分，人类利用自然、变革自然，只有正确认识自然和了解自然，遵循自然规律，才能实现人与自然之间的和谐共处。不遵循自然规律，人类最终将会受到自然的惩罚。当时生态建设涉及的内容有很多，如兴建水利、改善农业以及畜牧业的发展、关注公共环境的建立、改善国家严重水土流失的问题等。节约资源是为了解决当时的发展问题，同时也是考虑到了中国以后的长远发展，对此毛泽东一再强调要勤俭节约。

（二）邓小平生态思想：探索经济与生态环境协调发展

邓小平和毛泽东一样非常重视生态环境问题，坚持马克思主义关于人口、资源、环境与经济社会协调发展的生态价值观，并且对于生态保护问题有了更深刻的认识，他提出了很多关于生态环境的保护措施，对于中国生态文明建设起到了极大的作用。

1. 统筹兼顾，生态和民生协调发展

如何处理社会经济建设和生态环境保护之间的矛盾是当时面临的最大的问题。邓小平指出，面对日益突出的经济和环境之间的矛盾，不能够坐以待毙，当然也不能去重复"先污染、后治理"的错误之路，他还指出保护环境就是在保护我国的生产力。对于西方国家以破坏环境为代价的发展经验并不可取，要把握好经济建设和国家发展之间的关系，和大自然和谐相处。保护生态环境、和大自然和谐相处、可持续发展等战略已经上升到了国家的层面，成了我国的重点问题，这说明我国对于环境保护方面的意识有了明显的提高。

2. 依靠科学技术，保护生态环境

对于国家的发展，邓小平非常注重科学技术所起到的作用。随着社会生产力的逐渐提升，我国已经认识到科学技术对生态环境保护的重要性，科学技术的发展和应用可以引领我们建设生态文明的社会。当时颁布的《环境保护工作要点》中也提到了将科学技术应用到生态环境保护中的相关要求，并且作为重点的生态环境保护措施来做。邓小平在同国家各部门负责人讲话时提出，从我国的基本国情出发，保护生态环境一定要靠科学，并强调科学技术不应该只是运用到经济建设上，而是要运用到现代化建设的各个方面上，其中也应当包括生态环境保护方面。1978年，经邓小平同志批示，我国启动了世界上规模最大的生态修复工程——三北防护林工程。

3. 健全法制，取得生态治理成效

邓小平认为保护生态环境，缓解生态恶化的问题如果依靠人为建设必定不能够彻底解决，必须要依靠法律的手段，利用法律的约束力和威信力从而起到规范和管理的作用，所以邓小平提出了从法律上着手，去改善我国的生态环境问题，可以从法律的范围、法律的完善性等方面进行加强，同时法制部门也要做好相关

法律宣传工作和执法监督的工作。加强生态环保法制建设是邓小平生态思想中的核心内容。邓小平主政时期，大力推动全国人民代表大会通过了《中华人民共和国环境保护法（试行）》（1979 年）、《中华人民共和国森林法（试行）》（1979 年）、《中华人民共和国草原法》（1985 年）等一系列环境资源法律，在改革开放头 15 年内初步建立了较为系统的我国生态环境保护的法律体系，构建了环境影响评价制度、排污收费制度、排污许可制度、限期治理制度等环境保护的"八项制度"，奠定了我国生态环境法制化建设的基础。《中华人民共和国森林法（试行）》确定了每年 3 月 12 日为中国的植树节。1981 年全国人民代表大会通过了《关于开展全民义务植树运动的决议》，规定植树造林、绿化祖国，是建设社会主义、造福子孙后代的伟大事业，是治理山河、维护和改善生态环境的一项重大战略措施。这是中华人民共和国成立以来国家最高权力机关对绿化祖国作出的第一个重大决议，促进了全民义务植树运动的公益性、全民性、义务性、法定性。

（三）江泽民生态思想：坚持防治污染与保护生态并重

到了 21 世纪，第三代党的领导集体认为，站在生态环境日益恶化的全球背景下，要将生态文明建设放到国家的层面，用与社会主义建设同等重要的战略来推动，要根据我国的基本国情，寻找一条环保科学的可持续发展道路，最终实现我国生态环境的改善。

1. 提出实施可持续发展战略的思想

江泽民同志提出了"可持续发展观"，推动可持续发展战略成为指导我国经济社会发展的重大战略。江泽民同志指出，可持续发展是人类社会发展的必然要求，要把控制人口、节约资源、保护环境放到重要位置，使人口增长与社会生产力的发展相适应，使经济建设与资源、环境相协调，实现良性循环。1994 年 3 月，我国向全世界率先发布了《中国 21 世纪议程——中国 21 世纪人口、环境与发展白皮书》，系统地论述经济、社会发展与资源生态环境间的关系，明确中国"转变发展战略，走可持续发展道路，是加速我国经济发展，解决环境问题的正确选择"。中国也由此成为世界上第一个编制"国家 21 世纪议程"的国家。1997 年党的十五大确认"可持续发展战略"为我国现代化建设必须实施的重大战略，要求坚持保护环境的基本国策，正确处理经济发展同人口、资源和环境的关系。

2. 切实贯彻保护生态就是保护生产力的思想

"保护环境就是保护生产力"的思路在我国建设的过程中逐渐清晰。在第四次全国环境保护会议上，江泽民同志再次提到了环境保护的重要性，他站在社会生产力能够维持国家最基本的建设的基础上，提出了经济和环境之间的关系，并且在 2001 年针对经济增长和环境保护之间的密切关系又一次提出，大自然是我们赖以生存的家园，社会生产力和大自然之间有着密切的关系，而生产力又是社会发展和经济提升的关键，我们不能够重走过去向大自然斗争的老路，应该创造一条可持续发展的、健康的新道路。所以对于环境问题的改善就是要改变市场经济发展的模式，走绿色发展、节约型发展的路线，实现长期可持续的全面发展路线。

1991 年，江泽民同志提出全党动员、全民动手、植树造林、绿化祖国；1997 年又发出了"再造祖国秀美山川"的号召。1998 年长江、松花江发生特大洪水后，党中央、国务院决定投资几千亿元，实施天然林保护、退耕还林、京津风沙源治理等重大生态修复工程。

3. 增强群众的环境保护意识

是否具有保护环境的意识，是衡量一个社会是否具有进步的条件，以及是否文明的重要条件，所以加强群众的环境保护意识，对于提高我国在国际上的核心竞争力起到重要的作用。《中国环境与发展十大对策》中提到加强环境保护意识教育不仅能够改善我们现在的生存环境，同时也能够提高我国的基本生产力。江泽民同志也强调了强化环境教育，首先应该从干部做起，提升环境保护意识应该作为一项长期的任务来执行，只有先从干部着手，然后加强环境宣传教育，才能逐渐培养群众的主观意识，才能够让群众积极并且主动地加入保护环境的队伍之中，最终才能够为我国后续环境保护工作的开展建立坚实的基础。

（四）胡锦涛生态思想：全面落实科学发展观

胡锦涛同志根据我国的生态局势，提出了生态文明建设新的理论和新的思想，治理环境污染，保护生态环境，保护大自然，来确保人类和社会的长期稳定发展。

1. 提出科学发展观

胡锦涛同志在党的十六届三中全会上明确提出了以人为本，全面、协调、可持续发展的科学发展观。胡锦涛同志明确指出，只有在科学发展观思想的指导之下，正确地认识人与自然之间的关系，树立全面牢固的人与自然和谐共存的发展观念，才能稳步推进两型社会的建设，才能走绿色环保、低碳发展的经济社会发展模式。

2. 明确了有效转变经济增长方式的要求

人和大自然的发展存在一种相互制约的关系。经过社会长时间的发展，我国的生态环境面临的状况越来越严峻，人和自然资源之间的矛盾也越来越尖锐。根据社会的实践经验可以看出，我国所实施的粗放型的经济发展模式存在很多的弊端，生态环境受到了严重的影响，而且长期采用高投入、高消耗的生产方式对于自然资源损耗非常严重，导致很多自然资源匮乏的局面，严重地破坏原有的生态平衡。虽然我们的经济在短时间内得到迅速的提升，但是在经济增长的背后是对于生态环境的破坏，所以要更多地运用科学技术，转变粗放型的经济模式，将社会转变成节约型的社会，经济转变成节约型的经济，加强物质循环利用的可能性，保护生活环境的平衡。

3. 赋予了生态文明建设的重要地位

2007 年，"生态文明"写入党的十七大报告。胡锦涛同志在党的十七大报告中指出，建设生态文明，基本形成节约能源资源和保护生态环境的产业结构、增长方式、消费模式。循环经济形成较大规模，可再生能源比重显著上升。主要污染物排放得到有效控制，生态环境质量明显改善。生态文明观念在全社会牢固树立。必须把建设资源节约型、环境友好型社会放在工业化、现代化发展战略的突出位置，落实到每个单位、每个家庭。这既是我国经济社会可持续发展的必然要求，也是中国共产党人对日益严峻、全球关注的资源与生态环境问题作出的庄严承诺；报告中也首次使生态文明与社会主义物质文明、精神文明、政治文明一道成为中国特色社会主义社会文明形态的基本特征和重要组成。

(五)习近平生态文明思想：建设美丽中国

党的十八大以来我们党深刻回答了为什么建设生态文明、建设什么样的生态文明、怎样建设生态文明的重大理论和实践问题，这三个重大理论和实践问题是习近平生态文明思想的重要创新。

习近平同志深刻指出生态文明是工业文明发展到一定阶段的产物，是实现人与自然和谐的新要求。建设生态文明，关系人民福祉，关乎民族未来。生态兴则文明兴，生态衰则文明衰；保护生态环境就是保护生产力，改善生态环境就是发展生产力。良好生态环境是最公平的公共产品，是最普惠的民生福祉；特别强调森林是陆地生态系统的主体和重要资源，是人类生存发展的重要生态保障，并要求划定并严守生态红线，不能越雷池一步，否则就应该受到惩罚；进一步明确了林业在推进生态文明建设中的重要使命和战略任务。

1. 为什么建设生态文明

(1)建设生态文明的出发点是民生福祉

习近平同志关于生态文明建设的论述中，最语重心长的是民生问题。他以人民群众幸福为主题、人民群众健康为主线、满足人民群众对美好生活的追求为目的系统阐述生态文明建设的必要性和重要性，创新了全面小康理论。习近平总书记指出"小康全面不全面，环境质量是关键""不能一边宣布全面建成小康社会，一边生态环境质量仍然很差，这样人民不会认可也经不起历史检验"。他指出"对人的生存来说金山银山固然重要，但绿水青山是人民幸福生活的重要内容，是金钱不能代替的"。所以党的十九大提出，"要提供更多优质生态产品以满足人民群众日益增长的优美生态环境需要"。

(2)生态文明建设的落脚点是中华民族的永续发展

习近平总书记在各地考察和生态文明论述中最深感忧虑的是中华民族的永续发展。习近平总书记以深邃的历史观创新了"生态兴则文明兴，生态衰则文明衰"的"文明兴衰"理论，指出"生态环境是人类生存和发展的根基，生态环境变化直接影响文明兴衰演替""以史为镜，知兴替"的规律。在党的十九大报告中把生态文明建设作为关系中华民族永续发展的千年大计，把建设保护好绿水青山作为"保护好中华民族永续发展的本钱""是利国利民利子孙后代的一项重要工作"。

(3)生态文明建设是事关中国特色社会主义全局的重大战略

在激烈的国际竞争中国家战略正确与否直接决定着国家的盛衰兴亡，从灰色领域跨向绿色领域是许多国家的重大战略选择。习近平总书记站在世界发展的高度把生态文明建设作为从灰色领域向绿色领域跨越的重大战略，习近平总书记指出："绿色循环低碳发展是当今时代科技革命和产业变革的方向，是最有前途的发展领域。"我国在这方面的潜力相当大，可以形成很多新的经济增长点。

2. 建设什么样的生态文明

(1)建设以美丽中国为目标的生态文明

党的十九大提出建设富强、民主、文明、和谐、美丽的社会主义现代化强国，美丽成为社会主义现代化强国的新内涵；党的十九大在"两个一百年"奋斗目标中要求2035年建成美丽中国，所以我们要建设的是以美丽中国为底色的生态文明。

（2）建设人与自然和谐共生的生态文明

党的十九大强调"我们要建设的现代化是人与自然和谐共生的现代化"；党的十九大又把"坚持人与自然和谐共生"作为新时代坚持和发展中国特色社会主义的基本方略。人与自然和谐共生成为现代化的新标志，要求人们认识自然规律的智慧，极大发展遵循自然规律办事的自觉，极大增强人与自然和谐共生、持续繁荣的主观能动性，极大提高人与自然和谐共生的现代化。

（3）建设社会主义的生态文明

党的十九大要求牢固树立社会主义生态文明观，努力走向社会主义生态文明新时代。社会主义生态文明的本质要求至少有三层含义：一是以人民为中心的生态文明发展观；二是坚持党的领导能够发挥社会主义优势集中力量办生态文明建设的大事；三是不搞资源掠夺和污染输出，为全球生态安全作贡献，引领携手共建美丽世界。

3. 怎样建设生态文明

坚持节约资源和保护环境的基本国策，坚持节约优先、保护优先、自然恢复为主的方针，着力推进绿色发展、循环发展、低碳发展，形成节约资源和保护环境的空间格局、产业结构、生产方式及生活方式，从源头上扭转生态环境恶化趋势，为人民创造良好生产生活环境，为全球生态安全作出贡献。

（1）推进绿色发展

加快建立绿色生产和消费的法律制度和政策导向，建立健全绿色低碳循环发展的经济体系。构建市场导向的绿色技术创新体系，发展绿色金融，壮大节能环保产业、清洁生产产业、清洁能源产业。推进能源生产和消费革命，构建清洁低碳、安全高效的能源体系。

（2）着力解决突出环境问题

坚持全民共治、源头防治，持续实施大气污染防治行动，打赢蓝天保卫战。加快水污染防治，实施流域环境和近岸海域综合治理。构建政府为主导、企业为主体、社会组织和公众共同参与的环境治理体系。

（3）加大生态系统保护力度

实施重要生态系统保护和修复重大工程，优化生态安全屏障体系，构建生态廊道和生物多样性保护网络，提升生态系统质量和稳定性。完成生态保护红线、永久基本农田、城镇开发边界三条控制线划定工作。开展国土绿化行动，完善天然林保护制度。

八、当代中国生态文明建设的路径选择

推进当代中国生态文明建设离不开科学的路径选择。当代中国生态文明建设的路径选择主要涉及全社会树立生态文明理念、推进绿色低碳生产方式、推进绿色低碳生活方式和健全完善制度保障体系四个领域。

(一)全社会树立生态文明理念

1. 深入学习贯彻习近平生态文明思想

思想是行动的先导,理论是实践的指南。生态文明建设必须以生态文明理论和思想为指导,不断优化和完善人与人、人与自然、人与社会的关系。习近平生态文明思想是新时代推动我国生态文明建设的根本遵循,是习近平新时代中国特色社会主义思想的重要组成部分。习近平生态文明思想为新时代全面加强生态环境保护、打好污染防治攻坚战、推进美丽中国建设、实现人与自然和谐共生提供了思想指引和行动指南。因此,推动当代中国生态文明建设,首先必须深入学习、广泛宣传、认真贯彻习近平生态文明思想,全面掌握蕴含其中的科学理念,用习近平生态文明思想武装头脑,指导生态文明实践活动。树立尊重自然、顺应自然、保护自然的生态文明理念,坚持在保护中发展,在发展中保护,走出一条人与自然和谐共生的绿色发展道路。

2. 让生态文明理念深入人心

生态文明建设是涉及经济社会发展全过程和各方面的系统工程,推进生态文明建设,单靠国家政策和行政命令是远远不够的,必须在全社会树立生态文明理念,充分认识加快推进生态文明建设的重要性和紧迫性,切实增强责任感和使命感,牢固树立尊重自然、顺应自然、保护自然的理念,多管齐下,综合施策,让生态文明理念深入人心和推动实践。

一要构建生态文明教育体系。把生态文明教育贯穿于国民教育、党政干部培训、企业教育培训、农村生态文化教育的全过程,推进生态文明教育进教材、进课堂、进头脑,树立正确的生态价值观和道德观,增强全社会的环保意识和生态文明素养,使生态文明理念成为全民共识,真正做到内化于心、外化于行。

二要加强生态文明宣传力度。在"世界地球日""世界环境日""世界土地日""世界水日"等重要时间节点,充分运用电视、广播、网络等多种媒体,通过直播公益广告、举办知识讲座、发放宣传资料等多种形式加大生态文明宣传力度，提高广大市民参与生态文明建设的积极性和主动性，逐步形成"保护环境、人人有责"的良好社会风尚。

三要开展主题实践活动。积极组织开展城市绿地管护、义务植树造林、保护母亲河等形式多样的环保志愿服务活动，积极开展生态农业、生态旅游、文明餐桌行动等主题教育实践活动，创新活动项目，丰富活动载体，提升公民精神境界、培育公民高尚情操、增强公民社会责任，使生态文明理念真正融入时代生活、走进人们心灵、引领社会风尚。

（二）推进绿色低碳生产方式

推进绿色低碳生产方式，涉及经济、社会、科技等方方面面，是价值观念、发展理念、创新方式和发展实践的一场深刻变革，对有效控制碳排放、高水平建设生态文明以及推动我国经济高质量发展具有深远意义。

1. 推动技术创新绿色化

深化科技体制改革，完善技术创新体系，提高综合集成创新能力，强化企业技术创新主体地位，加强资源能源节约、资源循环利用、新能源开发、污染治理、生态修复等领域关键技术研发，充分发挥市场对绿色技术路线选择的决定性作用，构建科技含量高、资源消耗低、环境污染少的产业结构，形成符合生态文明要求的产业体系。

2. 推进工业体系绿色化

调整优化产业结构、推进绿色供给侧结构性改革，推动战略性新兴产业和先进制造业绿色发展，采用先进适用、节能低碳的环保技术改造提升传统产业，将绿色生产设计、绿色技术工艺、绿色生产管理、绿色供应链等贯穿于产品全生命周期中，积极构建绿色制造体系和绿色工业体系，全面推行"源头减量、过程控制、纵向延伸、横向耦合、末端再生"的绿色生产方式，打造绿色产品、绿色企业、绿色供应链和绿色园区，实现经济效益、生态效益和社会效益协调优化，打造全绿色产业链和全绿色经济增长点。

3. 推进农业体系绿色化

推动农业生产集约化、农业生产过程清洁化、农业废弃物资源化和无害化、农业产业链循环化，促进农业生产方式转变，提高农业综合效益，构建农业绿色发展的保障机制，实现农业高质量发展。大力发展节约集约型农业，提高农业科技含量，推广节能型农业机械和高效节水灌溉技术，大力推进高标准基本农田建设。推广农业清洁生产，推动农业秸秆、废旧农膜、畜禽粪污等农业废弃物无害化综合利用，延伸农业产业链，发展农业循环经济，形成农林牧渔多业共生的绿色产业体系。

4. 推进服务业体系绿色化

践行绿色发展理念，推动传统服务业转型升级，深化服务业供给侧结构性改革。提升服务业发展水平，大力发展绿色金融市场体系、绿色生产性服务业、绿色生活性服务业等低消耗、低污染的绿色服务业，推动服务主体生态化、服务过程清洁化、消费模式绿色化，构建服务业发展新体系。建立新型绿色贷款评价指标体系，推出绿色信贷、绿色投资、绿色基金、绿色证券产品，推动绿色旅游业，发展绿色物流业，推进绿色餐饮业和绿色住宿业发展，实施绿色设计、绿色采购、节能降耗、废弃物资源化利用，引领绿色消费，推进绿色发展。

（三）推进绿色低碳生活方式

推进绿色低碳生活方式，积极践行绿色发展理念，大力节约集约利用资源，推动资源利用方式根本转变，将文明健康生活方式融入日常生活，融入经济社会发展的方方面面，形成人与自然和谐共生，简约适度、绿色低碳的生活方式，汇聚起推动社会文明进步的强大力量。

1. 推进绿色机关创建

健全节能降耗管理制度，全面使用节能型灯具、节水型龙头、节水型卫生洁具，强化能耗、水耗等目标管理，降低行政管理成本。加大政府绿色采购力度，优先采购高效、节能、节水、再生或有环保标志的绿色产品，不采购国家明令禁止使用的高耗能设备或产品。推行绿色无纸化办公，节约使用办公耗材，完善网络办公条件，减少纸质材料发放量，加强办公用品管理。控制会议数量和规模，控制公务接待频率和标准。营造绿色优美的绿色办公环境，率先全面实施生活垃圾分类制度。

2. 推进绿色家庭创建

广泛宣传生态文明和绿色环保理念，提升每一位家庭成员的生态文明意识。倡导购买使用节能电器、节水器具、绿色建材等绿色产品，减少家庭能源资源消耗，倡导简约适度、绿色低碳的生活方式，反对奢侈浪费和不合理消费。积极推进生活垃圾减量分类、文明餐桌、公筷公勺、拒食野生动物、"光盘"行动、减少使用一次性塑料制品、公共交通出行等绿色主题活动，主动践行绿色生活方式。积极参与野生动植物保护、义务植树、环境监督、环保宣传等绿色公益活动，让每一位家庭成员都自觉争做绿色理念倡导者、绿色家庭建设者、绿色环境维护者、绿色生活践行者。

3. 推进绿色学校创建

坚持整合课程资源，编写生态文明教材，充分挖掘教材中的生态教育因素，把握课堂教学主渠道、主阵地。创新绿色活动形式，拓宽绿色活动领域，培育绿色校园文化，开展丰富多彩的生态文明教育系列活动，通过专家讲座、主题班会、环保知识竞赛、书画征文以及手抄报展览等生态文明实践活动，为学生搭建广阔的实践平台，全方位、多渠道、多形式地渗透生态文明教育，不断提升师生生态文明意识。打造节能环保绿色校园，积极采用节能、节水、环保、再生等绿色产品，提升校园绿化美化、清洁化水平。推进绿色创新研究，加强绿色科技创新和成果转化。

4. 推进绿色社区创建

建立健全社区人居环境建设和整治机制，将绿色社区创建与加强基层党组织建设、居民自治机制建设、社区服务体系建设有机结合。搭建沟通议事平台，利用"互联网+共建共治共享"等线上线下手段，开展多种形式基层协商，实现决策共谋、发展共建、建设共管、效果共评、成果共享。推进社区基础设施绿色化，加大既有建筑节能改造力度，采用节能照明、节水器具等绿色产品、材料，积极改造提升社区供水、排水、供电、弱电、道路、供气、消防、生活垃圾分类等基础设施，提高既有建筑绿色化水平。实施生活垃圾分类，完善分类投放、分类收集、分类运输设施，营造社区宜居环境。合理布局和建设各类社区绿地，因地制宜整治小区及周边绿化、照明等环境，推动适老化改造和无障碍设施建设。推进社区市政基础设施智能化改造和安防系统智能化建设，整合社区安保、公共设施管理、环境卫生监测等数据信息。开展绿色生活主题宣传教育，编制发布社区绿色生活行为公约，倡导居民选择绿色生活方式，节约资源，开展绿色消费和绿色出行，形成富有特色的社区绿色文化。

5. 推进绿色出行创建

推动交通基础设施绿色化，推进运输装备绿色升级，引导运输活动绿色优化，促进粗放型增长向集约式增长转变。优化城市路网配置，提高道路通达性，加强城市公共交通和慢行交通系统建设管理，加快充电基础设施建设。优先发展公共交通，加大设置公交专用道及优先车道，推广节能和新能源车辆，在城市公交、出租汽车、分时租赁等领域形成规模化应用，控制公共交通拥挤度在合理水平，依法淘汰高耗能、高排放车辆。提升交通服务水平，实施旅客联程联运，提高公交供给能力和运营速度，提升公交车辆中新能源车和空调车比例，推广电子站牌、一卡通、移动支付等，实现出行服务信息共享，改善公众出行体验。提升城市交通管理水平，优化交通信息引导，加强停车场管理，鼓励公众降低私家车使用强度，规范交通新业态融合发展，增强交通行业的可持续发展能力。

6. 推进绿色建筑创建

进一步深入推进建筑节能，促进城乡建设模式转型升级。引导新建建筑和改扩建建筑按照绿色建筑标准设计、建设和运营，提高政府投资公益性建筑和大型公共建筑的绿色建筑星级标准要求。因地制宜实施既有居住建筑节能改造，推动既有公共建筑开展绿色改造。积极发展绿色生态城区，集中连片发展绿色建筑，推动绿色建筑规模化发展。加强技术创新和集成应用，进一步推动可再生能源在建筑领域规模化、高水平应用，推广新型绿色建造方式，提高绿色建材应用比例，积极引导超低能耗建筑建设，促进绿色建筑发展。加强绿色建筑运行管理，定期开展运行评估，积极采用合同能源管理、合同节水管理，引导用户合理控制室内温度，注重管理的先进性、实用性与智能化，实现绿色运营管理的预期目标与实际价值。

（四）健全完善制度保障体系

完善的制度体系是中国特色社会主义生态文明的有效保障，习近平总书记指出："只有实行最严格的制度、最严密的法治，才能为生态文明提供可靠保障。"因而，必须把生态文明建设纳入制度化和法治化轨道，深化生态文明体制机制改革，建立系统完整的生态文明制度体系，以法治理念和法治方式加强和保障生态文明建设。

1. 健全自然资源资产产权制度

自然资源资产产权制度是促进自然资源节约集约利用，加强生态有效保护、促进生态文明建设的重要基础性制度。加快构建归属清晰、权责明确、监管有效的中国特色自然资源资产产权制度体系，对保障国家生态安全和资源安全、维护社会公平正义、建设美丽中国具有重要的基础制度支撑作用。

一是健全自然资源资产产权体系。推动自然资源资产所有权与使用权分离，创新自然资源资产全民所有权和集体所有权的实现形式。落实承包土地所有权、承包权、经营权"三权分置",开展经营权入股、抵押。探索宅基地所有权、资格权、使用权"三权分置"。推进建设用地地上、地表和地下分别设立使用权。探索油气探采合一权利制度,加强探矿权、采矿权授予与相关规划的衔接。根据矿产资源储量规模,分类设定采矿权有效期及延续期限。依法明确采矿权抵押权能,完善探矿权、采矿权与土地使用权、海域使用权衔接机制。探索海域使用权立体分层设权,加快完善海域使用权出让、转让、抵押、出租、作价出资(入股)等权能。构建无居民海岛产权体系,试点探索无居民海岛使用权转让、出租等权能。完善水域滩涂养殖权利体系,依法明确权能,允许流转和抵押。

二是明确自然资源资产产权主体。明确国务院授权自然资源主管部门具体代表统一行使全民所有自然资源资产所有者职责。探索建立委托省级和市(地)级政府代理行使自然资源资产所有权的资源清单和监督管理制度。完善全民所有自然资源资产收益管理制度,合理调整中央和地方收益分配比例和支出结构,并加大对生态保护修复支持力度。明确农村集体所有自然资源资产由农村集体经济组织代表集体行使所有权,农村集体经济组织成员对自然资源资产享有合法权益。保证自然人、法人和非法人组织等各类市场主体依法平等使用自然资源资产、公开公平公正参与市场竞争,同等受到法律保护。

三是健全自然资源调查、确权和保护制度。健全自然资源统一调查监测评价制度,统一组织实施全国自然资源调查,掌握重要自然资源的数量、质量、分布、权属、保护和开发利用状况。健全自然资源资产核算评价制度,建立自然资源动态监测制度,建立统一权威的自然资源调查监测评价信息发布和共享机制。清晰界定全部国土空间各类自然资源资产的产权主体,划清各类自然资源资产所有权、使用权的边界。建立健全登记信息管理基础平台,提升公共服务能力和水平。编制实施国土空间规划,划定并严守生态保护红线、永久基本农田、城镇开发边界等控制线,建立健全国土空间用途管制制度、管理规范和技术标准,对国土空间实施统一管控,强化山水林田湖草整体保护。

四是健全自然资源资产集约利用、系统修复和监管体系。促进自然资源资产集约开发利用,完善价格形成机制,扩大竞争性出让。深入推进全民所有自然资源资产有偿使用制度改革,完善自然资源资产使用权转让、出租、抵押市场规则。统筹推进自然资源资产交易平台和服务体系建设,健全市场监测监管和调控机制,建立自然资源资产市场信用体系,促进自然资源资产流转顺畅、交易安全、利用高效。坚持政府管控与产权激励并举,增强生态修复合力。健全自然资源资产监管体系。建立科学合理的自然资源资产管理考核评价体系，开展领导干部自然资源资产离任审计，落实完善党政领导干部自然资源资产损害责任追究制度。完善自然资源资产产权信息公开制度，强化社会监督。完善自然资源资产督察执法体制，加强督察执法队伍建设，严肃查处自然资源资产产权领域重大违法案件。

2. 健全自然生态空间用途管制制度

一是科学确定生态空间布局与用途。坚持生态优先、区域统筹、分级分类、协同共治的原则，并与生态保护红线制度和自然资源管理体制改革要求相衔接。凡涉及生态空间的城乡建设、工农业生产、资源开发利用和整治修复活动，都必须严格遵循自然生态空间用途管制制度。国家对生态空间依法实行区域准入和用途转用许可制度，严格控制各类开发利用活动对生态空间的占用和扰动，确保依法保护的生态空间面积不减少，生态功能不降低，生态服务保障能力逐渐提高。科学确定城镇、农业、生态空间，划定生态保护红线、永久基本农田、城镇开发边界，科学合理编制空间规划，以此作为生态空间用途管制的依据。

二是严格实施自然生态空间用途管制制度。生态保护红线原则上按禁止开发区域的要求进行管理。严禁不符合主体功能定位的各类开发活动，严禁任意改变用途，严格禁止任何单位和个人擅自占用和改变用地性质，鼓励按照规划开展维护、修复和提升生态功能的活动。生态保护红线外的生态空间，原则上按限制开发区域的要求进行管理。从严控制生态空间转为城镇空间和农业空间，禁止生态保护红线内空间违法转为城镇空间和农业空间。鼓励城镇空间和符合国家生态退耕条件的农业空间转为生态空间。禁止新增建设占用生态保护红线。严格控制新增建设占用生态保护红线外的生态空间。禁止农业开发占用生态保护红线内的生态空间，生态保护红线内已有的农业用地，建立逐步退出机制，恢复生态用途。严格限制农业开发占用生态保护红线外的生态空间，有序引导生态空间用途之间的相互转变，鼓励向有利于生态功能提升的方向转变，严格禁止不符合生态保护要求或有损生态功能的相互转换。在不改变利用方式的前提下，依据资源环境承载能力，对依法保护的生态空间实行承载力控制，防止过度垦殖、放牧、采伐、取水、渔猎、旅游等对生态功能造成损害，确保自然生态系统的稳定。

3. 健全自然资源资产有偿使用制度

自然资源资产有偿使用制度是生态文明制度体系的一项核心制度。健全自然资源资产有偿使用制度，提升自然资源保护和合理利用水平，切实维护国家所有者权益，为建设美丽中国提供重要制度保障。

一是完善国有土地资源有偿使用制度。优化土地利用布局，规范经营性土地有偿使用。完善国有建设用地使用权权能和有偿使用方式。鼓励可以使用划拨用地的公共服务项目有偿使用国有建设用地。探索建立国有农用地有偿使用制度。明晰国有农用地使用权，明确国有农用地的使用方式、供应方式、范围、期限、条件和程序。通过有偿方式取得的国有建设用地、农用地使用权，可以转让、出租、作价出资（入股）、担保等。

二是完善水资源有偿使用制度。落实最严格水资源管理制度，严守水资源开发利用控制、用水效率控制、水功能区限制纳污三条红线，强化水资源节约利用与保护，加强水资源监控。健全水资源费征收制度，综合考虑当地水资源状况、经济发展水平、社会承受能力以及不同产业和行业取用水的差别特点，区分地表水和地下水，支持低消耗用水、鼓励回收利用水、限制超量取用水，合理调整水资源费征收标准，大幅提高地下水特别是水资源紧缺和超采地区的地下水资源费征收标准，严格控制和合理利用地下水。严格水资源费征收管理，按照规定的征收范围、对象、标准和程序征收，确保应收尽收，任何单位和个人不得擅自减免、缓征或停征水资源费。

三是完善矿产资源有偿使用制度。全面落实禁止和限制设立探矿权、采矿权的有关规定，强化矿产资源保护。改革完善矿产资源有偿使用制度，明确矿产资源国家所有者权益的具体实现形式，建立矿产资源国家权益金制度。完善矿业权有偿出让制度，在矿业权出让环节，取消探矿权价款、采矿权价款，征收矿业权出让收益。进一步扩大矿业权竞争性出让范围，除协议出让等特殊情形外，对所有矿业权一律以招标、拍卖、挂牌方式出让。完善矿业权分级分类出让制度，合理划分各级国土资源部门的矿业权出让审批权限。完善矿业权有偿占用制度，在矿业权占有环节，将探矿权、采矿权使用费调整为矿业权占用费。据矿产品价格变动情况和经济发展需要，适时调整采矿权占用费标准。

四是健全国有森林资源有偿使用制度。国有天然林和公益林、国家公园、自然保护区、风景名胜区、森林公园、国家湿地公园、国家沙漠公园的国有林地和林木资源资产不得出让。对确需经营利用的森林资源资产，确定有偿使用的范围、期限、条件、程序和方式。对国有森林经营单位的国有林地使用权，原则上按照划拨用地方式管理。推进国有林地使用权确权登记工作，切实维护国有林区、国有林场确权登记颁证成果的权威性和合法性。通过租赁、特许经营等方式积极发展森林旅游。本着尊重历史、照顾现实的原则，全面清理规范已经发生的国有森林资源流转行为。

五是健全国有草原资源有偿使用制度。依法依规严格保护草原生态，健全基本草原保护制度，任何单位和个人不得擅自征用、占用基本草原或改变其用途，严控建设占用和非牧使用。全民所有制单位改制涉及的国有划拨草原使用权，按照国有农用地改革政策实行有偿使用。稳定和完善国有草原承包经营制度，规范国有草原承包经营权流转。对已确定给农村集体经济组织使用的国有草原，继续依照现有土地承包经营方式落实国有草原承包经营权。国有草原承包经营权向农村集体经济组织以外单位和个人流转的，应按有关规定实行有偿使用。加快推进国有草原确权登记颁证工作。

六是完善海域海岛有偿使用制度。完善海域有偿使用制度。坚持生态优先，严格落实海洋国土空间的生态保护红线，提高用海生态门槛。严格实行围填海总量控制制度，确保大陆自然岸线保有率不低于35%。完善海域有偿使用分级、分类管理制度，适应经济社会发展多元化需求，完善海域使用权出让、转让、抵押、出租、作价出资（入股）等权能。调整海域使用金征收标准，完善海域等级、海域使用金征收范围和方式，建立海域使用金征收标准动态调整机制。完善无居民海岛有偿使用制度。明确无居民海岛有偿使用的范围、条件、程序和权利体系，完善无居民海岛使用权出让制度，探索赋予无居民海岛使用权依法转让、出租等权能。建立完善无居民海岛使用权出让价格评估管理制度和技术标准，建立无居民海岛使用权出让最低价标准动态调整机制。

4. 健全和完善生态补偿制度

健全和完善生态补偿制度，有利于促进生态环境质量改善，有利于增强优质生态产品的生产和可持续供给，有利于保障资源可持续利用，有利于促进生态优势持续转化为发展优势，实现不同地区、不同利益群体的和谐发展。

一是创新森林生态效益补偿制度。对集体和个人所有的二级国家级公益林和天然商品林，要引导和鼓励其经营主体编制森林经营方案，在不破坏森林植被的前提下，合理利用其林地资源，适度开展林下种植养殖和森林游憩等非木质资源开发与利用，科学发展林下经济，实现保护和利用的协调统一。要完善森林生态效益补偿资金使用方式，优先将有劳动能力的贫困人口转成生态保护人员。

二是推进建立流域上下游生态补偿制度。推进流域上下游横向生态保护补偿，加强省内流域横向生态保护补偿试点工作。完善重点流域跨省断面监测网络和绩效考核机制，对纳入横向生态保护补偿试点的流域开展绩效评价。鼓励地方探索建立资金补偿之外的其他多元化合作方式，合理确定补偿标准、协商推进流域保护与治理，联合查处跨界违法行为，建立重大工程项目环评共商、环境污染应急联防机制。

三是发展生态优势特色产业。按照空间管控规则和特许经营权制度，在严格保护生态环境的前提下，鼓励和引导地方以新型农业经营主体为依托，加快发展特色种养业、农产品加工业和以自然风光和民族风情为特色的文化产业和旅游业，实现生态产业化和产业生态化。支持龙头企业发挥引领示范作用，建设标准化和规模化的原料生产基地，带动农户和农民合作社发展适度规模经营。

四是推动生态保护补偿工作制度化。出台并健全生态保护补偿机制的规范性文件，明确总体思路和基本原则，厘清生态保护补偿主体和客体的权利义务关系，规范生态补偿标准和补偿方式，明晰资金筹集渠道，不断推进生态保护补偿工作制度化和法制化，为从国家层面出台生态补偿条例积累经验。

5. 完善环境保护公众参与制度

完善环境保护公众参与制度，有利于保障公民、法人和其他组织获取环境信息、参与和监督环境保护的权利，畅通参与渠道，促进环境保护公众参与，依法有序发展。

一是创设环境保护公众参与的权利来源。在《中华人民共和国宪法》和《中华人民共和国环境保护法》中明确规定公民环境权，为公众参与环境保护提供权利来源和法律基础，以填补公众参与环境保护法律规定过于零散、缺乏法律支撑的不足。

二是完善环境信息公开制度。扩大信息公开的范围，除了涉及国家秘密、商业秘密及个人隐秘的资料外，其他环境信息都应向社会公众开放，扩大环境保护公众参与的信息公开程度。规范信息的公开方式，信息公开既可以通过电子邮件、微信公众号、微博等新媒体公开，也可以通过政府公报、新闻发布会以及报刊、广播、电视等便于公众知晓的传统媒体方式公开，扩大公众获取信息的渠道，降低环境知情权门槛，激发公众参与热情，使社会公众能够更及时更方便地获得环境信息。

三是完善环境执法参与制度。法律应明确赋予社会公众对政府环境执法的监督权，加强社会公众对政府环境执法的参与力度，达到提高社会公众参与环境保护的目的。并明确规定社会公众监督政府环境执法行为的途径和方式，以确保社会公众参与可以对政府环境执法进行有效的监督，保障政府执法权的正确行使和合法行使。确认非政府环保组织的法律地位，发挥非政府环保组织参与环境保护的重要作用。

四是完善环境公益诉讼制度。环境公益诉讼制度是为了解决对环境的损害的救济主体而确定的特殊制度，体现的是环境法上的社会责任与公益补偿责任。扩大环境公益诉讼主体，除了依法在设区的市级以上人民政府民政部门登记的，专门从事环境保护公益活动连续五年以上且信誉良好的社会组织，都能向人民法院提起诉讼外，可规定赋予公民个人（具有中华人民共和国国籍、年满18周岁，且具有完全民事行为能力的我国公民）提起环境公益诉讼的权利。

五是完善公众意见反馈机制。对公众意见反馈应采取以下一种或多种手段予以积极回应：第一，调整包括原方案在内的可供选择的方案；第二，制定和评价过去未慎重考虑的可供选择的方案；第三，补充、改进和修正原先的分析；第四，做出事实资料上的修正；第五，对未采纳的意见做出解释、列举数据和理由，并指出能够引起编制机构重新评估或进一步回答的情形。从而建立一种良性互动的公众意见反馈机制及后续跟踪评价机制。

6. 完善环境治理制度

健全完善环境治理制度，有利于协同高效推进生态文明体制改革，积极探索生态环境治理体系和治理能力现代化的有效路径，为建设美丽中国提供制度保障。

一是完善排污许可管理制度。依法实行排污许可管理制度，提高审批效率、营造公平竞争环境、激发市场主体活力。在全国建立统一公平、覆盖所有固定污染源的企业排污许可制，依法核发排污许可证，排污者必须持证排污，禁止无证排污或不按许可证规定排污，强化排污单位的主体责任是落实排污许可制度的关键环节。加强对企业排污行为的监督检查，加强事中、事后监管是将排污许可管理制度落到实处的重要保障。按照新老有别、平稳过渡原则，妥善处理排污许可与环评制度的关系。

二是健全污染防治区域联动机制。完善京津冀、长三角、珠三角等重点区域大气污染防治联防联控协作机制，其他地方结合地理特征、污染程度、城市空间分布以及污染物输送规律，建立区域协作机制。在部分地区开展环境保护管理体制创新试点，统一规划、统一标准、统一环评、统一监测、统一执法。构建各流域内相关省级涉水部门参加、多形式的流域水环境保护协作机制和风险预警防控体系。建立陆海统筹的污染防治机制和重点海域污染物排海总量控制制度。完善突发环境事件应急机制，提高与环境风险程度、污染物种类等相匹配的突发环境事件应急处置能力。

三是建立农村环境治理体制机制。建立以绿色生态为导向的农业补贴制度，加快制定和完善相关技术标准和规范，加快推进化肥、农药、农膜减量化以及畜禽养殖废弃物资源化和无害化，鼓励生产使用可降解农膜。完善农作物秸秆综合利用制度。健全化肥农药包装物、农膜回收贮运加工网络。采取财政和村集体补贴、住户付费、社会资本参与的投入运营机制，加强农村污水和垃圾处理等环保设施建设。采取政府购买服务等多种扶持措施，培育发展各种形式的农业面源污染治理、农村污水垃圾处理市场主体。强化县乡两级政府的环境保护职责，加强环境监管能力建设。财政支农资金的使用要统筹考虑增强农业综合生产能力和防治农村污染。

四是严格实行生态环境损害赔偿制度。进一步明确生态环境损害赔偿范围、责任主体、索赔主体、损害赔偿解决途径等，形成相应的鉴定评估管理和技术体系、资金保障和运行机制，强化生产者环境保护法律责任，大幅度提高违法成本。健全环境损害赔偿方面的法律制度、评估方法和实施机制，对违反环保法律法规的，依法严惩重罚；对造成生态环境损害的，以损害程度等因素依法确定赔偿额度；对造成严重后果的，依法追究刑事责任。构建责任明确、途径畅通、技术规范、保障有力、赔偿到位、修复有效的生态环境损害赔偿制度。

五是推行用能权和碳排放权交易制度。结合重点用能单位节能行动和新建项目能评审查，开展项目节能量交易，并逐步改为基于能源消费总量管理下的用能权交易。建立用能权交易系统、测量与核准体系。推广合同能源管理。深化碳排放权交易试点，逐步建立全国碳排放权交易市场，研究制定全国碳排放权交易总量设定与配额分配方案。完善碳交易注册登记系统，建立碳排放权交易市场监管体系。充分运用市场化手段，倒逼企业转型升级，促进能源消费结构优化，提高能源利用效率。

六是推行排污权交易制度。排污权交易是一种以市场机制为基础的污染防治模式，不仅可以有效降低污染治理的社会成本、激励企业技术创新，还可以大幅提高资源配置效率与污染防治效果。在企业排污总量控制制度基础上，尽快完善初始排污权核定，扩大涵盖的污染物覆盖面。在现行的以行政区为单元层层分解机制基础上，根据行业先进排污水平，逐步强化以企业为单元进行总量控制、通过排污权交易获得减排收益的机制。在重点流域和大气污染重点区域，合理推进跨行政区排污权交易。扩大排污权有偿使用和交易试点，将更多条件成熟地区纳入试点。加强排污权交易平台建设。制定排污权核定、使用费收取使用和交易价格等规定。

七是推行水权交易制度。推行水权交易制度是发挥市场在资源配置中的决定性作用，推进水资源优化配置的重要手段。结合水生态补偿机制的建立健全，合理界定和分配水权，探索地区间、流域间、流域上下游、行业间、用水户间等水权交易方式。研究制定水权交易管理办法，明确可交易水权的范围和类型、交易主体和期限、交易价格形成机制、交易平台运作规则等。开展水权交易平台建设。推行水权交易制度，可以激励用水主体提高用水效率，获得更多的交易空间，也更有效地激励用水主体寻求新的水源，缓解水资源的紧张局面。

7. 健全生态建设绩效评价考核制度

一是建立生态文明建设目标体系。生态文明建设目标体系是指以生态文明建设为目标，对政府部门相关主体明确权责配置并实施问责的体制机制，是生态文明体制的组成部分。研究制定可操作、可视化的绿色发展指标体系。制定生态文明建设目标评价考核办法，把资源消耗、环境损害、生态效益纳入经济社会发展评价体系。根据不同区域主体功能定位，实行差异化绩效评价考核。

二是建立资源环境承载能力监测预警机制。研究制定资源环境承载能力监测预警指标体系和技术方法，建立资源环境监测预警数据库和信息技术平台，定期编制资源环境承载能力监测预警报告，对资源消耗和环境容量超过或接近承载能力的地区，实行预警提醒和限制性措施。建立手段完备、数据共享、实时高效、管控有力、多方协同的资源环境承载能力监测预警长效机制，有效规范空间开发秩序，合理控制空间开发强度，推动实现资源环境承载能力监测预警规范化、常态化、制度化，引导和约束各地严格按照资源环境承载能力谋划经济社会发展。

三是探索编制自然资源资产负债表。自然资源资产负债表就是用资产负债表的方式，将全国或一个地区的所有自然资源资产进行分类汇总形成的报表。它能够显示某一时点上，自然资源资产的"家底"，反映一定时间内，自然资源资产存量、流量的变化。制定自然资源资产负债表编制指南，构建水资源、土地资源、森林资源等的资产和负债核算方法，建立实物量核算账户，明确分类标准和统计规范，定期评估自然资源资产变化状况。在市县层面开展自然资源资产负债表编制试点，核算主要自然资源实物量账户并公布核算结果。

四是实行领导干部自然资源资产离任审计。实行领导干部自然资源资产离任审计，对于促进自然资源资产节约集约利用和生态环境安全，完善生态文明绩效评价考核和责任追究制度，推动领导干部切实履行自然资源资产管理和生态环境保护责任具有十分重要的意义。在编制自然资源资产负债表和合理考虑客观自然因素基础上，积极探索领导干部自然资源资产离任审计的目标、内容、方法和评价指标体系。以领导干部任期内辖区自然资源资产变化状况为基础，通过审计，客观评价领导干部履行自然资源资产管理责任情况，依法界定领导干部应当承担的责任，加强审计结果运用。建立经常性审计制度，规范开展领导干部自然资源资产离任审计，推进生态文明建设。

五是建立生态环境损害责任终身追究制。生态环境损害责任终身追究制是主要针对领导干部的环境决策造成严重生态环境损害后果而实行的惩罚制度。实行地方党委和政府领导成员生态文明建设一岗双责制。以自然资源资产离任审计结果和生态环境损害情况为依据，明确对地方党委和政府领导班子主要负责人、有关领导人员、部门负责人的追责情形和认定程序。区分情节轻重，对造成生态环境损害的，予以诫勉、责令公开道歉、组织处理或党纪政纪处分，对构成犯罪的依法追究刑事责任。对领导干部离任后出现重大生态环境损害并认定其需要承担责任的，实行终身追责。建立国家环境保护督察制度。

九、生态文明建设与当代青年的责任

生态文明建设是中国特色社会主义事业的重要内容，关系人民福祉，关乎民族未来，事关"两个一百年"奋斗目标和中华民族伟大复兴中国梦的实现。生态文明建设是一个需要政府多层级领导、多学科领域知识人才、社会各界协调联动、不懈努力、共同推进的伟大事业。当代青年必然是生态文明的建设者、拥有者、保护者、享用者、传承者，需要想干事、能干事、干成事的广大青年勇于直面问题、不断解决问题、努力破解难题，才能让生态文明建设持续向好稳健推进。这是当代青年应有的担当和责任，更是当代青年肩负的艰苦卓绝的现实重任和不可推卸的历史使命。这就要求当代青年尤其是年轻干部提高"七种能力"来担当重任、不辱使命。

（一）当代青年必须自觉担负起党和人民赋予的生态文明建设重任

习近平总书记指出，年轻干部要提高政治能力、调查研究能力、科学决策能力、改革攻坚能力、应急处突能力、群众工作能力、抓落实能力；要有针对性地加强对年轻干部的思想淬炼、政治历练、实践锻炼、专业训练，帮助他们提高解决实际问题能力，让他们更好肩负起新时代的职责和使命。这也是对当代青年的关心、关爱和殷切期望。当代青年尤其是年轻干部必须自觉担负起党和人民赋予的生态文明建设重任。中国特色社会主义进入新时代，生态文明建设为当代青年的成长提供了广阔空间，为青年人生出彩提供了难得机会，要在认清生态文明建设这一时代使命的基础上拥抱新时代，在担负生态文明建设这一时代使命的过程中建功新时代。习近平总书记指出："实践充分证明，中国青年是有远大理想抱负的青年！中国青年是有深厚家国情怀的青年！中国青年是有伟大创造力的青年！无论过去、现在还是未来，中国青年始终是实现中华民族伟大复兴的先锋力量！"

（二）生态文明建设是新时代赋予当代青年的新使命

生态文明建设是新时代赋予当代青年的新使命，当代青年是生态文明建设这一时代责任的担当者。一代人担负一代人的责任，这是国家、民族发展的动力所在，也是历史得以延续的基础。青年是整个社会力量中最积极、最有生气的力量，在使命感的驱使下，凭借其创造力、想象力，成为国家、民族发展的主力，成为时代责任的担当者。只有完成时代责任才不会辜负时代、错过时代，才不会落后于时代甚至为时代所淘汰。习近平总书记指出："青年是整个社会力量中最积极、最有生气的力量，国家的希望在青年，民族的未来在青年。今天，新时代中国青年处在中华民族发展的最好时期，既面临着难得的建功立业的人生际遇，也面临着'天将降大任于斯人'的时代使命。"生态文明建设需要广大青年参与和担当。当代青年视野开阔，适应能力、沟通能力强，在担负时代使命中成长。责任感是成就一切的基础，也是担负时代使命的基础。当代青年应该清醒认识到，生态文明建设这一时代使命是时代和历史赋予的，是国家、民族发展的内在需要，必须由当代青年来完成，青年具有责任感，才能将国家前途、民族命运与个人理想结合起来，自觉担负时代使命。

（三）当代青年要以生态文明建设的新成就建功新时代

担负时代使命要求青年有远大理想，善于将信仰、信念、信心的力量转化为奋进前行的动力，让理想信念在创业奋斗中升华，让青春在创新创造中闪光！担负时代使命要求青年有爱国情怀。当代中国，爱国主义的本质就是坚持爱国和爱党、爱社会主义高度统一，要听党话、跟党走，自觉接受党的领导，增强"四个意识"、坚定"四个自信"、做到"两个维护"，增强担负时代使命的本领，增强学习紧迫感，如饥似渴、孜孜不倦地学习，努力学习马克思主义立场观点方法，努力掌握科学文化知识和专业技能，努力提高人文素养，在学习中增长知识、锤炼品格，在工作中增长才干、练就本领，以真才实学投身生态文明建设，服务人民，以生态文明建设的新成就建功新时代。

第二章
习近平生态文明思想

党的十八大以来，在几代中国共产党人艰苦探索实践的基础上，以习近平同志为核心的党中央继续推动生态文明理论创新、实践创新、制度创新，深刻回答了为什么建设生态文明、建设什么样的生态文明、怎样建设生态文明的重大理论和实践问题，提出了一系列新理念、新思想、新战略，形成了习近平生态文明思想，开辟了生态文明建设理论和实践的新境界，成为习近平新时代中国特色社会主义思想的重要组成部分，引领生态环境保护取得历史性成就、发生历史性变革，必须长期坚持贯彻，不断丰富发展。

习近平总书记作为这一思想的主要创立者，以主政地方探索生态文明建设路径、开展生态环境保护实践为基础，集全党全国人民和中华民族几千年优秀文化的智慧结晶，借鉴人类以往历史经验，对党的十八大以来领导全党全国人民开展生态文明建设的最新实践、最新成果、最新经验进行提炼和升华，以新的视野、新的认识、新的理念，基于马克思主义哲学理论立场，尤其是辩证唯物主义和历史唯物主义对新时代中国为什么要大力推进生态文明建设、生态文明建设的理论内涵与未来愿景、生态文明建设实践的重大战略及任务总要求等一系列核心问题进行系统性阐述，从而构成了一个独立而完整的环境社会政治理论体系，赋予生态文明建设理论新的时代内涵，把我们党对生态文明的认识和把握提升到一个新高度。

一、习近平生态文明思想的时代背景和科学判断

(一)具有深刻的时代背景和深厚的实践基础

从国际看，当今世界正面临百年未有之大变局，全球发展深层次矛盾突出，气候变化、生态环境保护、能源资源安全、土地荒漠化、生物多样性锐减、重大自然灾害等全球性问题日益增多。面对挑战，各国都在探讨应对之策。习近平生态文明思想顺应了世界各国应对环境与发展挑战的时代潮流，充分反映了习近平总书记高瞻远瞩的战略思维和宽广的全球视野。从国内看，我们党一贯重视生态环境保护事业，持续推进生态文明建设。特别是党的十八大以来，以习近平同志为核心的党中央以前所未有的力度大力推进美丽中国建设，一系列举措纷纷出台，生态环境保护发生了历史性、转折性、全局性变化。习近平生态文明思想，正是在我们党长期以来，特别是新时代以来对生态文明建设进行艰辛探索的实践基础上形成的。

习近平总书记在许多重要会议和重要场合，围绕我国生态文明建设的若干重

大问题，进行了深入系统的研究、谋划和部署。

一是主持中共中央政治局集体学习，带头研究和思考我国生态文明中基础性、战略性、前瞻性的重大问题。例如，2013 年 5 月 24 日第十八届中共中央政治局第六次集体学习内容是大力推进生态文明建设；2013 年 7 月 30 日第八次集体学习内容是建设海洋强国；2017 年 5 月 26 日第四十一次集体学习内容是推动形成绿色发展方式和生活方式。

二是召开中央财经领导小组、中央财经委员会会议等重要会议，专题研究和部署生态文明建设中重大而紧迫的问题。例如，2014 年 3 月 14 日，中央财经领导小组第五次会议研究水安全战略；2014 年 6 月 13 日第六次会议研究我国能源安全战略；2016 年 1 月 26 日第十二次会议研究长江经济带发展规划、森林生态安全等问题；2016 年 12 月 21 日第十四次会议研究清洁取暖、普遍推行垃圾分类制度、畜禽养殖废弃物处理和资源化、加强食品安全监管等人民群众普遍关心的突出问题；2018 年 10 月 10 日中央财经委员会第三次会议研究提高我国自然灾害防治能力问题。

三是在一系列重要场合如中央经济工作会议、中央城镇化工作会议、中央农村工作会议、全国生态环境保护大会等会议上发表重要讲话，深刻分析和阐述我国生态文明建设的目标任务、重大方针、政策措施等。

四是到青海、甘肃、内蒙古等地以及重要生态屏障、重点生态功能区考察时，结合实际对当地提出具体细致乃至对全国都具有指导意义的工作要求。

五是在一些重要国际场合，结合推进"一带一路"建设、参与全球治理体系变革、维护全球生态安全等重大问题阐明中国关于生态文明建设的国际主张、原则立场。

在这一系列重要论述中，习近平总书记对我国生态文明建设新实践不断作出理论概括和思想提升，习近平生态文明思想的内涵日益充实、深化，作为一个思想体系也愈加丰富、成熟。

(二)基于对我国生态文明建设紧迫性的科学判断

一是关于生态环境保护形势的总体判断。我国生态文明建设面临的有利条件是：改革开放 40 多年的发展进步为其提供了坚实的物质、技术和人才基础，我国经济已从高速增长阶段转向高质量发展阶段，宏观经济环境更加有利，绿色低碳发展深入推进，生态文明体制改革红利逐步释放，我国生态环境保护已进入了不欠新账、多还旧账的阶段，生态环境质量持续改善、稳中向好。在看到有利条件的同时，我们必须清醒地认识到，我国环境容量有限，生态系统脆弱，污染重、损失大、风险高的生态环境状况还没有根本扭转，资源约束趋紧、环境污染严重、生态系统退化的形势依然十分严峻。

二是关于我国生态文明建设所处历史方位的判断。习近平总书记指出"生态文明建设正处于压力叠加、负重前行的关键期，已进入提供更多优质生态产品以满足人民日益增长的优美生态环境需要的攻坚期，也到了有条件有能力解决生态环境突出问题的窗口期"。这"三个期"是习近平总书记统筹考虑经济、社会、环境、民生诸要素在内的发展全局作出的精准、客观、全面的重大战略判断，是制定生态文明建设各方面方针政策的立论基础。

三是关于生态文明建设主要矛盾的判断。习近平总书记认为中国特色社会主义进入新时代，社会主要矛盾发生了变化，这一变化必然体现到生态文明领域中。随着经济的发展、社会的进步，人民生活水平不断改善，人们对清新的空气、干净的饮水、安全的食品、优美的环境等要求越来越高。生态环境在群众生活幸福指数中的地位不断凸显，广大人民群众殷切期盼加快提升生态环境质量。着眼于我国生态文明建设的主要矛盾已经转化为人民日益增长的优美生态环境需要和不平衡不充分的发展之间的矛盾，习近平总书记强调我们在创造更多物质财富和精神财富的同时，也要提供更多优质生态产品以满足人民日益增长的优美生态环境需要。

正是立足于上述判断，习近平总书记反复强调要把生态文明建设牢牢抓在手上，抓紧抓实抓好。如果不从现在起就把这项工作紧紧抓起来，将来付出的代价会更大。

二、习近平生态文明思想的重大意义

(一) 习近平生态文明思想的理论意义

习近平生态文明思想继承和发展了马克思主义科学体系中关于人与自然关系的思想精华和理论品格，创造性地丰富和拓展了马克思主义生态观，是马克思主义中国化的重大成果，具有三个维度的理论意义。

一是从可持续发展维度看。习近平总书记深刻指出，生态文明建设关系中华民族永续发展。"天育物有时，地生财有限"。当今世界，国家发展模式各异，但唯有经济与环境并重、遵循自然发展规律的发展，才是最有价值、最可持续、最具实践意义的发展。几百年来，西方资本主义国家那种无节制地消耗资源、无限度地污染环境的发展模式，给自然生态系统带来了巨大破坏，在今天已经难以为继。习近平总书记多次引用恩格斯在《自然辩证法》中的论断告诫人们，人类不要过分陶醉于对自然界的征服。有着 14 亿人口的中国建设现代化，绝不能重复"先污染后治理""边污染边治理"的老路，绝不容许"吃祖宗饭、断子孙路"，必须高度重视生态文明建设，走一条绿色、低碳、可持续发展之路。习近平总书记断然指出，"在这个问题上，我们没有别的选择"。要站在为子孙计、为万世谋的战略高度思考谋划生态文明建设，开辟一条顺应时代发展潮流、适合我国发展实际的人与自然和谐共生的光明道路。

二是从人民的美好生活需要维度看。习近平总书记深刻指出，生态文明建设关系党的使命宗旨。人民对美好生活的向往，就是我们党的奋斗目标。新时代，人民群众对干净的水、清新的空气、安全的食品、优美的生态环境等要求越来越高，只有大力推进生态文明建设，提供更多优质生态产品，才能不断满足人民日益增长的优美生态环境需要。我国经济在快速发展的同时积累下的诸多环境问题，已成为"民生之患、民心之痛"，习近平总书记对此深切关注、悉心体察，指出"广大人民群众热切期盼加快提高生态环境质量"，我们在生态环境方面欠账太多，如果不从现在起就把这项工作紧紧抓起来，将来会付出更大的代价！生态环境治理涉及丰富的政治内涵，既要算经济账，更要算政治账、算大账、算长远账，绝不能急功近利、因小失大。

三是从经济发展方式维度看。习近平总书记深刻指出，生态文明建设关系我国经济高质量发展和现代化建设。环境保护与经济发展同行，将产生变革性力量。我国经济已由高速增长阶段转向高质量发展阶段。高质量发展是体现新发展理念的发展，是绿色发展成为普遍形态的发展。习近平总书记明确指出，"绿色循环低碳发展，是当今时代科技革命和产业变革的方向，是最有前途的发展领域"。加强生态文明建设，坚持绿色发展，改变传统的"大量生产、大量消耗、大量排放"的生产模式和消费模式，使资源、生产、消费等要素相匹配相适应，是构建高质量现代化经济体系的必然要求，是实现经济社会发展和生态环境保护协调统一、人与自然和谐共生的根本之策。

(二) 习近平生态文明思想的历史意义

习近平生态文明思想植根生生不息的中华文明，集众家之大成、取思想之精髓、汲历史之营养，让中国传统生态文化和生态智慧源远流长、发扬光大，具有三个维度的历史意义。

一是从政治高度看待生态文明建设。习近平总书记指出："生态环境是关系党的使命宗旨的重大政治问题，也是关系民生的重大社会问题。"经过改革开放以来的努力，我国发展取得了举世瞩目的成就，这是值得我们自豪和骄傲的。同时必须看到，我国积累下来的环境问题进入高强度频发阶段，一些地方的生态环境还在恶化，甚至到了积重难返的地步，成为民生之患、民生之痛。如果仍是粗放型发展，即使实现了发展目标、经济上去了，但环境污染没有治理好，老百姓的幸福感会大打折扣，甚至会出现强烈的不满情绪，往往最容易引发群体性事件。生态文明建设搞好了是加分项，反之就会被别有用心的势力作为攻击我们的借口。这些论述表明，必须从巩固党的执政基础、保证党和国家长治久安的高度看待生态文明建设。

二是从中华民族伟大复兴和永续发展的高度看待生态文明建设。习近平总书记指出："生态文明建设事关中华民族永续发展和'两个一百年'奋斗目标的实现。"生态文明建设是全面建成小康社会的关键。生态环境质量上不去，那样的小康是不全面的，也是不可持续的，人民群众不会认可。到21世纪中叶，要把我国建设成为社会主义现代化强国，实现中华民族伟大复兴，这是一项绝无仅有、史无前例、空前伟大的事业。14亿多人口的中国实现了现代化，就会把世界工业化人口数量提升一倍以上，其影响将是世界性的。如果我国现代化建设走美欧走过的老路，消耗资源、污染环境，再有几个地球也不够消耗，那是难以为继的，是走不通的。习近平总书记用两个短板的比喻告诫我们：生态环境在我国现代化中成为明显的短板，生态文明建设是全面建成小康社会的突出短板，必须尽力补上短板。他强调，"生态文明建设是关系中华民族永续发展的根本大计"，如果任凭生态环境问题不断产生并继续恶化，那就是对中华民族和子孙后代不负责任。

三是从人类生存发展的高度看待生态文明建设。习近平总书记指出："生态环境是人类生存和发展的根基，生态环境变化直接影响文明兴衰演替。"生态环境没有替代品，用之不觉、失之难存，保护自然就是保护人类，伤害自然终将伤及人类自身。人类的工业化进程创造了巨大的物质财富，但也带来了难以弥补的生态创伤。习近平总书记在一系列讲话中经常讲到三个镜鉴：第一，总结世界历史教训，从生态环境衰退导致古代埃及、古代巴比伦文明衰落得出结论"生态兴则文明兴，生态衰则文明衰"；第二，强调要认真吸取我国古代水丰草茂的河西走廊、黄土高原一带由于生态遭到严重破坏而加剧经济衰落的教训，不能再在我们手上重犯；第三，通过发达国家相继发生的多起震惊世界的环境公害事件，反思资本主义发展模式打破地球生态系统原有循环和平衡的危害以及人与自然的紧张关系。"建设生态文明关乎人类未来"，面对日益加剧的全球性生态挑战，国际社会应该携手同行，深化环保合作，共同呵护人类赖以生存的地球家园。

(三) 习近平生态文明思想的实践意义

习近平生态文明思想对新形势下生态文明建设的战略定位、目标任务、总体思路、重大原则作出深刻阐释和科学谋划，为党的十八大以来我国生态文明建设取得历史性成就、发生历史性变革提供了根本保障，具有重大的现实实践要求和指导意义。

习近平生态文明思想以鲜活的、富有时代性的理论创新，把我们党对生态文明建设规律的认识提高到新的科学水平。习近平生态文明思想是习近平总书记着眼于我国生态文明建设的基本国情和严峻形势，坚持解放思想、实事求是、与时俱进、求真务实，以全新的视野、全新的认识不懈探索生态文明建设规律而形成的独创性理论成果。这一理论成果，用人与自然和谐共处的价值取向拓展了人们对自然的认识，倡导牢固树立社会主义生态文明观，开辟了人与自然和谐发展的现代化建设新格局；用"绿水青山就是金山银山"的发展导向从根本上扭转了人们对发展的认识，推动了发展观的深刻变革，确立了绿色发展的新理念；用良好生态环境就是最普惠民生福祉的民生底蕴，深化了对人民需要的认识，指明了生态惠民、生态利民、生态为民的生态文明发展新方向；用山水林田湖草是生命共同体的系统思维，改变了过去算小账、算眼前、顾此失彼、单一治理的片面倾向，强调要树立大局观、长远观、整体观，开创了全方位、全地域、全过程生态治理的新模式；用最严格制度最严密法治保护生态环境的法治观念，把制度建设作为生态文明建设的重中之重，推动生态文明建设迈入制度化、法治化、规范化、程序化的新轨道；用共谋全球生态文明建设的全球视野，倡导国际社会同舟共济、携手共建生态良好的地球美好家园，为人类可持续发展和全球环境治理提供了充满东方智慧的中国方案。正是在这一系列根本性、全局性问题上的重大创新，习近平生态文明思想给新时代生态文明建设注入了富有时代特色的新内涵新要求。

习近平生态文明思想蕴含着丰富的辩证思维，为新时代生态文明建设提供了科学的思想方法和工作方法。习近平总书记坚持运用辩证唯物主义和历史唯物主义的世界观和方法论，深刻阐述了事关生态文明建设全局的一系列重大关系，揭示了新时代生态文明建设的辩证法，体现了我们党对生态文明建设规律的辩证把握。一是深刻阐述了经济发展和生态环境保护的关系，指明了坚持在发展中保护、在保护中发展、发展和保护协同共生的新路径。二是深刻阐述了保护生态环境和保护生产力的关系，揭示了保护生态环境就是保护生产力、改善生态环境就是发展生产力的实质。三是深刻阐述了经济社会发展和资源环境承载力的关系，强调把经济活动、人的行动限制在自然资源和生态环境能够承受的限度内。四是深刻阐述了自然生态财富和经济社会财富的关系，指出绿水青山既是自然财富、生态财富，又是经济财富、社会财富，要努力把绿水青山蕴含的生态产品价值转化为金山银山，使绿水青山持续发挥生态效益和经济社会效益。五是深刻阐述了生态保护和污染防治的关系，揭示了两者密不可分、相互作用的内在机理，为此他还使用了一个形象生动的比喻：污染防治好比是分子，生态保护好比是分母，要对分子做好减法，对分母做好加法，协同发力。六是深刻阐述了整体推进和重点突破的关系，强调要在整体推进的基础上抓主要矛盾和矛盾的主要方面，采取有针对性的具体措施进行重点突破，努力做到渐进和突破相衔接，实现整体推进和重点突破相统一。七是深刻阐述了总体谋划和久久为功的关系，强调做好顶层设计，一张蓝图干到底，以"钉钉子"精神脚踏实地抓成效，积小胜为大胜。这些闪耀着马克思主义思想光辉的重要认识，为我们理顺生态文明建设各种关系、从不同层面推进生态文明建设提供了新思路新办法。

习近平生态文明思想是习近平新时代中国特色社会主义思想的重要组成部分，为新时代推进生态文明建设提供了方向指引和思想武器。它来自实践，反过来又指导实践。它具有强烈的实践导向、问题导向，由问题倒逼而产生、在实践中不断深化，又在指导实践、解决问题中得到检验和发展。我们必须坚持以习近平生态文明思想为指导，按照高质量发展要求，把环境保护作为供给侧结构性改革的重要领域，坚持以改善生态环境质量为核心，以解决人民群众反映强烈的突出生态环境问题为重点，以防控生态环境风险为底线，以构建生态文明体系为重要支撑，坚决打好污染防治攻坚战，推动我国生态文明建设迈入新境界。

（四）习近平生态文明思想的世界意义

习近平生态文明思想凝结着对发展人类文明、建设清洁美丽世界的深刻思考，在全球大国治国理政实践中独树一帜，彰显了中国特色、战略眼光和世界价值，具有鲜明的世界意义。从全球环境问题看，习近平总书记深刻指出，生态文明建设关系中国的大国生态责任担当。中国是大国，生态环境搞好了，既是自身受益，更是对世界生态环境保护作出的重大贡献。中国虽然正处于全面建成小康社会的关键时期，工业化、城镇化加快发展的重要阶段，发展经济、改善民生任务十分繁重，但仍然以最大决心和最积极态度参与全球应对气候变化，真心实意、真抓实干为全球环境治理、生态安全作奉献，树立起全球生态文明建设重要参与者、贡献者、引领者的良好形象，大幅提升了在全球环境治理体系中的话语权和影响力。这为中国的发展赢得了良好的外部舆论环境，也进一步彰显了中国特色社会主义的优越性和说服力、感召力。

三、习近平生态文明思想的丰富内涵

习近平生态文明思想内涵丰富、博大精深、深中肯綮，涵盖新时代生态文明建设的战略地位、总体目标、基本框架、核心原则、根本途径、重点任务、制度保障、政治领导等方面，这些构成了习近平生态文明思想的"四梁八柱"。其核心要义体现在 2018 年 5 月 18 日全国生态环境保护大会上提出的"六个原则"基础上形成的"八个坚持"。即坚持生态兴则文明兴、生态衰则文明衰的深邃历史观，坚持人与自然和谐共生的科学自然观，坚持绿水青山就是金山银山的绿色发展观，坚持良好生态环境是最普惠的民生福祉的基本民生观，坚持山水林田湖草是生命共同体的整体系统观，坚持用最严格制度保护生态环境的严密法治观，坚持全社会共同参与的全民行动观，坚持共谋全球生态文明建设的共赢全球观。"八个坚持"深刻回答了为什么建设生态文明、建设什么样的生态文明、怎样建设生态文明等重大理论和实践问题，是党和国家宝贵的理论成果和精神财富，标志着我们党对中国特色社会主义建设和发展规律的认识达到了新高度。

(一) 坚持生态兴则文明兴、生态衰则文明衰的深邃历史观

"中华民族向来尊重自然、热爱自然，绵延 5000 多年的中华文明孕育着丰富的生态文化"。生态文明建设是中华民族永续发展的根本大计。无论从世界还是从中华民族的文明历史看，生态环境的变化直接影响文明的兴衰演替。曾经璀璨的古埃及文化和灿烂的古巴比伦文明，由于生态环境的衰退尤其是严重的土地荒漠化直接导致了两大王国的衰落。我国古代一度辉煌的楼兰文明现已被埋藏在万顷流沙之下；河西走廊、黄土高原的经济衰落，以及唐代中叶以来我国经济中心逐步向东、向南转移，很大程度上都与西部地区生态环境变迁有关。必须坚持节约资源和保护环境的基本国策，坚定走生产发展、生活富裕、生态良好的文明发

展道路，为中华民族永续发展留下根基，为子孙后代留下天蓝、地绿、水净的美好家园。

习近平生态文明思想深深根植于中华文明丰富的生态智慧和文化土壤，蕴含了深邃的历史观。"生态兴则文明兴，生态衰则文明衰"。习近平总书记多次从人类历史发展的角度，对人与自然的关系、文明兴衰与民族命运、环境质量与人民福祉作阐述，他的表述通俗而深刻，将如何处理人类生产与自然环境的关系的认识论发展到了新高度，体现了对生态问题的历史责任感和整体发展观。

(二)坚持人与自然和谐共生的科学自然观

人与自然是生命共同体。自然是人类生命之源，是人类生存和发展的命脉。自然界是人类的母体，它孕育了人类，并为人类提供了生存和发展的自然前提，是人类安身立命的根基，是人类生命绵延不断、代代相传的必要条件。人作为生命有机体属于自然界，参与自然生态系统的循环。因此，人与自然是环环相扣、生生不息的循环链条，是存在着普遍联系的有机系统。

人类必须尊重自然、顺应自然、保护自然。人类只有遵循自然规律才能有效防止在开发利用自然上走弯路，人类对大自然的伤害最终会伤及人类自身，这是无法抗拒的规律。要像保护眼睛一样保护生态环境，像对待生命一样对待生态环境。必须把生态文明建设摆在全局中更加突出位置，坚持节约优先、保护优先、自然恢复为主的方针，构建人与自然和谐发展的现代化建设新格局，让自然生态美景永驻人间，还自然以宁静、和谐、美丽。

党的十九大把"坚持人与自然和谐共生"作为新时代坚持和发展中国特色社会主义的基本方略，全国生态环境保护大会又将其作为新时代推进生态文明建设必须坚持的重要原则。这些举措为我们科学把握和正确处理人与自然关系提供了根本遵循。

(三)坚持绿水青山就是金山银山的绿色发展观

绿水青山就是金山银山，是对绿色发展最接地气的诠释和表达，深刻揭示了发展与保护的本质关系，指明了实现发展与保护内在统一、相互促进、协调共生的方法论。绿水青山既是自然财富、生态财富，又是社会财富、经济财富。保护生态就是保护自然价值和增值自然资本的过程，是保护经济社会发展潜力和后劲的过程。绿水青山和金山银山绝不是对立的，保护与发展本身就是辩证统一的关系。保护生态环境就是保护生产力，改善生态环境就是发展生产力。保护绿水青山就是为可持续发展打牢基础，最终目的是拥有更多的金山银山。破坏了绿水青山，就是砸掉了金饭碗；留得青山在，就是守住了聚宝盆。守护好绿水青山，是实现更好更快发展的基础，所以必须把保护放在更加重要的位置。必须树立和贯彻新发展理念，处理好发展与保护的关系，推动形成绿色发展方式和生活方式，努力实现经济社会发展和生态环境保护协同共进。

党的十九大报告指出，中国特色社会主义进入了新时代，我国经济已由高速增长阶段转向高质量发展阶段，正处在转变发展方式、优化经济结构、转换增长动力的攻关期，建设现代化经济体系是跨越关口的迫切要求和我国发展的战略目标。习近平总书记指出，绿色发展是构建高质量现代化经济体系的必然要求，是解决污染问题的根本之策。必须坚持绿水青山就是金山银山的绿色发展观，贯彻创新、协调、绿色、开放、共享的新发展理念，加快形成节约资源和保护环境的空间格局、产业结构、生产方式、生活方式，给自然生态留下休养生息的时间和空间。

（四）坚持良好生态环境是最普惠的民生福祉的基本民生观

环境就是民生，青山就是美丽，蓝天也是幸福。随着我国社会生产力水平明显提高和人民生活显著改善，人民群众的需要呈现多样化、多层次、多方面的特点，期盼享有更优美的环境。必须坚持以人民为中心的发展思想，坚持生态惠民、生态利民、生态为民，坚决打好污染防治攻坚战，重点解决损害群众健康的突出环境问题，还老百姓蓝天白云、繁星闪烁，清水绿岸、鱼翔浅底，鸟语花香、田园风光。

当前，我国社会主要矛盾已经转化为人民日益增长的美好生活需要和不平衡不充分的发展之间的矛盾，人民群众从过去"盼温饱"到现在"盼环保"、从过去"求生存"到现在"求生态"，期盼享有更加优美的生态环境。习近平总书记立足发展新阶段和人民新期待，提出良好生态环境是最公平的公共产品，是最普惠的民生福祉。强调环境就是民生，青山就是美丽，蓝天也是幸福。生态环境是关系党的使命宗旨的重大政治问题，也是关系民生的重大社会问题。

深入学习贯彻习近平生态文明思想，把解决突出生态环境问题作为民生优先领域，积极回应人民群众所想、所盼、所急，大力推进生态文明建设，提供更多优质生态产品，不断满足人民群众日益增长的优美生态环境需要，就是践行以人民为中心发展思想的具体体现，彰显了中国共产党改善民生、造福人民的初心和使命，开创了中国共产党执政理念和执政方式的新境界。

（五）坚持山水林田湖草沙是生命共同体的整体系统观

生态是统一的自然系统，是各种自然要素相互依存实现循环的自然链条。山水林田湖草是一个生命共同体，具有系统性和整体性，具有特定的空间格局和特征、特有的生物以及与环境相互作用的生态过程，它记载了人类长期适应和改造自然的历史过程和生态文化。人的命脉在田，田的命脉在水，水的命脉在山，山的命脉在土，土的命脉在林和草。必须按照生态系统的整体性、系统性及内在规律，统筹考虑自然生态各要素，山上山下、地上地下、陆地海洋以及流域上下游，进行整体保护、宏观管控、综合治理，全方位、全地域、全过程开展生态文明建设，增强生态系统循环能力，维护生态平衡。不仅要"让居民望得见山、看得见水、记得住乡愁"，还应听得见鸟鸣。

长期以来，我国生态环境保护领域体制机制方面存在两个很突出的问题。一是职责交叉重复，叠床架屋、九龙治水、多头治理，出了事责任不清楚；二是监管者和所有者没有很好地区分开来，既是运动员又是裁判员，有些裁判员独立出来，权威性、有效性也不是很强。然而如果种树的只管种树、治水的只管治水、护田的单纯护田，很容易顾此失彼，最终造成生态的系统性破坏。因此，由一个部门负责领土范围内所有国土空间用途管制职责，对山水林田湖进行统一保护、统一修复是十分必要的。2018年的第十三届全国人民代表大会一次会议表决通过了国务院机构改革方案，把环境保护部的全部职责和其他六个部门相关的职责整合到一起，组建新的生态环境部，统一行使生态和城乡各类污染排放监管与行政执法职责。这个改革是以习近平同志为核心的党中央实现深化改革总目标的一个重大举措，是体现坚持以人民为中心发展思想的一个具体行动，是推进生态环境领域、生态文明建设领域治理体系现代化和治理能力现代化的一场深刻变革和巨大进步。它有着非常重要的现实意义和历史性里程碑意义。

改革生态环境监管体制方面，党的十九大报告提出，设立国有自然资源资产管理和自然生态监管机构，完善生态环境管理制度，统一行使全民所有自然资源资产所有者职责，统一行使所有国土空间用途管制和生态保护修复职责，统一行使监管城乡各类污染排放和行政执法职责。新组建的自然资源部是自然资源资产管理机构，主要行使对自然资源开发利用和保护进行监管，建立空间规划体系并监督实施，履行全民所有各类自然资源资产所有者职责，统一调查和确权登记，建立自然资源有偿使用制度，负责测绘和地质勘查行业管理等职能。新组建的生态环境部是自然生态监管机构，主要行使拟订并组织实施生态环境政策、规划和标准，统一负责生态环境监测和执法工作，监督管理污染防治、核与辐射安全，组织开展中央环境保护督察等职能。

(六) 坚持用最严格制度保护生态环境的严密法治观

建设生态文明是一场涉及生产方式、生活方式、思维方式和价值观念的革命性变革。实现这样的根本性变革，必须依靠制度和法治。我国生态环境保护中存在的一些突出问题，大都与体制不完善、机制不健全、法治不完备有关。习近平总书记指出："只有实行最严格的制度、最严密的法治，才能为生态文明建设提供可靠保障。"必须建立系统完整的制度体系，用制度保护生态环境、推进生态文明建设。

在生态环境保护问题上，不能越雷池一步，否则就应该受到惩罚。必须按照源头严防、过程严管、后果严惩的思路，构建产权清晰、多元参与、激励约束并重、系统完整的生态文明制度体系，建立有效约束开发行为和促进绿色发展、循环发展、低碳发展的生态文明法律体系，发挥制度和法制的引导、规制功能，让制度成为刚性的约束和不可触碰的高压线，为建设美丽中国提供法治保障。

1. 要完善经济社会发展考核评价体系

科学的考核评价体系犹如"指挥棒"，在生态文明制度建设中最为重要。要把资源消耗、环境损害、生态效益等体现生态文明建设状况的指标纳入经济社会发展评价体系，建立体现生态文明要求的目标体系、考核办法、奖惩机制，使之成为推进生态文明建设的重要导向和约束。要把生态环境放在经济社会发展评价体系的突出位置，如果生态环境指标很差，一个地方一个部门的表面成绩再好看也不行。

2. 要建立责任追究制度

资源环境是公共产品，对其造成损害和破坏必须追究责任。对那些不顾生态环境盲目决策、导致严重后果的领导干部，必须追究其责任，而且应该终身追究。不能把一个地方的环境搞得一塌糊涂，然后不负任何责任。要对领导干部实行自然资源资产离任审计，建立生态环境损害责任终身追究制。

3. 要建立健全资源生态环境管理制度

健全自然资源资产产权制度和用途管制制度，加快建立国土空间开发保护制度，健全能源、水、土地节约集约使用制度，强化水、大气、土壤等污染防治制度，建立反映市场供求和资源稀缺程度、体现生态价值和代际补偿的资源有偿使用制度和生态补偿制度，健全环境损害赔偿制度，强化制度约束作用。加强生态文明宣传教育，增强全民节约意识、环保意识、生态意识，营造爱护生态环境的良好风气。

（七）坚持全社会共同参与的全民行动观

生态文明建设同每个人息息相关，每个人都应该做践行者、推动者。建设美丽中国是全社会共建共享的伟大事业，必须加强生态文明宣传教育，强化公民环境意识，推动形成简约适度、绿色低碳、文明健康的生活方式和消费模式，形成全社会共同建设美丽中国的强大合力。

保护好生态环境离不开全社会的关心、参与和支持。长期以来，世界环境日对提升民众生态环境保护意识发挥了重要的促进作用。旨在进行广泛社会动员，推动从意识向意愿转变，从抱怨向行动转变，以行动促进认识提升，知行合一，从简约适度、绿色低碳的生活方式做起，积极参与生态环境事务，同心同德，打好污染防治攻坚战，在全社会形成人人、事事、时时崇尚生态文明的社会氛围，让美丽中国建设深入人心，让"绿水青山就是金山银山"的理念得到深入认识和实践、结出丰硕成果。

1. 人人都成为环境保护的关注者

积极关注生态环境政策，为政府建言献策、贡献智慧。要经常邀请一些长期活跃在生态环境保护领域的社会组织代表、公众意见领袖参加座谈、调研，召开新闻发布会，为生态环境保护工作出谋划策。欢迎社会各界人士和广大网友继续献计献策，集全民智慧不断改进生态环境保护工作。

2. 人人都成为环境问题的监督者

发现生态破坏和环境污染问题及时劝阻、制止或向"12369"平台举报。生态环保队伍的人员是有限的，但是群众的力量是无穷的。中央环保督察"回头看"在多地展开，鼓励广大人民群众积极提供线索，成为发现生态环境问题的"耳目"。

3. 人人都成为生态文明的推动者

积极传播生态环境保护知识和生态文明理念，参与环保公益活动和志愿服务，传递环保正能量，使生态道德和生态文化得到弘扬。要表彰一批对生态环境保护事业作出突出贡献的个人和组织。他们身上闪烁着中华传统道德文化的光辉，愿他们的先进事迹能感染和影响更多的人投身生态环境保护事业。

4. 人人都成为绿色生活的践行者

从我做起,从身边的小事做起,拒绝铺张浪费和奢侈消费,自觉践行简约适度、绿色低碳的生活方式。开展主题实践活动,倡导每一位公民少用一度电、节约一滴水、少开一天车、分类投放垃圾等,都是有效的环保行动。勿以善小而不为,点点滴滴和涓涓细流,终将汇聚成生态环境保护的巨大能量。

(八) 坚持共谋全球生态文明建设的共赢全球观

人类是命运共同体,建设绿色家园是人类的共同梦想。要深度参与全球环境治理,形成世界环境保护和可持续发展的解决方案,引导应对气候变化国际合作。推动构筑尊崇自然、绿色发展的生态体系,保护好人类赖以生存的地球家园。建设生态文明和美丽中国,既是我国作为最大发展中国家在可持续发展方面的有效实践,也是为全球环境治理提供的中国理念、中国方案和中国贡献。

人类命运共同体思想是习近平外交思想的重要内容。习近平总书记强调,人类是命运共同体,建设绿色家园是人类的共同梦想。国际社会应该携手同行,构建尊崇自然、绿色发展的经济结构和产业体系,解决好工业文明带来的矛盾,共谋全球生态文明建设之路,实现世界的可持续发展和人的全面发展。党的十九大报告明确提出,构建人类命运共同体,建设持久和平、普遍安全、共同繁荣、开放包容、清洁美丽的世界。

随着我国经济实力和综合国力进入世界前列,我国国际政治经济地位实现了前所未有的提升,我国在国际环境发展进程和全球环境治理体系中的地位和作用也出现了历史性、转折性的变化。在这一重大转折的历史节点,习近平总书记提出坚持推动构建人类命运共同体的思想,共谋全球生态文明建设就是人类命运共同体思想的具体体现。早在 2013 年,习近平总书记就指出,保护生态环境,应对气候变化,维护能源资源安全,是全球面临的共同挑战。中国将继续承担应尽的国际义务,同世界各国深入开展生态文明领域的交流合作,推动成果分享,携手共建生态良好的地球美好家园。在 2015 年第 70 届联合国大会上,习近平总书记提出:"建设生态文明关乎人类未来。国际社会应该携手同行,共谋全球生态文明建设之路。"中国不仅这么说了,也这么做了。2015 年,中国对巴黎气候变化协定的诞生作出了主导性贡献。

我国生态文明建设一方面需要依靠国际社会的合作;另一方面其对全球的可持续发展进程发挥着重要的示范带动作用,具有提供中国智慧和中国方案的意义。正如习近平总书记在全国生态环境保护大会上所强调的，共谋全球生态文明建设，深度参与全球环境治理，形成世界环境保护和可持续发展的解决方案，引导应对气候变化国际合作。共谋全球生态文明、建设清洁美丽世界是推动构建人类命运共同体的关键措施，符合世界绿色发展潮流和各国人民共同意愿，彰显了习近平生态文明思想的鲜明世界意义。

四、习近平生态文明思想中的"六项原则"

习近平总书记此前多次谈到生态文明建设应该注意的问题。在全国生态环境保护大会重要讲话中将其原有的思想、观点系统地加以呈现，使其更加完整、更加全面，具有了新的内涵和外延，形成了推进生态文明建设的"六项原则"，为新时代推进生态文明建设指明了方向。

（一）人与自然和谐共生原则

以"人与自然和谐共生"为本质要求。坚持节约优先、保护优先、自然恢复为主的方针，像保护眼睛一样保护生态环境，像对待生命一样对待生态环境，让自然生态美景永驻人间，还自然以宁静、和谐、美丽。随着我国迈入新时代，生态环境是关系党的使命宗旨的重大政治问题，也是关系民生的重大社会问题。在人类发展史上，发生过大量破坏自然生态的事件，酿成惨痛教训。恩格斯指出："我们不要过分陶醉于我们人类对自然界的胜利。对于每一次这样的胜利，自然界都对我们进行报复。"因此，人类只有尊重自然、顺应自然、保护自然，才能实现经济社会可持续发展。

（二）绿水青山就是金山银山原则

以"绿水青山就是金山银山"为基本内核。自然生态是有价值的，保护自然就是增值自然价值和自然资本的过程，生态环境价值也是随发展而变化的。"既要绿水青山，也要金山银山"，强调两者兼顾，要立足当前，着眼长远。"宁要绿水青山，不要金山银山"，说明生态环境一旦遭到破坏就难以恢复，因而宁愿不开发也不能破坏。绿水青山也可以转化为金山银山。我们要贯彻创新、协调、绿色、开放、共享发展理念，用集约、循环、可持续方式做大"金山银山"，贯彻创新、协调、绿色、开放、共享的发展理念，形成节约资源和保护环境的空间格局、产业结构、生产方式、生活方式，给自然生态留下休养生息的时间和空间。

(三) 良好生态环境是最普惠的民生福祉原则

以"良好生态环境是最普惠民生福祉"为宗旨精神。生态文明建设,不仅可以改善民生,增进群众福祉,还可以让人民群众公平享受发展成果。随着物质文化生活水平不断提高,城乡居民的需求也在升级。他们不仅关注"吃饱穿暖",还增加了对良好生态环境的诉求,更加关注饮用水安全、空气质量等议题。创造良好的生态环境,目的在民生,也是对人民群众生态产品需求日益增长的积极回应。我们应当坚持生态惠民、生态利民、生态为民,重点解决损害群众健康的突出环境问题,不断满足人民日益增长的优美生态环境需要,使生态文明建设成果惠及全体人民,既让人民群众充分享受绿色福利,也造福子孙后代。

(四) 山水林田湖草是生命共同体原则

以"山水林田湖草是生命共同体"为系统思想。人类生存和发展的自然系统,是社会、经济和自然的复合系统,是普遍联系的有机整体。人类只有遵循自然规律,生态系统才能始终保持在稳定、和谐、前进的状态,才能持续焕发生机活力。山水林田湖草是生命共同体体现了中国共产党人的全局观、大生态观,因此,我们要统筹兼顾、整体施策,自觉地推动绿色发展、循环发展、低碳发展;多措并举,对自然空间用途进行统一管制,使生态系统功能和居民健康得到最大限度的保护,全方位、全地域、全过程建设生态文明,使经济、社会、文化和自然得到协调、持续发展。

(五) 用最严格制度最严密法治保护生态环境原则

以"最严格制度最严密法治保护生态环境"为重要抓手。党的十八大以来,我们开展一系列根本性、开创性、长远性的工作,完善法律法规,建立并实施中央环境保护督察制度,深入实施大气、水、土壤污染防治三大行动计划,推动生态环境保护发生历史性、转折性、全局性变化。与此同时,生态文明建设处于压力叠加、负重前行的关键期,我们必须咬紧牙关,爬过这个坡,迈过这道坎。未来,我们必须加快制度创新,不断完善环境保护法规和标准体系并加以严格执法,让制度成为刚性的约束和不可触碰的高压线,环境司法应当愈加深入,监督应当常态化,环境信息应得到越来越及时完整的披露,公众参与应当越来越有序有效,守法应当成为企业的责任。加快制度创新,强化制度执行,让制度成为刚性的约束和不可触碰的高压线。

(六) 共谋全球生态文明建设原则

以"共谋全球生态文明建设"彰显大国担当。习近平总书记以全球视野、世界眼光、人类胸怀,积极推动治国理政理念走向更高视野、更广时空。保护生态环境,应对气候变化,是人类面临的共同挑战。习近平总书记在多个国际场合宣称,中国将继续承担应尽的国际义务,同世界各国深入开展生态文明领域的交流合作,推动成果共享,携手共建生态良好的地球美好家园。中国说到做到,深度参与全球环境治理,通过"一带一路"建设等多边合作机制,形成世界环境保护和可持续发展的解决方案,成为全球生态文明建设的重要参与者、贡献者、引领者。深度参与全球环境治理,形成世界环境保护和可持续发展的解决方案,引导应对气候变化国际合作,推动和引导建立公平合理、合作共赢的全球气候治理体系,推动构建人类命运共同体。

推进生态文明建设"六项原则"的提出,与习近平总书记关于生态文明建设的科学论断、思想内涵、内在逻辑相一致,具有深刻的思想性和指导性。

五、习近平生态文明思想中的"五个体系"

习近平总书记在全国生态环境保护大会重要讲话中,不但明确提出要加快构建生态文明体系,而且还创新地提出了其主要构成。即以生态价值观念为准则的生态文化体系,以产业生态化和生态产业化为主体的生态经济体系,以改善生态环境质量为核心的目标责任体系,以治理体系和治理能力现代化为保障的生态文明制度体系,以生态系统良性循环和环境风险有效防控为重点的生态安全体系。这五大体系——生态文化体系、生态经济体系、目标责任体系、生态文明制度体系、生态安全体系,既有思想基础、价值追求,又有目标责任、制度保障,从而确保生态文明体系建设内容充实、落到实处。

习近平总书记特别指出,中华民族向来尊重自然、热爱自然,绵延5000多年的中华文明孕育着丰富的生态文化。他将生态文化体系建设放在首位加以强调,凸显了对其引领作用的高度重视。这五个体系是对贯彻落实习近平生态文明思想的具体部署,为我们应建设什么样的生态文明社会、怎样建设生态文明社会,清晰描绘出建设美丽中国的蓝图和路径。

(一) 生态文化体系

生态文化体系为生态文明建设提供思想保证、精神动力和智力支持。文化具有引导、凝聚和整合的功能，生态文化建设有利于培养热爱自然、保护自然的生态公民，有利于营造环境友好、资源节约的"两型社会"氛围。

(二)生态经济体系

生态经济体系为生态文明建设提供坚强的物质基础。践行绿色发展理念、更好地坚持人与自然和谐共生，已成为实现高质量发展的必答题。坚持人与自然和谐共生，必须不断创新绿色治理方式，将绿色发展理念融入新型工业化、信息化、城镇化、农业现代化全过程和各方面，协同推进经济发展、环境污染防治和生态系统保护。

(三)目标责任体系和生态安全体系

目标责任体系是生态文明建设的责任、动力和载体，也是底线、上限和红线。要从生态环境安全是国家安全重要组成部分，是经济社会持续健康发展重要保障的战略高度，设定并严守资源消耗上限、环境质量底线、生态保护红线，坚决打赢蓝天保卫战、深入实施水污染防治行动计划、全面落实土壤污染防治行动计划，以空气、水和土壤污染防治三大行动计划为目标责任，确保全面建成小康社会、打好污染防治攻坚战，形成节约资源和保护环境的空间格局、产业结构、生产方式和生活方式，还自然以宁静、和谐、美丽。

(四)生态文明制度体系

生态文明制度体系为生态文明建设体制机制创新提供保障。要不断深化和推进生态文明体制改革，加强顶层设计，建立责任追究制度。只有实行最严格的制度、最严密的法治，才能为生态文明建设提供可靠保障。

专家们认为，"五个体系"是对贯彻"六项原则"的具体部署，也是从根本上解决生态问题的对策体系。"五个体系"首次系统界定了生态文明体系的基本框架，其中生态经济体系提供物质基础；生态文明制度体系提供制度保障；生态文化体系提供思想保证、精神动力和智力支持；目标责任体系和生态安全体系是生态文明建设的责任和动力，是底线和红线。

专家们认为，"六项原则""五个体系"既是指导原则，也是方法论，进一步丰富了习近平生态文明思想，为今后一段时期坚定不移走生产发展、生活富裕、生态良好的文明发展道路指明了方向，画出了"路线图"。习近平生态文明思想已经形成了系统科学的理论体系，回答了生态文明建设的历史规律、根本动力、发展道路、目标任务等重大理论课题，是我们党的理论和实践创新成果。习近平生态文明思想不但是建设美丽中国的行动指南，也为构建人类命运共同体贡献了思想和实践的"中国方案"。

六、习近平生态文明思想的宏伟目标、具体任务和具体要求

(一)宏伟目标

习近平总书记在全国生态环境保护大会重要讲话中明确提出了生态文明建设的时间表和近期、中期目标。第一步：确保到 2035 年，生态环境质量实现根本好转，美丽中国目标基本实现；第二步：到 21 世纪中叶，生态文明与物质文明、政治文明、精神文明、社会文明一起全面得到提升，全面形成绿色发展方式和生活方式，建成美丽中国。这两个重要时间节点的确定，既描绘了宏伟蓝图，又使新时代生态文明建设进入倒计时。除此之外，他还提出了看得见、感受得到的、实实在在的具体指标。例如，基本消除重污染天气，还老百姓蓝天白云、繁星闪烁；基本消灭城市黑臭水体，还老百姓清水绿岸、鱼翔浅底；让老百姓吃得放心、住得安心，为老百姓留住鸟语花香田园风光。这些接地气的、充满人文关怀的表述，是他执政为民、务实作风的最好呈现。

(二)具体任务

多项具体工作务必踏石留印、抓铁有痕。习近平总书记在全国生态环境保护大会重要讲话中提出了生态文明建设的新任务。这些任务是生态文明建设的基础性工作，具有重要的全局意义，决定着生态文明建设的成败，必须抓紧抓好。

1. 要全面推动绿色发展

绿色发展既是当今世界主要的发展潮流，也是指导我国今后发展的重要理念，更是解决好人与自然和谐共生问题的有效路径。随着我国经济由高速增长阶段转向高质量发展阶段，推动绿色发展的任务更加重要而紧迫，这是解决污染问题的根本之策，因此要加快推动绿色低碳发展，持续改善环境质量，提升生态系统质量和稳定性，全面提高资源利用效率。

2. 要有效防范生态环境风险

生态环境风险是未来可能发生的环境问题及其影响后果。生态环境安全是国家安全的重要组成部分，是经济社会持续健康发展的重要保障。生态环境特别是

大气、水、土壤污染严重，已成为全面建成小康社会的突出短板。生态环境风险具有高度的多样性和复杂性。生态环境风险防范是一个系统的、完整的体系，要未雨绸缪，系统构建全过程、多层级生态环境风险防范体系。

3. 要提高环境治理水平

生态文明建设是关系中华民族永续发展的根本大计。建设生态文明是一场涉及生产方式、生活方式、思维方式和价值观念的革命性变革，实现这样的变革，必须着力构建政府为主导、企业为主体、社会组织和公众共同参与的环境治理体系，并找准着力点，不断增强环境治理能力。积极组织开展重大项目科技攻关，对重大生态环境问题开展对策性研究，用科技推动生态文明建设。

4. 全面实施积极应对气候变化国家战略

全面加强应对气候变化工作，把应对气候变化纳入国民经济和社会发展规划中，提出与中长期目标和愿景相衔接的、有力度的政策举措，推动和引导建立公平合理、合作共赢的全球气候治理体系，努力在 2030 年前实现二氧化碳排放达峰，努力争取在 2060 年前实现碳中和，以彰显我国负责任大国形象。

（三）具体要求

党政领导是生态环境保护第一责任人。习近平总书记在全国生态环境保护大会重要讲话中对党政干部提出了严格要求，明确"地方各级党委和政府主要领导是本行政区域生态环境保护第一责任人"，必须坚决担负起生态文明建设的政治责任。这就从执行的层面上落实了领导干部责任制。其关键在于，要建立科学合理的干部考核绿色评价体系。对损害生态环境的领导干部真追责、敢追责、严追责、终身追责，从而使推动生态文明建设成为广大领导干部的自觉行动，从根本上杜绝为追求 GDP 的政绩工程而损害生态环境的行为。他特别明确提出，"建设一支生态环境保护铁军"，并对这支队伍提出了"政治强、本领高、作风硬、敢担当，特别能吃苦、特别能战斗、特别能奉献"的具体要求，力求使方兴未艾的生态文明建设有坚实的队伍保障。

七、深入贯彻习近平生态文明思想需要处理好的关系

（一）坚持处理好发展与保护的关系

习近平生态文明思想深刻阐释了发展与保护的关系，为新时代坚持和发展中

国特色社会主义锚定了价值坐标。党的十九届四中全会《中共中央关于坚持和完善中国特色社会主义制度 推进国家治理体系和治理能力现代化若干重大问题的决定》提出，践行绿水青山就是金山银山的理念，坚持节约资源和保护环境的基本国策，坚持节约优先、保护优先、自然恢复为主的方针，坚定走生产发展、生活富裕、生态良好的文明发展道路，建设美丽中国。

2005 年，时任浙江省委书记的习近平同志，首次提出"绿水青山就是金山银山"的重要论述，深刻揭示了生态环境保护与经济社会发展之间的辩证统一的关系。今年以来，面对突如其来的新冠肺炎疫情挑战，习近平总书记一以贯之反复强调要牢固树立绿水青山就是金山银山的理念，生态本身就是经济，保护生态就是发展生产力；绿水青山既是自然财富，又是经济财富；人不负青山，青山定不负人。作为习近平生态文明思想的标志性观点和代表性论断，"两山论"从根本上改变了生态环境无价或低价的传统认识，丰富和拓展了马克思主义生产力基本原理的内涵，引领治国理政理念和方式发生深刻转变，为破解发展与保护难题、实现人与自然和谐共生的现代化提供了新路径。

处理好发展与保护的关系，是推进生态文明建设、建设美丽中国必须解决好的重大课题。发展离不开资源支撑，需要开发建设，同时也不能不顾资源环境承载能力盲目进行开发建设。需要强调的是，生态破坏或环境污染并不一定是经济发展的必然结果，很多情况下是未能处理好发展与保护的关系所致，其中的关键因素在于人自身，在于人们能否处理好发展与保护的关系。发展消耗资源，发展也可以带来资源。也就是说，发展过程也可以是资源反复利用并持续产生效益的过程。实现这样的良性增长，需要人类不断深化对自然规律的认识，在不断提高勘探、开采、利用、生产等方面技术水平的基础上提高资源利用效率。

生态保护的难点不是保护某些种类的动物或植物，而是保护生态系统，使其保持自然平衡，免受人类不当活动的干扰。这就要求提升人类获取和利用资源的能力和效率。一些草原、山地和荒漠化地区是生态退化风险较大的区域。这种生态退化可能并非是经济发展导致的，相反，有时是经济发展滞后的结果。经济运行效率对资源利用与环境保护的成效有很大影响，在许多时候，经济运行效率越高，发展过程中就越能节约资源、保护环境；经济运行效率越低，发展过程中向自然索取就越多，排放也越高。在发展过程中，依靠更多更普遍的创新创造，让生产过程更加绿色，让劳动者拥有更高技能，可以促进资源节约循环利用，践行绿水青山就是金山银山的理念。

处理好发展与保护的关系，需要加快推动形成绿色生产方式，处理好生产和生态环境的关系，积极发展绿色产业。应构筑绿色产业体系，大力发展"生态+现代工业""生态+现代农业"和"生态+现代服务业"等，通过合适项目带动绿色经济发展，努力实现产业发展经济效益、社会效益、环境效益的有机统一。遏制损害生态环境的生产活动，普及环境友好技术，需要减少小而散的生产方式，以利于规模化治理污染，从整体上优化发展与保护的关系。还要全面开展污染防治，推进城乡环境综合整治，严厉打击各种环境违法行为，着力解决一批突出环境问题，保护好宝贵的自然资源，让绿水青山常在，永远造福人民群众。

（二）坚持处理好环境与民生的关系

习近平生态文明思想深刻阐释了环境与民生的关系，为坚持以人民为中心的发展思想赋予了新的特定内涵。良好生态环境是最公平的公共产品，最普惠的民生福祉；环境就是民生，青山就是美丽，蓝天也是幸福。习近平总书记将生态环境提升到关系党的使命宗旨的重大政治问题和关系民生的重大社会问题的战略高度，阐明了生态环境在民生改善中的重要地位，这是对人民群众日益增长的优美生态环境需要的积极回应，深化和拓展了传统民生概念以及我们党践行以人民为中心的宗旨内涵。要把优美的生态环境作为党和政府必须提供的基本公共服务，让人民群众在天蓝、地绿、水清的环境中生产生活，不断提升优美生态环境给人民群众带来的幸福感、获得感和安全感。

建设生态文明，实现人与自然的和谐共生，是中华民族永续发展的根本大计，也是一个世界性难题。尤其随着城市化进程的不断加快，促使城市产生了许多诸如环境污染、住宅紧张和交通拥挤等问题，即人们通常所说的"城市病"。因此，在推进生态文明建设过程中，必须把创造优良人居环境作为中心目标，坚持环境与民生相互促进，为增进民生福祉赋予新的内涵和时代要求。

山水林田湖草是生命共同体，实现生态安全，就是要保护好山水林田湖草，保持土地、水源、大气、天然林、地下矿产、动植物物种资源等自然资源的永续利用，使生态环境能够有利于经济增长，有利于人与自然关系协调，有利于人民健康和生活质量的提高。很多国家的情况表明，公众广泛参与环境管理和建设是环境得以维护和改善的基本社会条件。而我们有些地方在动员广大民众直接参与保护环境方面做得不够，因此，要改善生态环境，最主要、最基本的就是要唤醒公民的生态安全意识，树立生态安全观念，并把力量主要用在帮助公民大量直接地参与环境保护上；用在启发、教育公民的环境意识，改变那种视环境为单纯的物质生产和消费对象的狭隘功利观念上；用在帮助公民捍卫自身的环境权益上，让生态安全意识成为市民日常生活的组成部分。

(三)坚持处理好人与自然的关系

习近平生态文明思想深刻阐释了人与自然的关系,为筑牢中华民族伟大复兴绿色根基提供了方向引领。党的十八大以来,习近平总书记遵循马克思主义基本原理,对人与自然的关系、生态与文明的关系不断作出新诠释,提出了一系列新思想、新理念、新论断,诸如"人与自然是生命共同体""保护自然就是保护人类,建设生态文明就是造福人类""人类对大自然的伤害最终会伤及人类自身,这是不可抗拒的规律""要尊重自然、顺应自然、保护自然,推动形成人与自然和谐发展现代化建设新格局"。这些重要论述深刻揭示了人类文明发展规律、自然规律和经济社会发展规律,厘清并回溯了社会主义生态文明的哲学源头,饱含了谋求人与自然和谐共生的绿色发展理念,正在指引我们走一条生产发展、生活富裕、生态良好的文明发展道路,引领中华民族在实现伟大复兴征程上阔步前行。

"人是自然界的一部分,人与自然和谐共生是人类社会文明发展的客观要求。人类任性贪婪地掠夺大自然必然遭到报复"。这是恩格斯在《自然辩证法》中得出的重要结论。同样,中华民族优秀文化传统中积淀着深厚的生态哲学。无论是儒家的"天人合一"思想,还是道家的"道法自然"、佛家的"众生平等",无不关切天人关系,注重人与自然和谐。在中国传统生态观中,人与天地万物被看成是和谐统一的整体,万物生存发展有其本质规律,天地自然是人类赖以生存的条件。党的十八大以来,习近平总书记反复强调"美丽中国""绿色发展""人因自然而生,人与自然是一种共生关系"等治国理念。党的十九大报告则进一步把"坚持人与自然和谐共生"纳入新时代坚持和发展中国特色社会主义的基本方略,明确指出我们要建设的现代化是人与自然和谐共生的现代化。坚持人与自然和谐共生的理念进一步拓展了马克思主义生态观的视域,它致力于实现人与自然关系以及人与人关系的和谐发展,追求经济、社会与环境的和谐发展,目标是实现绿色发展、循环发展、低碳发展。这既是对中华传统优秀文化的吸收与借鉴,并力求实现创造性转化、创新性发展,赋予中国传统生态观新的时代内容,也进一步明确了建设生态文明、建设美丽中国的总体要求,集中体现了习近平新时代中国特色社会主义思想的生态文明观。2018年5月4日,在纪念马克思诞辰200周年大会上,习近平总书记强调:"我们要坚持人与自然和谐共生。"党的十九届四中全会就"坚持和完善生态文明制度体系,促进人与自然和谐共生"作出了制度安排。

这更要求我们必须顺应自然发展、尊重自然规律，把人与自然和谐共生融入经济、政治、文化、社会发展的方方面面，成为行动自觉和生活方式，从而实现人类与自然真正的和谐共生。

面对当前我国发生的新冠肺炎疫情，以习近平同志为核心的党中央在全力以赴大抓疫情防控的同时，强调全面加强和完善公共卫生领域相关法律法规建设，提出认真评估传染病防治法、野生动物保护法等法律法规的修订完善，指出要从保护人民健康、保障国家安全、维护国家长治久安的高度，把生物安全纳入国家安全体系，系统规划国家生物安全风险防控和治理体系建设，全面提高国家生物安全治理能力。这一系列要求，既充分体现了对自然生态的尊重，也体现了对人类自身安全的呵护，体现共产党人在生态问题上的初心和使命。

(四) 坚持处理好国内与国际的关系

习近平生态文明思想深刻阐释了国内与国际的关系，为共谋全球生态文明建设厚植了中国智慧和中国方案。习近平总书记强调，人类是命运共同体，建设绿色家园是人类的共同梦想。保护生态环境是全球面临的共同挑战，任何一国都无法置身事外。唯有携手合作，我们才能有效应对气候变化、海洋污染、生物保护等全球性环境问题，实现联合国 2030 年可持续发展目标。当今世界正面临百年未有之大变局，孤立主义、保守主义、民粹主义反弹，尤其是新冠肺炎疫情进一步加剧逆全球化思潮和政策取向，不仅影响全球经济发展，还对全球生态环境保护造成很大影响。在习近平生态文明思想指引下，我国秉持人类命运共同体理念，坚决维护多边主义，建设性参与全球环境治理，将不断提升作为全球生态文明建设重要参与者、贡献者、引领者的地位和作用。

近年来，生态问题国际化趋势日益明显，应对气候变化、全球生态治理、共建共享人类共有绿色家园已成为各国的统一行动，绿色发展逐渐成为当今世界发展的潮流和趋势。21 世纪以来，各个国家更加积极追求绿色、低碳、可持续发展，绿色经济、低碳经济、循环经济蓬勃发展。尤其 2008 年国际金融危机爆发以来，发达国家为尽快提振经济，纷纷将绿色确立为本国经济未来发展的主色调，加紧战略规划、加大资金支持、加强制度保障、加快发展绿色经济。美国将绿色转型上升为国家战略，瞄准高端制造、信息技术、低碳经济，发挥技术优势谋划新的经济增长点；日本推出绿色发展战略总体规划；欧盟加快建立节能型、环保型、绿色型、创新型经济，并积极出口绿色技术，旨在抢占未来经济竞争的制高点。同时，也有一些国家为了维持竞争优势，试图增设和提高绿色壁垒，为全球生态安全增添了不稳定因素。我国作为当今世界最大的发展中国家、全球第二大经济体，必须主动适应这一趋势，积极参与全球生态治理实践，走绿色发展道路。坚持绿色发展，将有助于促进我国开展生态绿色外交和绿色国际合作，推进全球生态秩序和生态规则的变革与重构，促使全球绿色发展格局形成，提升全球生态安全水平，更好地为我国推进绿色发展营造良好的国际环境。

处理好国内治理与国际合作的关系，必须统筹国内国际两个大局，构建以政府为主导、企业为主体、社会组织和公众共同参与的国内环境治理体系。立足中国国情，着力解决国内的生态环境问题，坚定走生产发展、生活富裕、生态良好的生态文明发展道路，建设美丽中国；积极参与全球环境治理，将我国生态文明建设纳入全球视野，推动各国开展生态文明领域的交流合作，争取国际话语权，为应对全球性生态挑战、推动世界可持续发展作出贡献。我国作为负责任的发展中大国，将积极参与全球生态治理，承担同自身国情、发展阶段、实际能力相符的国际责任，充分运用"一带一路"建设等合作机制，在管理模式、先进技术、经验成果等方面与国际社会开展交流合作，坚持共谋全球生态文明建设。

八、加快生态环境治理体系和治理能力现代化

十三届全国人大一次会议通过的宪法修正案，把新发展理念、生态文明和建设美丽中国写入宪法，为推进生态环境治理体系和治理能力现代化提供了宪法保障。党的十九届四中全会对坚持和完善中国特色社会主义制度，推进国家治理体系和治理能力现代化作出了一系列重大战略部署。其中，生态环境领域治理体系和治理能力现代化，是国家治理体系和治理能力现代化的重要组成部分。生态文明法治建设是生态环境治理体系和治理能力现代化的核心要义。深入理解习近平生态文明思想，推进生态环境治理体系和治理能力现代化，重在坚持和完善生态文明制度体系，用制度确保生态环境领域治理体系和治理能力现代化水平不断提升。

（一）推进生态环境治理政策和制度体系建设

党的十八大以来，在以习近平同志为核心的党中央坚强领导下，我国生态环境治理政策和制度体系建设加快推进，环境治理体系建设取得积极成效。责任落实方面，建立并实施中央生态环境保护督察制度，制定中央和国家机关相

关部门生态环境保护责任清单，促进落实生态环境保护"党政同责、一岗双责"。制度建设方面，相继出台《关于加快推进生态文明建设的意见》《生态文明体制改革总体方案》，制定40多项涉及生态文明建设的改革方案。十三届全国人民代表大会常务委员会作出关于全面加强生态环境保护、依法推动打好污染防治攻坚战的决议，以法律的武器、法治的力量保护生态环境。法治建设方面，制定和修订《中华人民共和国环境保护法》《中华人民共和国环境保护税法》以及大气、水、土壤和核安全等方面的11部法律，发布5件部门规章，制定修订157项国家环境质量、排放及监测方法标准，现行有效国家环境保护标准达1970项。法律实施方面，全国人大常委会开展《中华人民共和国水污染防治法》《中华人民共和国大气污染防治法》《中华人民共和国固体废物污染环境防治法》和《中华人民共和国海洋环境保护法》执法检查。全国办理行政处罚案48.3万余件。同时，生态环境治理体系和治理能力现代化还存在一些不足和短板，一些地方经济社会发展绩效评价不够全面、责任落实不到位，制度建设还存在碎片化、分散化、部门化现象，亟待以与时俱进的改革创新精神攻坚克难，破除制度机制弊端。

（二）实行最严格的生态环境保护制度

建设生态文明，是一场涉及生产方式、生活方式、思维方式和价值观念的革命性变革。只有实行最严格的制度、最严密的法治，才能为生态文明建设提供可靠保障。要坚持节约优先、保护优先、自然恢复为主的方针，加快制度创新，增加制度供给，完善制度配套，强化制度执行，让制度成为刚性的约束和不可触碰的高压线。要坚守尊重自然、顺应自然、保护自然的原则，健全源头预防、过程控制、损害赔偿、责任追究的生态环境保护体系。过去，我们主要或更多地使用行政手段推动环境治理，今后应更多地使用法律和经济手段，如绿色金融、环境税、排污权交易等市场化的工具，做好环境生态保护。通过最严格的生态环境保护制度，推进产业结构生态化、能源结构清洁化、交通结构低碳化、农业结构有机化，确保生产过程绿色低碳，生活方式节约简约，使美好家园永驻人间。

（三）全面建立资源高效利用制度

我国是一个人口大国，也是人均资源紧缺的国家。改革开放40多年来，我们经过快速工业化和城镇化，经济建设取得了巨大成就，但同时资源约束越来越紧，高消耗、高排放的生产模式已经不可持续，必须改变经济发展方式，走节约集约高效利用之路。能否高效利用资源，前提是要明晰资源产权，必须尽快推进自然资源统一确权登记法治化、规范化、标准化、信息化，健全自然资源产权制度，落实资源有偿使用制度，实行资源总量管理和全面节约制度，严禁无偿或低价使用国家自然资源。根据谁污染谁治理，谁保护谁受益的原则，加快建立充分反映市场供求和资源稀缺程度、体现生态价值和经济价值的资源环境价格机制，健全资源节约集约循环利用政策体系，通过法治、经济、行政等各种手段，来推动资源高效节约利用。

(四) 健全生态保护和修复制度

山水林田湖草是一个生命共同体，用途管制和生态修复必须遵循自然规律，如果种树的只管种树、治水的只管治水、护田的单纯护田，很容易顾此失彼，最终造成生态的系统性破坏。习近平总书记 2019 年 9 月在黄河流域生态保护和高质量发展座谈会上强调，黄河沿岸的发展一定要有大局意识，站在国家的、全局的角度考虑，牢固树立"一盘棋"思想。要把水资源作为最大的刚性约束，坚持以水定城、以水定地、以水定人、以水定产，合理规划人口、城市和产业发展。健全生态保护和修复制度，要坚持山水林田湖草是生命共同体的整体系统观，做好规划布局，加强森林、草原、河流、湖泊、湿地、海洋等自然生态保护。加强对重要生态系统的保护和永续利用，以国家公园为主体健全保护制度，进行统一保护、统一管理、统一修复，实现人与自然和谐共生。

(五) 严明生态环境保护责任制度

加强生态环境保护，必须明确责任、加大监管力度。为此，要把资源消耗、环境损害、生态效益等体现生态文明建设状况的指标纳入经济社会发展考核指标，进一步完善经济社会发展评价体系，使之成为推进生态文明建设的重要导向和约束，引导社会走向绿色高质量发展。要严格执行责任追究制度，包括中央生态环保督察制度、党政领导干部生态环境损害责任追究制度、领导干部自然资源资产离任审计制度等，对那些不顾生态环境盲目决策、造成严重后果的，必须终身追究责任。通过构建完整的生态文明制度体系，并在实践中认真贯彻执行，确保到本世纪中叶生态环境领域国家治理体系和治理能力现代化全面实现，建成美丽中国。

九、做习近平生态文明思想的信仰者、践行者、奋斗者

（一）学习宣传贯彻习近平生态文明思想是强化思想理论武装的政治责任

只有理论上清醒才能有政治上的清醒，只有理论上坚定才能有政治上的坚定。高度重视党的理论建设，坚持以科学理论引领全党、用科学理论武装全党，是我们党的优良传统和巨大优势。习近平生态文明思想作为习近平新时代中国特色社会主义思想的重要组成部分，凝聚党执政兴国的初心和使命，进一步丰富了坚持和发展中国特色社会主义的总目标、总任务、总体布局、战略布局和发展理念、发展方式、发展动力等，体现了党的政治意志、政治立场、政治主张，是经过实践检验的科学理论、颠扑不破的科学真理。我们要将学习宣传贯彻习近平生态文明思想，作为增强"四个意识"、坚定"四个自信"、做到"两个维护"的自觉行动，切实用以武装头脑、指导实践、推动工作。

（二）学习宣传贯彻习近平生态文明思想是增强生态文明建设战略定力的现实需要

习近平总书记反复强调，建设生态文明是中华民族永续发展的根本大计。当前，我国生态文明建设仍处于负重前行的关键期，生态环境保护结构性、根源性、趋势性压力总体上尚未根本缓解，生态环境质量与人民群众期盼的还有不小差距，美丽中国建设任重而道远。2020 年以来，突如其来的新冠肺炎疫情给我国经济社会发展带来前所未有的冲击。越是到这样的关口，越要认真学习领会习近平生态文明思想，从实现"两个一百年"奋斗目标、中华民族伟大复兴中国梦的历史高度，保持生态文明建设的战略定力，坚持走生态优先、绿色发展之路不动摇，坚持依法治理环境污染和保护生态环境不动摇，坚持守住生态环保底线不动摇。

（三）学习宣传贯彻习近平生态文明思想是实现美丽中国建设目标的内在要求

党的十九大提出，到 2035 年基本实现社会主义现代化，生态环境根本好转，美丽中国目标基本实现；到 21 世纪中叶，把我国建成富强、民主、文明、和谐、美丽的社会主义现代化强国。2020 年以来，习近平总书记在北京参加植树活动

和到地方考察调研时多次强调，要打好蓝天、碧水、净土保卫战，努力打造青山常在、绿水长流、空气常新的美丽中国。习近平总书记的最新重要指示批示和讲话精神，是对习近平生态文明思想与时俱进的拓展和深化，体现了他对以生态文明引领美丽中国建设坚定执着的战略思考。我们要及时跟进、持之以恒加强对习近平生态文明思想的学习宣传贯彻，不断从习近平总书记最新论述中汲取营养，按照"两步走"的战略安排，为实现建设美丽中国 2035 年和 2050 年战略目标而努力奋斗。

第三章
生物多样性与生态文明

如果说森林是地球之肺，湿地是地球之肾，那么生物多样性无疑就是地球的免疫系统。人们都知道，当一个健康的人面临病菌的侵袭时，他的免疫系统会作出迅速的联动反应，保护人体不受病菌的侵袭。就像人类的免疫系统保护着人体健康一样，生物多样性也保护着地球生态系统的健康。由于自然资源的合理利用和生态环境的保护是人类实现可持续发展的基础，当前如何有效地保护生物多样性，成为生态文明建设的一个重点话题，也成为世界各国普遍重视的一个问题。

一、生物多样性

(一) 生物多样性的概念

生物多样性(biodiversity)是一个描述自然界多样性程度内容十分广泛的概念。对于生物多样性，不同的学者所下的定义是不同的。在《生物多样性公约》里，生物多样性的定义是："来源于陆地、海洋、湖泊等生态系统构成的综合体内所有生物体的变异，包括物种内、物种间和生态系统的多样性。"在《保护生物学》一书中，蒋志刚等给生物多样性所下的定义为："生物多样性是生物及其环境形成的生态复合体，以及与此相关的各种生态过程的总和，它包括动物、植物、微生物和它们所拥有的基因，以及它们与其生存环境形成的复杂的生态系统。"综合所述，生物多样性是指各种生物之间的变异性或多样性，包括陆地、海洋及其他水生生态系统，以及生态系统中各组成部分间复杂的生态过程。生物多样性是地球生物圈与人类本身延续的基础，具有不可估量的价值。生物多样性包含遗传多样性、物种多样性、生态系统多样性与景观多样性四个层次。

1. 遗传多样性

遗传多样性(genetic diversity)指的是一个物种的基因组成中遗传特征的多样性，包括种内不同种群之间或同一种群不同个体的遗传变异性。遗传多样性对任何物种维持和繁衍其生命、适应环境、抵抗不良环境与灾害都是十分必要的。

2. 物种多样性

物种多样性(species diversity)指的是地球上动物、植物、微生物等生物种类的多样性。物种多样性是衡量一定地区生物资源丰富程度的一个客观指标，代表着物种演化的空间和对特定环境的生态适应性，是进化机制的最主要产物，故物种被认为是最适合研究生物多样性的生命层次。

3. 生态系统多样性

生态系统多样性（ecosystem diversity）指植物、动物和微生物群落及它们所组成的生态系统的多样化程度，包括生态系统的类型、结构、组成、功能和生态过程的多样性等。与遗传多样性和物种多样性相比，定义和测定生态系统多样性是比较困难的。其原因是生态系统是动态的，而且生物群落和生态系统的界限常常难以确定。

4. 景观多样性

景观是一种大尺度的空间，是由一些相互作用的景观要素组成的具有高度空间异质性的区域。景观要素是组成景观的基本单元，相当于一个生态系统。景观多样性（landscape diversity）是指由不同类型的景观要素或生态系统构成的景观，在空间结构、功能机制和时间动态方面的多样化程度。

总之，遗传多样性是物种多样性和生态系统多样性的基础，或者说遗传多样性是生物多样性的内在形式。物种多样性是构成生态系统多样性的基本单元。因此，生态系统多样性离不开物种的多样性，也离不开不同物种所具有的遗传多样性。

(二) 濒危生物的评估与分级

濒危生物的评估和分级是生物多样性保护的前提，非常重要。这里仅介绍两种广泛应用的评估物种受胁迫程度的评估系统：Mace 和 Lande 评估系统；大自然保护协会（TNC）的全球评估系统。

1. Mace 和 Lande 评估系统

Mace 和 Lande 评估系统是在国际保护联盟所发表的红皮书中所采用的评估系统的基础上提出来的。表 3-1 提出的评估系统简单且易掌握，能够提供有关物种灭绝危险程度的综合信息。

表 3-1　确定濒危种保护优先等级的方法

领域	优先级高	优先级低
地理	小范围的地理分布； 地区特有种	大范围的地理分布； 非地区特有种
分类	较高等级分类单位（如科、属）； 小科/属，可能是孑遗种	较低等级分类单位（亚种、变种）； 大科/属，非孑遗种

（续）

领域	优先级高	优先级低
生境	处于危险的生境中； 环境脆弱； 特定狭窄； 处于演替过程中	处于非危险生境中； 环境具抵抗力； 范围广； 处于顶极状态
生活型	一年或短命多年生	长命多年生
种群	小且少	大且多
生物学	很少开花； 特定传粉者； 雌雄异株； 专性异型杂交； 差的等级结构(年龄等级不匀称)； 差的无性繁殖力	常开花； 非特定传粉者； 雌雄同株； 稳定的自花受精； 良好的等级结构(种群按年龄级分布)； 良好的无性繁殖力
其他	可收获； 高特有现象出现地区	不可收获； 低特有现象出现地区

2. 大自然保护协会系统

大自然保护协会将植物、动物、微生物以及自然生物群落和其他生物景观的组分看成是构成生物多样性的元素。在此基础上，发展了一套评价生物多样性元素濒危程度的评估系统。此系统可以用于全球范围，也可用于一个国家或地区。根据生物多样性元素在自然界的分布状况，该系统分为五个等级。

G1——全球极度危机的物种。通常此级物种是指那些在其整个分布区仅有 5 次或更少的出现记录，或者是少于 1000 个成熟个体的物种。如我国的大熊猫就是一个典型的 G1 种。

G2——全球危机的物种。这些物种在其整个分布区内有 6 ~ 20 次出现记录，或者是仅有 1000 ~ 3000 个成熟个体存在。

G3——不常见但不危机的物种。这些物种在其分布区的出现记录为 21 ~ 100 次，或 3000 ~ 10 000 个个体。

G4——较常见且非濒危的物种。从长远的观点看，这些物种也应考虑保护。

G5——已证明的在其分布区内具高丰富度、没有濒危危险的物种。虽然这些物种通常较为常见，但它们亦可以是稀有种。

二、可持续发展与生态系统

(一) 可持续发展框架

1. 全球《21 世纪议程》结构框架

全球《21 世纪议程》是 1992 年联合国环境与发展会议形成的一个重要文件，它反映了关于环境与发展的全球共识和最高级别的政治承诺。它是可持续发展的战略框架，提出了一系列全球走向可持续发展的政策、措施和行动方案(图 3-1)。

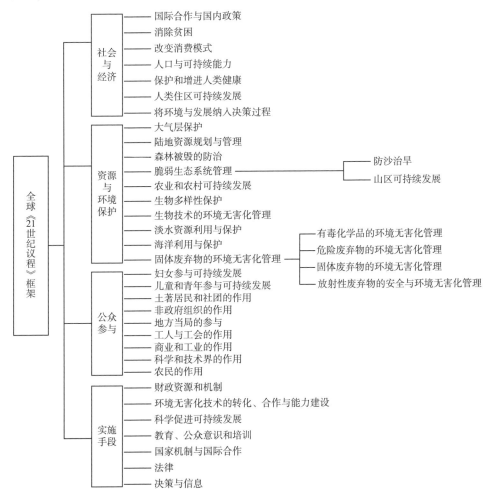

图 3-1　全球《21 世纪议程》结构框架

全球《21世纪议程》是世界上第一个以可持续发展战略为指导而制定的环境与发展战略文件和行动方案。它具有以下特点：①自始至终体现全球可持续发展的思想；②在经济政策中，阐明经济是可持续发展的动力，给经济与可持续发展的关系进行定位；③十分重视社会可持续发展问题，提出了一系列促进社会可持续发展的政策；④在资源、环境与发展的关系方面，重点突出了将环境与发展的内涵纳入决策过程；⑤在资源与环境政策方面，主要阐述了大气层保护、陆地资源统筹规划与管理、森林保护、脆弱生态系统管理、促进农业和农村的可持续发展、生物多样性保护、生物技术的环境无害化管理、海洋合理利用与保护、淡水资源利用与保护和固体废弃物无害化管理等；⑥把公众参与可持续发展决策过程的问题提到"是实现可持续发展的基本先决条件之一"的高度；⑦重视能力建设，提出了一系列能力建设行动方案和重要政策。

2. 地球生命支持系统

美国的几个大学联合发起了编制《地球生命支持系统百科全书》(Encyclopaedia of Life Support System，EOLSS)的行动。这是一部关系到全球可持续发展必需的知识源泉的巨著，它构筑了一个以地球生命支持系统永驻为核心的可持续发展结构和知识信息系统，如图3-2所示。

从图中可知，地球生命支持系统的结构分为三个层次：第一层也是最高层次，它构筑的是全球可持续发展的人类社会；第二层是顶梁柱层次，也就是维持

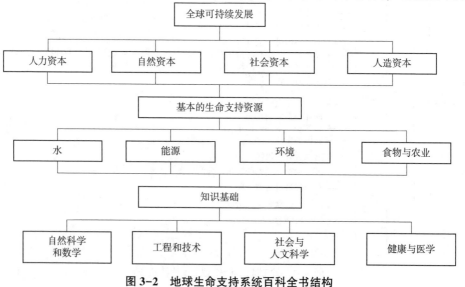

图3-2 地球生命支持系统百科全书结构

全球可持续生存与发展的四大生命支柱——水、能源、环境和食物与农业；第三层是科学和技术层次，也就是依靠科技进步、推动四大生命支柱可持续地供养人类生命系统。

3. 跨千年全球发展展望研究

跨千年全球发展展望研究（进展过程中）是对未来全球发展可能遇到的问题及战略的全球性分析，并相应提出应采取的政策与行动。它主要由联合国大学美国理事会推动。

该项研究动员了大约 60 个国家 300 余位著名学者，在涉及全球性问题及机会的 140 个议题中，经专门小组归纳为 15 个关键议题，并对这些议题的解决和应采取的对策行动进行了全球性问卷调查。表 3-2 是 15 个议题及其排序前三的行动方案。

表 3-2　未来的问题及应采取的行动

序号	问　题	解决问题最有效且可行的政策与行动
1	世界人口增长已处于高峰期，而且仍保持继续增长，粮食、水、教育、住房、医疗保障都必须同步增长	• 鼓励研制和开发新的有效节育措施 • 鼓励开发以生态技术为核心的高产可持续农业 • 利用市场机制促进计划生育
2	世界一些地区的淡水资源越来越匮乏	• 制定水资源保护政策 • 迅速组织研究、开发从海水中廉价提取淡水的技术 • 鼓励新的作物品种与海水灌溉农业的开发
3	生活水平的贫困差异日益扩大	• 建立小型信贷机构，促进小型商业的发展 • 制定并实行新的马歇尔计划，作为高、低收入国家之间的合作形式 • 鼓励低收入国家在公共教育中加强经营和商业的课程设置
4	新老疾病和免疫性微生物对人类的威胁正在增加	• 扩大世界卫生组织合作实验室的全球网络，建立一个全球性的对流行病毒及其感染有效监测的系统 • 加强对全球疫苗计划的资金投入及技术支持 • 增加对安全供水研究的资金投放
5	在这个不确定性和风险不断增加的世界，人们对于日趋全球化和复杂化问题的认识和决策能力正在下降	• 将"如何学会学习"纳入教育系统和职业培训计划，这是认识社会性、技术性复杂问题的前提 • 将对未来的规划和非线性思考纳入教育系统 • 在如何做出有效决定，包括做决定的道德标准、危险的性质及如何对付不确定性等方面进行培训

（续）

序号	问 题	解决问题最有效且可行的政策与行动
6	恐怖活动的强度、规模都在不断增加，并严重威胁着人类	• 对核原料制定严格的法规条例及检查制度 • 销毁现存所有生物武器 • 增加反恐怖活动保护措施
7	人口和经济的增长与环境质量和自然资源保护之间相互冲突	• 对有污染的产品、技术实行税收，将其收入用于开发安全的生态技术，利用同样的方法减少不合理的环境技术、产品与设备的进口 • 将环境成本计入自然资源及产品价格之中 • 建立一个由国家提供基金的国际技术银行，使环境条件差的国家能够得到易于使用的绿色技术
8	妇女的地位正发生变化	• 进一步强调降低妇女，特别是农村、移民、难民、失业和残疾妇女的文盲率 • 鼓励为儿童和母亲服务的项目的实施 • 在所有国家颁布和实施旨在保护妇女权利的法令，反对就业中的性别歧视
9	宗教、民族和种族冲突日趋严重	• 重新评估学校的课程，强调同情心和社会公德 • 协调可能发生的冲突，促进双方的和解 • 建立早期预警系统，以处理文化、种族和宗教问题及可能导致的冲突
10	信息技术在给人类创造了机会的同时，也带来了风险	• 为公众提供更多的免费的互联网络途径 • 加快发展中国家引入计算机通信和机器设备的步伐，促进网络的全球化，为外国投资者提供优惠的条件 • 制定为避免超负荷通信而增大网络容量的措施
11	团体犯罪正在发展成为手段高超、组织严密的全球性黑社会	• 完善搜捕国际犯罪的国际协议 • 通过电视和互联网活动建立可持续几十年的全球人类价值和风俗对话，以确认和统一全球伦理 • 对可能出现的犯罪威胁建立早期国际预警系统
12	经济增长既带来希望，也带来可怕后果	• 通过国际和国内建设社区的努力，为经济向可持续发展提供范例 • 对于对环境有严重影响的活动建立税收或收费制度 • 通过实施对外部环境起产生作用及影响的经济核算，达到能源的较好平衡

（续）

序号	问 题	解决问题最有效且可行的政策与行动
13	全球许多核电站正趋于老化	• 增加电力替代性生产资源的开发基金 • 建立信贷发展计划以资助拆除危险核电站 • 在计算电价时考虑电站拆除和放射性物质贮存的费用
14	艾滋病将继续蔓延	• 对艾滋病科学研究加倍投入 • 加强教育投入，教育公众正确对待性 • 推广免费使用避孕套计划
15	工作、失业、休息和不充分就业的内涵正发生实质变化	• 在发展中国家利用信息、通信技术，增加社会就业机会，提高生产力 • 增加公众、个人用于研究与开发学习技术的基础设施 • 将激励机制用于系统，以提高教育水平

（二）生态系统服务

千年生态系统评估（The Millennium Ecosystem Assessment）把生态系统服务归纳为四大类：供给服务、调节服务、文化服务及支持服务。

1. 供给服务

供给服务是从森林获得的产品，包括遗传资源、木材、食品和纤维、药品、生化制品、能源和淡水等。

2. 调节服务

调节服务是从生态系统过程获得的惠益，包括水分涵养、气候调节、洪水调控、疫病调节、水体净化等。

3. 文化服务

文化服务是人们通过充实精神、认知发展、反思、娱乐、科学发现和审美体验等，从生态系统获取的包括知识体系、社会关系和美学价值等的非物质惠益。为人类生活提供休闲、娱乐与美学享受，是音乐、诗歌等创作的源泉。

4. 支持服务

支持服务是生产所有其他生态系统服务所必需的生态系统服务。包括初级生物物质生产、大气中的氧气制造、土壤形成和保持、养分循环、水循环以及生境的提供等。生物多样性是所有这些生态系统服务的基础和"引擎"。

三、生物多样性现状与保护

(一) 生物多样性保护形势严峻

《全球环境展望》(2019年)指出：生态系统的完整性和各种功能正在衰退。每14个陆地栖息地中就有10个植被生产力下降，所有陆地生态区域中将近一半被归类为处于不利状态。

物种种群正在减少，物种灭绝速度也在上升。目前，42%的陆地无脊椎动物、34%的淡水无脊椎动物和23%的海洋无脊椎动物被认为濒临灭绝。1970—2014年，全球脊椎动物物种种群丰度平均下降了60%。遗传多样性正在衰退，已威胁到粮食安全和生态系统的复原力。

生物多样性变化的影响因素分为直接驱动因素与间接驱动因素。

1. 直接驱动因素

(1) 土地利用变化

75%的陆地表面发生了巨大改变，66%的海域正经历越来越大的累积影响，85%以上的湿地(按面积)已经丧失。

(2) 气候变化

2018年9月5日，中国科学院青藏高原综合科学考察研究队第二次青藏高原综合科考的首期研究成果在拉萨发布。调查显示，过去100年，树线位置平均上升了29米，最大上升幅度80米。

(3) 资源过度开发

在2014年，66%的海洋面积受到越来越大的累积影响。珊瑚礁上中的活珊瑚覆盖面积在过去150年减少了近一半，并且下降速度在过去二三十年大幅加快。

(4) 外来物种入侵

《中国生态环境状况公报》(2018年)指出，中国已发现560多种外来入侵物种，且呈逐年上升趋势，其中213种已入侵国家级自然保护区。

(5) 污染

自1980年以来，海洋塑料污染增加了10倍，至少影响到267个物种，包括86%的海龟、44%的海岛和43%的海洋哺乳动物。

2. 间接驱动因素

(1)人口和社会文化。

(2)经济和技术。

(3)机构和管理。

(4)冲突和流行病。

(二)生物多样性受危害原因分析

1. 人口迅猛增加

自从有了人类以来，人口的数量就在增长。在生产力落后的时候，人口的数量受到自然因素如旱灾、虫灾、火灾、水灾、地震等的控制；另外，人类自身制造的灾难如战争、贫困也使得人口数量得以控制。但是，现代科学技术的进步使人口数量增加，寿命延长。19世纪工业革命后，人口的增加就成了全球的主流，在发展中国家最为明显。1830年全球人口只有10亿，1930年达到20亿，2000年达到了60亿。

中国1790年人口约3亿，1860年约4亿，1970年8亿，2000年就超过13亿了。人口增加后，必须扩大耕地面积，满足吃饭的需求，这样就对自然生态系统及生存于其中的生物物种产生了最直接的威胁。

2. 生境的破碎化

生物多样性减少最重要的原因是生态系统在自然或人为干扰下偏离自然状态，生境破碎，生物失去家园。与自然系统相比，一般退化的生态系统种类组成变化、群落或系统结构改变，生物多样性减少，生物生产力降低，土壤和微环境恶化，生物间相互关系改变。

生物多样性减少的程度取决于生态系统的结构或过程受干扰的程度，例如，人类对植物获取资源过程的干扰(如过度灌溉影响植物的水分循环，超量施肥影响生物地球化学循环)要比对生产者或消费者的直接干扰(如砍伐或猎取)产生的负效应大。一般在生态系统组成成分尚未完全破坏前排除干扰，生态系统的退化会停止并开始恢复(如少量砍伐后森林的恢复)，生物多样性可能会增加；但在生态系统的功能被破坏后排除干扰，生态系统的退化很难停止，而且有可能会加剧(如火烧山地后的林地恢复)。

3. 环境污染

随着人类的发展，环境污染也在加剧。环境污染会影响生态系统各个层次的结构、功能和动态，进而导致生态系统退化。环境污染对生物多样性的影响目前有两个基本观点：一是由于生物对突然发生的污染在适应上可能存在很大的局限性，故生物多样性会丧失；二是污染会改变生物原有的进化和适应模式，生物多样性可能会向着污染主导的条件发展，从而偏离其自然或常规轨道。环境污染会导致生物多样性在遗传、种群和生态系统三个层次上降低。

（1）在遗传层次上的影响

虽然污染会导致生物的抵抗并与之相适应，但最终会导致遗传多样性减少。这是因为在污染条件下，种群的敏感性个体消失，这些个体具有特质性的遗传变异因此而消失，进而导致整个种群的遗传多样性水平降低；污染引起种群的规模减小，由于随机的遗传漂变增加，可能降低种群的遗传多样性水平；污染引起种群数量减小，以至于达到了种群的遗传学阈值，即使种群最后恢复到原来的种群大小，遗传变异的来源也大大降低。

（2）在种群水平上的影响

物种是以种群的形式存在的，最近研究表明，当种群以复合种群的形式存在时，由于某处的污染会导致该亚种群消失，而且由于生境的污染，该地方明显不再适合另一亚种群入侵和定居。此外，由于各物种种群对污染的抵抗力不同，有些种群会消失，而有些种群会存活，但最终的结果是当地物种丰富度会减少。

（3）在生态系统层次上的影响

污染会影响生态系统的结构、功能和动态。严重的污染可能具有趋同性，即将不同的生态系统类型最终变成基本没有生物的死亡区。一般的污染会改变生态系统的结构，导致功能的改变。值得指出的是，重金属或有机物污染在生态系统中经食物链作用，会有放大效应，最终会影响到人类健康。

4. 外来物种入侵

外来种的入侵从字面上理解是增加了一个地区的生物多样性，事实上，历史上那些无害的生物也是通过人类的努力而扩大分布范围的，一些驯化的作物或动物已经成了人类的朋友。例如，我们食物中的马铃薯、番茄、芝麻、南瓜、白薯、芹菜等，树木中的洋槐、英国梧桐、火炬树，动物饲料中的苜蓿，动物中的虹鳟、海湾扇贝等，这些物种进入到异国他乡带来的利益是大于危害的。然而，对于生态平衡和生物多样性来讲，生物的入侵毕竟是扰乱生态平衡的过程，因为任何地区的生态平衡和生物多样性是经过了几十亿年演化的结果，这种平衡一旦打乱，就会失去控制而造成危害。人们最初引进物种时，其仅是进入了原产地生态系统的一个组分，食物网中的一些天敌或者它所控制的物种是没有办法引进的，这样控制不好的话，成灾就不可避免，而成灾的一个直接后果是对于当地的生态多样性造成危害，甚至是灭顶之灾。

案例一：为了保护海岸带免受海水的侵蚀，1963 年南京大学钟崇信教授从英国和丹麦引进大米草，经过几十年的努力，引种成功了 50 多万亩，而且使大米草的分布范围从温带向南扩大到了北纬 21°27′，并证明大米草具有明显的生态效应与经济效应。然而，不幸的事还是发生了，由于大米草的强烈扩张性，很快影响了贝类等的养殖，使贝类产量急剧下降。而再除去大米草，则是十分困难的事情。目前，人们逐步认识到了引种大米草对中国自然海滩生态系统的可能负面影响，连引种大米草的钟崇信教授本人也认为需要开展进一步的研究。

案例二：陕西省长青自然保护区是以保护大熊猫为主的保护区。该保护区的前身是国有林场，20 世纪 60 年代为了生产的需要，引种了大量日本落叶松。目前，落叶松大量繁殖，其落叶造成了土壤酸性，原来生长良好的大熊猫的食物箭竹却适应不了日本落叶松产生的酸性环境而生长不起来，造成箭竹死亡或根本不能萌发，这样在大熊猫活动的领域就形成了一大片的食物空白，成为保护区的一大害。现在，自然保护区的技术人员与领导向国内外专家求援，要求迅速除掉这些入侵的日本落叶松。

案例三：凤眼蓝又称凤眼蓬（水葫芦），20 世纪 70 年代作为猪饲料引进我国，后又被证明该物种具有明显的吸收污染物的功能，是水污染净化的优良种类。因此，国内部分水域开始引种。但没有想到它的侵占能力如此巨大，引进数株水葫芦，几个月后就会密布水面，且分布的区域从我国南方的热带、亚热带地区，直到北方的温带寒温带地区。许多湖泊如滇池、洞庭湖、微山湖深受其害。国家曾投资 40 亿元人民币处理滇池的水葫芦污染，收效却不大，可见生物入侵的危害有多大。

（三）中国生物多样性现状与面临的挑战

地球在漫长的地质年代发展过程中展现了丰富的生物多样性。但生物多样性在全球的分布并不是均衡的。根据我国 1998 年生物多样性国情研究报告的成果，我国的生物多样性年总价值为 39.33 万亿人民币，约比当年国内生产总值的 5 倍还多。既然生物多样性这么重要，当前我国的生物多样性的现状又是怎样的呢？

我国是世界上生物多样性最丰富的 12 个国家之一，排在第八位。我国拥有湿地、海洋、森林、草原和荒漠等各种类型的生态系统，物种生物多样性高度丰富，而且物种的特有性高，生物区系起源古老。我国拥有众多有活化石之称的珍稀动植物物种，如大熊猫、鹦鹉螺、中华鲟、扬子鳄、银杏、水杉、攀枝花、苏铁等。我国也是世界四大遗传资源起源中心之一，是水稻和大豆等重要农作物的故乡。

我国人民在保护和利用生物多样性方面取得了巨大成就，有很多创举。云南百姓习惯把传统的糯稻品种种植在梯田的杂交稻旁，充分利用不同的基因型作物品种进行多样性种植，可以有效地控制水稻病害的发生。中国有句古话："种谷必杂五种，以备其害，五谷不绝而百姓有余食也。"在生产上人们也利用生物多样性，利用间混套作和立体种养等形式模拟自然的生态系统建立起人工的复合群体。复合的生态系统有利于充分利用各种资源，有利于降低有害生物的危害，提高生产力。例如，玉米和马铃薯间作，可以减少马铃薯的晚疫病，还可以减少玉米的大小斑病。河北衡水有位农民叫安金磊，他创造了一种生态棉田。他在棉田外围种上一圈芝麻，芝麻用来驱赶蚜虫，因为蚜虫不喜欢芝麻的味道。第二围种上玉米，玉米作为一个陷阱，吸引飞蛾和棉铃虫等鳞翅目害虫。除了这个非常巧妙的"推拉系统"以外，中间还留一小块地种上粟。粟可以引小鸟造访，鸟除了吃粟以外，还会大量食用田间的害虫，所以他家的棉田不仅蚯蚓多了、害虫少了，鸟儿也多了，而且在当地发生棉花枯黄萎病的时候，许多棉田绝收了，但是他家的棉田亩产仍达到 200 千克。然而，中国生物多样性也面临着挑战。在生态系统层次上，部分生态系统功能不断退化。我国的人工林树种单一，抗病虫害能力差；90%的草原都存在着不同程度的退化；内陆淡水生态系统也受到威胁；40%的重要湿地面临着退化，特别是沿海滩涂和红树林海洋，以及海岸带物种及其栖息地不断丧失；海洋渔业资源减少。在物种层次上，物种的濒危程度加剧。我国野生高等植物濒危比例高达 15%～20%，约 44%的野生动物呈数量下降趋势。国际贸易公约列出的 640 种世界性濒危物种中，我国有 156 种，约占总数的 1/4，形势十分严峻。在遗传资源方面，我国遗传资源不断流失和丧失，一些重要的特有遗传资源也丧失了，例如，20 世纪 50 年代全国各地种植水稻，地方品种高达 4.6 万余种，到 2006 年就仅剩下 1000 余种，而且多数是育成品种和杂交稻品种。20 世纪 50 年代，全国各地种植的玉米品种多达 1 万余种，到目前生产上已基本不使用地方品种。从大范围来看，所有的生态系统中都存在着生物多样性衰退的现象。据千年生态系统评估报告，当前物种的灭绝速度约为自然本底灭绝速度的 1000 倍。逝去的生命不会重新回来，所以加强生物多样性的保护，就显得尤为重要而且紧迫。

(四) 生物多样性保护途径

保护生物多样性最主要的两种手段是就地保护和迁地保护。就地保护是在野生动植物的原产地对物种实施有效保护。迁地保护是通过将野生动植物从原产地迁移到条件良好的其他环境中进行有效保护的一种方式。当然，在大多数情况下，就地保护是保护生物多样性最根本的途径。只有在野外，物种才能在自然群落中继续适应变化的环境。

1. 生物多样性的就地保护

生物多样性就地保护的主要途径是建立自然保护区，通过对自然保护区的建设和有效管理，使生物多样性切实得到保护。

自然保护区是指有代表性的自然系统、珍稀濒危野生动植物物种的天然分布区，包括自然遗迹、陆地、陆地水体、海域等不同类型的生态系统。自然保护区是对生物多样性的就地保护场所。自然资源和生态环境是人类赖以生存和发展的基本条件，保护好自然资源和生态环境，保护好生物多样性，对人类的生存和发展具有极为重要的意义。自然保护区的主要功能是保护自然生态环境和生物多样性，保持生物遗传资源和景观资源的可持续利用，另外自然保护区还具备科学研究、科普宣传、生态旅游的重要功能。自然保护区的建立，通常要考虑以下因素：①选择地段的代表性也就是拥有典型物种和群落的地区，如高山、丘陵、湿地、河流、岛屿等均可。②生物多样性保护区应设在物种多样性或群落多样性较高的地区，以使较多的物种得到保护。③保护的有效性即自然保护区的面积应能满足被保护物种生存繁衍的需要，满足生态系统中能流、物流及各种生态过程圆满实现的需要，应能对保护区周围的人类活动加以控制。④空间的连续性保护区应建在包括非生物因子的各种"度"变化的连续性境内，如应包括从低海拔到高海拔的各种高度的地区，或从干旱地到湿润地各种水分梯度变化的地区。

对自然保护区以外生物多样性的保护，通常采取以下措施：①将生物多样性保护纳入国家经济计划；②采用有利于生物多样性保护的林业经营措施，如禁伐等；③推广生态农业措施，如保持水土、防治水蚀与风蚀等；④保护自然保护区以外的生境；⑤保护海岸及海洋等方法。

我国自然保护区建设始于 20 世纪 50 年代，经过近 50 年的建设，特别是从 20 世纪 70 年代末以来，我国自然护区事业发展很快，初步建成了一个类型比较齐全的自然保护区网络。自然保护区的建立，使我国 70% 的陆地生态系统类型，80% 的野生动物和 60% 的高等植物，特别是大多数国家重点保护的珍稀濒危野生动植物在自然保护区内得到较好的保护。

2. 生物多样性的迁地保护

迁地或易地保护是指将濒危动植物迁移到人工环境中或易地实施保护。它的最终目标是为被保护物种在原生环境的正常生存提供支持，即建立自然状态下可生存种群。

一般来讲，当物种原有生境破碎成斑块状，或原有生境不复存在，或物种数目下降到极低的水平，个体难以找到配偶时，或当物种的生存条件突然变化时，均需进行迁地保护。迁地保护有野生动物保护和野生植物保护两种方式。在生物多样性分布的异地，通过建立动物园、植物园、树木园、野生动物园、种子库、精子库、基因库、水族馆、海洋馆等不同形式的保护设施，对那些比较珍贵的物种、具有观赏价值的物种或其基因实施由人工辅助的保护。这种保护在很大程度上是挽救式的，可能保护了物种的基因，但这种保护是被动的，长久来看，其可能保护的是生物多样性的活标本。毕竟迁地保护是利用人工模拟环境，自然生存能力、自然竞争等在这里无法形成。当然，迁地保护可以为异地的人们提供观赏的机会，带来一定的收入，进行生物多样性的保护宣传，在某种程度上可促进生物多样性保护区事业的发展。随着自然界环境状况的日益恶化，迁地保护越来越显示出其重要性。对于一些濒危物种来说，如果其野生种群数量太少，或适合其生存的自然栖息地已被破坏殆尽，则迁地保护将成为保存这些物种的唯一手段，如麋鹿、加州秃鹫等的保护便是成功的例子。我们应充分认识到迁地保护的作用，并在生物多样性的保护实践中积极有效地使用这一手段。迁地保护和就地保护策略是相互补充的途径。来自迁地保护种群的个体能被周期性地释放回野外，可加强就地保护工作；对圈养种群的研究能够增加对该物种的基础生物学了解，也能为就地保护的种群提供新的保护策略。

四、保护生物多样性行动

生态文明建设是关系中华民族永续发展的千年大计。必须践行绿水青山就是金山银山的理念，实施重要生态系统保护和修复重大工程。构建生态廊道和生物多样性保护网络，提升生态系统质量和稳定性，坚持节约资源和保护环境的基本国策，坚持节约优先、保护优先、自然恢复为主的方针，坚定走生产发展、生活富裕、生态良好的文明发展道路，建设美丽中国。

(一) 保护生物多样性中国在行动

习近平生态文明思想为推进生物多样性保护工作提供了根本遵循，为正确处理好保护和发展的关系，实现人与自然和谐共生的愿景提供了思想指引和行动指南。生物多样性是生态文明建设的重要内容，为促进生态文明建设，我国开展了生态红线划定、以国家公园为主体的自然保护地体系建设以及山水林田湖草生态修复等工作。

中国政府高度重视生物多样性保护，将其作为生态文明建设的重要内容，作为推动高质量发展的重要抓手。为保护生物多样性，国家采取了一系列行动，成立了中国生物多样性保护国家委员会，统筹协调全国生物多样性保护工作，逐步健全生物多样性保护制度体系，颁布多部与生物多样性保护相关的法律法规。

为保护全球的生物多样性，1992 年在巴西里约热内卢召开的联合国环境与发展大会上，153 个国家签署了《生物多样性公约》。中国是这个公约的最早缔约国之一。从 1995 年起，联合国将每年的 12 月 29 日确定为"国际生物多样性日"（表 3-3）。直至 2001 年，第 55 届联合国大会第 201 号决议将"国际生物多样性日"由 12 月 29 日改为 5 月 22 日。

表 3-3 "国际生物多样性日"历年主题

年份	主　题
2001	生物多样性与外来入侵物种管理
2002	林业生物多样性
2003	生物多样性和减贫——对可持续发展的挑战
2004	生物多样性：全人类食物、水和健康的保障
2005	生物多样性——变化世界的生命保障
2006	保护干旱地区的生物多样性
2007	生物多样性与气候变化
2008	生物多样性与农业
2009	外来入侵物种
2010	生物多样性就是生命，生物多样性也是我们的生命
2011	森林生物多样性
2012	海洋生物多样性
2013	水和生物多样性

（续）

年份	主　　题
2014	岛屿生物多样性
2015	生物多样性助推可持续发展
2016	生物多样性与气候变化
2017	生物多样性与可持续旅游
2018	纪念生物多样性行动 25 周年
2019	我们的生物多样性，我们的食物，我们的健康
2020	我们的解决方案在自然
2021	呵护自然，人人有责

（二）自然保护地是中国生物多样性保护的核心基础

中国的自然保护地体系建设是生物多样性保护最有效的措施，在维护国家生态安全中居于首要地位。我国经过 60 多年的努力，已建成数量众多、类型丰富、功能多样的各级各类自然保护地，法律法规体系逐步完善，濒危物种保护不断加强，自然保护地体系初见成效，国际合作稳步推进。

1. 国家公园保护了具有国家代表性的自然生态系统

国家公园是我国自然生态系统中最重要、自然景观最独特、自然遗产最精华、生物多样性最富聚的区域。同时，我国还提出建立分类科学、布局合理、保护有力、管理有效的以国家公园为主体、自然保护区为基础、各类自然公园为补充的中国特色自然保护地体系。一系列国家顶层设计的出台，明确了自然保护地体系建设在中国生态文明体制改革中的重要地位，也标志着中国的自然保护地体系建设迈入全面深化改革的新阶段。

2. 自然保护区守护着珍稀动植物和典型的自然生态系统

国家林业和草原局是中国自然保护区事业的发起者和主导者。中华人民共和国成立初期，原林业部就颁发了以保护森林为主的林业工作方针，并率先开展了以保护森林生态系统为主体的自然保护区建设工作。经过多年的建设与发展，中国的自然保护区已经逐步形成覆盖全国且布局较为合理、类型较为齐全、功能较为完备的自然保护区网络。

3. 世界遗产是人与自然和谐发展的典范之区

世界遗产凝结了大自然亿万年的神奇造化，蕴含着世界文明发展长河的丰厚积淀，是全人类的共同财富，既承载着人类的精神文化价值，又关乎着地球生态安全。

4. 生态保护红线维护生态安全

生态保护红线是指在生态空间范围内具有特殊重要生态功能，必须强制性严格保护的区域，是保障和维护国家生态安全的底线和生命线。中国初步划定的生态保护红线面积比例约为25%，覆盖了所有生物多样性保护生态功能区，保护了近40%的水源涵养、洪水调蓄功能，约32%的防风固沙功能，生态保护红线的固碳量约占全国总固碳量的近45%。生态保护红线标识取自书法和象形文字"山"的意向形，体现"绿水青山就是金山银山"的思想。同时，鲜红的红线给人以警示，传达生态保护红线是生态安全底线和生命线的本质。

五、共建地球生命共同体

（一）人与自然和谐共生

人与自然和谐共生是中国生态文明建设的基本原则，也是中国生动有效实践的显著特征。中国是当今世界上生态保护和污染防治力度最大的国家。与国际相同发展阶段相比，我国目前是生态环境质量改善速度最快的一个历史时期。中国在人与自然和谐共生的现代化建设进程中取得从理念到实践的历史性成绩，证明了人与自然应该可以也必须和谐共生，人与自然是命运共同体。

生物多样性是宝贵的自然财富，关乎人类福祉。生物多样性保护，最根本的是要解决人对自然界的压力、干扰等问题，实现天人合一。生态文明就是实现人与自然和谐发展的新要求，建设生态文明，首先要从改变自然、征服自然转向调整人的行为、纠正人的错误行为。中国将生态文明写入宪法，纳入国家发展总体布局，改革出台了自然资源资产负债表和离任审计、主体功能区划、生态保护红线等基础制度。全面禁止非法野生动物交易，革除滥食野生动物陋习。生态兴则文明兴，生态衰则文明衰，中国全社会的观念得到根本改变，坚持人与自然和谐共生观念深入人心，已经成为新时代坚持和发展中国特色社会主义的基本方略。

中国持续保护修复自然生态环境，厚植自然资本，建立了以改善生态环境质量为核心的目标责任体系，创新形成了评价考核、督查问责等制度，显著提升了生物多样性保护水平。稳步推进了多个山水林田湖草生态保护修复试点工程建设，陆生生态系统类型和重点野生动物种群得到有效保护。

中国探索走人与自然和谐共生之路，这与《生物多样性公约》倡导的目标与愿景高度契合，也为共谋全球生态文明之路、共建地球生命共同体贡献中国智慧，我国已成为全球生态文明建设的重要参与者、贡献者和引领者。中国率先发布《中国落实 2030 年可持续发展议程国别方案》，深度参与《生物多样性公约》进程，提前实现了"爱知目标"2020 年自然保护地指标要求。库布齐沙漠成为目前世界上唯一被整体治理的沙漠，被联合国确定为全球沙漠生态经济示范区。塞罕坝林场建设者、浙江省"千村示范、万村整治"工程先后荣获联合国"地球卫士奖"。中国将采取更加有力的政策和措施，二氧化碳排放力争于 2030 年前达到峰值，努力争取 2060 年前实现碳中和，与国际社会携手同行，共建地球生命共同体，共建清洁美丽世界。

中国坚持用生态文明理念指导发展，牢固树立和践行"绿水青山就是金山银山"的理念，深入贯彻新发展理念，解决发展方式和生活方式的绿色变革问题。其根本性变革意义在于从人与自然和谐共生，拓展到生态环保与经济发展协调统一、协同推进。协同推进生态环境高水平保护和经济高质量发展，逐步探索健全以生态优先、绿色发展为导向的高质量发展新路子，绿色发展转型的鲜活案例不断涌现。52 个"两山"实践创新基地形成，新能源汽车拥有量占全球一半，可再生能源装机容量占全球 30%，我国已成为最大的可再生能源生产和消费国。

中国从生态文明建设出发，处理好人与自然、环境与民生、保护与发展、国内和国外等关系，在发展中保护，在保护中发展，探索有别于工业文明模式的生态文明发展范式，解决好工业文明带来的矛盾，共建万物和谐的美丽家园，这既是实现人与自然和谐发展的新要求，也是实现世界的可持续发展和人的全面发展的伟大实践。

《中共中央关于制定国民经济和社会发展第十四个五年规划和二〇三五年远景目标的建议》中提出，推动绿色发展，促进人与自然和谐共生。坚持绿水青山就是金山银山理念，坚持尊重自然、顺应自然、保护自然，坚持节约优先、保护优先、自然恢复为主，守住自然生态安全边界。深入实施可持续发展战略，完善生态文明领域统筹协调机制，构建生态文明体系，促进经济社会发展全面绿色转型，建设人与自然和谐共生的现代化。

（二）共建地球生命共同体

山水林田湖草是一个生命共同体，人的命脉在田，田的命脉在水，水的命脉在山，山的命脉在土，土的命脉在树。我国政府十分重视山水林田湖草生态修复工作。在国家重大决策部署决定的文件中，多次强调系统地开展山水林田湖草生态修复。

坚持山水林田湖草系统治理，构建以国家公园为主体的自然保护地体系。实施生物多样性保护重大工程。加强外来物种管控。强化河湖长制，加强大江大河和重要湖泊湿地生态保护治理，实施好长江十年禁渔。科学推进荒漠化、石漠化、水土流失综合治理，开展大规模国土绿化行动，推行林长制。推行草原、森林、河流、湖泊休养生息，加强黑土地保护，健全耕地休耕轮作制度。加强全球气候变暖对我国承受力脆弱地区影响的观测，完善自然保护地、生态保护红线监管制度，开展生态系统保护成效监测评估。

中国政府一直高度重视自然生态系统的保护与恢复。自 20 世纪 80 年代起，陆续开展了三北防护林体系建设、长江防护林体系建设等相关工作。进入 21 世纪，中国坚持新发展理念，统筹山水林田湖草一体化保护和恢复，针对各类生态退化和破坏问题，实施了天然林资源保护、退耕还林还草、石漠化综合治理、水土保持重点工程、山水林田湖草生态保护修复等一系列重大生态工程。通过工程的实施，改善和恢复了重点区域野生动植物生境条件，生态联通性显著增强，促进了生态系统质量的整体改善和生态系统服务供给能力的全面提升，在有效控制生态退化、保障区域生态安全方面取得了显著成效。

第四章
林业与生态文明

中国已开启生态文明建设新时代，生态文明已成为新时代的发展观，建设生态文明功在当代、利在千秋。与此同时，新时代生态文明建设赋予了林业前所未有的光辉使命，林业在推进生态文明建设中发挥着独特的主体地位作用，林业必须肩负起推进新时代生态文明建设的重大职责，进而为生态文明建设作出新贡献。发展现代林业是建设生态文明的主体和首要任务，因为现代林业是生态文明建设系统中的关键因素和主导要素，在生态文明建设中具有主体性、首要性、基础性、关键性和独特性作用。

一、现代林业概述

(一)现代林业及其内涵

(1)林业

林业是一项经营森林的事业，是重要的公益事业和基础产业(具有产业属性的社会公益事业)，承担着生态建设和林产品供给的重要任务。

(2)现代林业

现代林业是充分利用现代科学技术和手段，全社会广泛参与保护和培育森林资源，高效发挥森林的多种功能和多重价值，以满足人类日益增长的生态、经济和社会需求的林业。

(3)现代林业的基本内涵

以建设生态文明为目标，以可持续发展理论为指导，用多目标经营做大林业，用现代科学技术提升林业，用现代物质条件装备林业，用现代信息手段管理林业，用现代市场机制发展林业，用现代法律制度保障林业，用扩大对外开放拓展林业，用高素质新型务林人推进林业，努力提高林业科学化、机械化和信息化水平，提高林地产出率、资源利用率和劳动生产率，提高林业发展的质量、素质和效益，建设完善的林业生态体系、发达的林业产业体系和繁荣的生态文化体系。由此可见，现代林业的内涵和特征包括以下几个方面：①以可持续发展理论为指导；②以生态建设为重点，以高效发挥森林的多种功能和多重价值为目标；③以全社会广泛参与保护和培育森林资源为前提；④以充分利用现代科学技术为支撑；⑤以满足人类日益增长的生态、经济和社会需求为宗旨，以建立"和谐林业"为最高境界。

(二)现代林业的三大体系

加快我国林业发展,保障可持续发展战略的实施,实现社会生产力持续发展和提高人们的生活质量,就必须加速推进林业经营思想、传统技术等方面的转变,充分拓展和开发林业的三大功能,构建现代林业三大体系,提高林业生产力水平。

要按照生态良好、产业发达、文化繁荣、发展和谐的要求,着力构建林业三大体系,充分发挥森林的多种功能和综合效益。

1. 构建完善的生态体系

通过培育和发展森林资源,着力保护和建设好森林生态系统、荒漠化生态系统、湿地生态系统,充分发挥林业在农田生态系统、草原生态系统、城市生态系统循环发展中的基础作用,努力构建布局优化、结构合理、功能协调、效益显著的森林生态体系。使森林和湿地生态系统与其他生态系统共同营造和谐的生命支持系统,使林业生态体系在生物多样性保护、增加碳汇、减缓全球气候变暖中发挥重要作用,保证人与自然的和谐共存。

2. 构建发达的产业体系

遵循市场经济规律和林业发展规律,通过提高林业科学化、机械化和信息化水平,提高林地产出率、资源利用率和劳动生产率,努力构建品种丰富、规模可观、布局合理、优质高效、环境友好、竞争力强的林业产业体系。要以提高林地生产力为核心,以资源培育为基础,做大第一产业;以提高科技含量和附加值为核心,以信息化、机械化、高科技为手段,改造提升第二产业;以改造森林景观、提高文化品位为核心,以人性化、多样化为理念,做活第三产业。要积极培育林业龙头企业,推进林业产业化经营。在特色森林资源丰富的地区,培育一批林业特色产业集群和区域品牌。

3. 构建繁荣丰富的森林文化体系

通过加强森林文化基础设施建设,积极开发森林文化产业,努力构建主题突出、内容丰富、贴近生活、富有感染力的森林文化体系。加强生态文化基础建设,逐步抓好森林博物馆、森林标本馆、国家公园、自然保护区、森林公园、林业科技馆、城市园林等森林文化设施建设,保护好旅游风景林、古树名木和纪念林。开发森林文化产业,充分利用文化平台弘扬生态文明,通过文学、影视、戏剧、书画、美术、音乐等多种文化形式,普及生态和林业知识。

(三) 林业的地位与森林生态系统

1. 林业在国民经济中的地位与作用

(1) 林业在国民经济中的地位

林业是具有多种功能的产业,在经济建设、生态建设、文化建设和社会建设中具有重要地位,在实现经济社会科学发展中具有不可替代的独特作用,在全面建设小康社会进程中,发展林业已成为全党全国工作的战略重点。

2003 年,党中央、国务院作出了《关于加快林业发展的决定》,把林业发展提到了战略高度,提出以"确立以生态建设为主的林业可持续发展道路;建立以森林植被为主体的国土生态安全体系;建设山川秀美的生态文明社会"为核心的新时期林业发展战略指导思想。

2009 年 6 月,党中央、国务院召开林业工作会议,这是中华人民共和国成立以来第一次,也是我党历史上第一次召开的不同寻常、意义非凡、具有里程碑意义的林业工作会议。在这次会议上,温家宝同志对林业地位作出了"四个地位"的精辟概括:在贯彻可持续发展战略中,林业具有重要地位;在生态建设中,林业具有首要地位;在西部大开发中,林业具有基础地位;在应对气候变化中,林业具有特殊地位。回良玉同志提出了林业四大使命:实现科学发展,必须把发展林业作为重大举措;建设生态文明,必须把发展林业作为首要任务;应对气候变化,必须把发展林业作为战略选择;解决"三农"问题,必须把发展林业作为重要途径。这"四个地位"和"四大使命",是党中央深刻分析我国面临的新形势和全球面临的新挑战作出的科学判断,是我们党对林业发展和生态建设的最新认识成果,也是新形势下中央对林业工作提出的最新要求,为我国现代林业科学发展奠定了基调,确立了林业在国家建设大局中的位置,赋予了林业在我国经济社会发展战略全局中新的更加突出的历史使命。

(2) 林业在国民经济中的作用

我国已进入工业化、城镇化、市场化、国际化快速推进的发展阶段,中央为此作出了全面落实科学发展观、构建社会主义和谐社会、建设社会主义新农村、建设创新型国家、建设资源节约型和环境友好型社会、建设生态文明等一系列重大战略决策,将林业推上了一个前所未有的新高度,赋予林业一系列新的重大使命:林业作为生产生态产品的主体部门,要在维护国土生态安全、促进经济与生态协调发展方面发挥主体作用;作为实现人与自然和谐的关键和纽带,要在构建社会主义和谐社会中发挥重要作用;作为重要的基础产业,要在我国经济可持续发展和新农村建设中发挥重要作用；作为生态文化发展的源泉和主要阵地，要在现代文明、生态文明建设中发挥重要作用；作为国际政治热点领域，要在维护我国权益、配合外交工作、树立良好国际形象方面发挥重要作用。可以说，林业在国家建设全局中的地位越来越重要，作用越来越突出，任务越来越繁重，面临的发展机遇也是前所未有的。

2. 森林生态系统

（1）生态系统的概念与特性

①生态系统的概念　生态系统是指自然界中生物群落（包括植物、动物和微生物）与非生物环境间构成的能量转换与物质循环的功能系统。也可以说是生物与非生物之间相互作用并产生物质交换的任一自然界的地段。

②生态系统的类型　通常依据生境的不同，把地球上的生态系统分为水体生态系统和陆地生态系统两大类。

水体生态系统可根据水环境的物理、化学性质分为淡水生态系统和海洋生态系统。陆地生态系统，可根据所在地理位置及水、热等环境因素，按植被的优势类型，分为森林、草原、荒漠、高山、冻原、极地等生态系统。森林生态系统又可再分为热带林、亚热带林、温带林、寒温带林等生态系统，这些生态系统还可细分为更低级别的森林生态系统。

③生态系统的共同特性

生态系统内部具有自我调节能力：生态系统的结构越复杂、物种数目越多，自我调节能力也越强。例如，当森林中一种虫害大量发生时，它就会被天敌所控制。生态系统的稳定性靠许多因素维持，如生物种的多样性，它们之间的比例关系及相生相克作用，环境因子的相互影响等。但生态系统的自我调节能力是有一定限度的，如果外界干扰强度太大，超过了生态系统维持自身稳定性的能力，就会打破生态系统的平衡状态。

能量流动、物质循环和信息传递是生态系统的三大功能：生态系统的能量流动是单方向的；物质流动是循环式的；信息传递包括营养信息、物理信息和行为信息，构成信息网。生态系统是一个有生命的开放式功能系统，从外界不断输入光能、水分、养分元素和大气气体等，通过生态系统内的能流和物流把经过生物过程所制造的产品或多余的物质和能量释放回大气、土壤与水圈中。

生态系统的各成分之间相互联系、相互作用：一个完整的生态系统由初级生产者、消费者和分解者三种基本成分构成。各成分之间相互作用和联系形成生态系统的整体功能。

生态系统是随时间而变化的动态系统：任何一个生态系统都占据一定的空间或地段，并随时间的推移有其自身发育的生命周期和进化、演变的历史。生态系统的功能和生态过程随年龄、季节、昼夜和时刻发生不断变化。

（2）森林生态系统的概念

森林生态系统是森林生物群落与其环境在物质循环和能量转换过程中形成的功能系统。

（3）森林生态系统的特点

森林生态系统是以乔木树种为主体的生态系统，除具有一般生态系统的特点外，还有以下特点：

①森林生态系统是地球上陆地生态系统中最大的生态系统　它几乎占据陆地面积的1/3，单位面积生物量可达190～400吨/公顷，约为农田和草原植物群落的20～100倍。

②森林生态系统中各种生物种类成分极为复杂　除了各种乔木、灌木、草本、苔藓与地衣外，还生活着大量的动物及大量的微生物。据统计，地球上约有1000万个生物种，热带森林中就有200～400万种。因此，森林生态系统是一个物种基因库与物种多样性非常丰富的生物群落。森林具有多层次结构，通常具有乔木层、灌木层、草本层以及层外植物穿越各层次间，形成复杂的垂直和水平结构体系，为植物、动物与微生物等各类生物提供优越的生存生活环境，食物链网复杂多样，从而形成最为稳定的生态系统。乔木个体高大，寿命较长，占据时空优势，对生态环境的影响大，时间久远，产生的生态效益和经济效益也比其他生态系统强。

③森林生态系统对人类来说具有复杂而多样的效益　它不仅是为人们提供木材、多种林副产品和各种生物资源的基地，也是一种可供反复利用的清洁再生能源。同时，森林在涵养水源、保持水土、防风固沙、改良土壤、调节气候等方面发挥着巨大的生态效益，可减轻自然灾害，保障农牧业生产和人类生活安全。森林在维持自然界生态平衡中发挥特殊作用。

④森林具有点缀风景、美化环境、增进人们身心健康的社会公益效益　随着生产建设发展和科学技术进步，越来越多的人更加重视森林的生态效益和社会效益的发挥。因此在整个生物圈的物质循环、能量转换过程中，在维持自然界生态平衡过程中，森林具有特殊地位。此外，森林也是开展生态教育、科研、旅游和建立自然保护区的重要场所。

（4）森林生态系统的成分

任何一个生态系统都由非生物成分和生物成分两部分组成。非生物成分即自然环境综合体，包括太阳能、无机物质与有机物质、大气因子等。生命成分是指构成生物群落的全部生物，根据功能差异区分为生产者、消费者和还原者三大功能类群。

①生物成分　包括生产者、消费者和分解者。

生产者：除指能利用简单的无机物质制造食物的自养生物外，主要是各种绿色植物，也包括蓝绿藻和一些能进行光合作用的细菌。生产者有机体可以通过光合作用把水和二氧化碳等无机物合成碳水化合物、蛋白质和脂肪等有机化合物，并把太阳能转化为化学潜能，贮存在合成有机物的分子键中。植物的光合作用只有在阳光照射下于叶绿体中进行。绿色植物还需吸收氮、磷、钾、硫、镁等多种元素及无机物把碳水化合物合成蛋白质和脂肪等有机物。生产者通过光合作用不仅为本身的生存、生长和繁殖提供营养物质和能量，而且它所制造的有机物质也是消费者和分解者唯一的能量来源。因此，生产者是生态系统中最基本和最关键的生物成分。太阳能只有通过生产者的光合作用才能源源不断地输入生态系统，再被其他生物所利用。

消费者：指依靠活的动植物为食的动物。直接取食植物的动物称为植食动物或一级消费者，如蝗虫、兔、鹿、马等；以植食动物为食的动物叫肉食动物或二级消费者。消费者也包括既吃植物也吃动物的杂食动物，如有些鱼类吃水藻、水草，也吃水生无脊椎动物。消费者还包括食碎屑者与寄生生物。前者以死亡动植物残体为食，而后者则靠取食其他生物的组织、营养物和分泌物为生。

分解者：主要是细菌和真菌，也包括某些原生动物和蚯蚓、白蚁、秃鹫等大型腐食性动物。分解者把动植物死亡后的残体最终分解为比较简单的化合物及无机物，并把它们释放到环境中去，供生产者重新吸收和利用。如果生态系统中没有分解者，动植物遗体和残遗有机物很快堆积起来，影响物质的再循环过程，生态系统中的各种物质很快就会发生短缺并导致整个生态系统的瓦解和崩溃。

任何一个生态系统中，生产者、分解者与非生命物质是不可缺少的基本成分。而消费者是非基本成分，缺少它们不会影响生态系统的根本性质。

②非生物成分　包括所有物理化学因子、无机物质、有机物质等。

所有物理化学因子：包括太阳辐射能、温度、湿度、风和雨雪等。

无机物质：包括物质循环中的各种无机物，如氧、氮、二氧化碳、水和各种无机盐等。

有机物质：包括蛋白质、糖类、脂类和腐殖质等。

(5)森林生态系统的结构

森林生态系统的结构包括形态结构和营养结构两类。形态结构主要是指生态系统中生物种类、种群数量、种的时空配量和种的时间变化等。营养结构是指森林生态系统中的生物成分与非生物成分，通过食物链紧密地结合起来，构成了以生产者、消费者、分解者为中心的三大功能类群。营养结构是任何一种生态系统中进行能量转换与物质循环的基础，是生态系统更为重要的结构特征。

①食物链　植物所固定的能量通过一系列的取食和被取食关系在生态系统中传播。我们把生物之间存在的这种营养传递关系称为食物链。一般食物链都由4~5个环节构成，如鹰捕蛇、蛇吃小鸟、小鸟捉昆虫，昆虫吃草。最简单的食物链由3个环节构成，如草—兔—狐狸。

②食物网　在自然界中各种生物间依赖关系并不都是简单的直线关系，很少有一个物种完全依赖另一个物种而生活，尤其在食物链的开端。如枝叶常为多种昆虫或动物取食，而且某种动物食性也往往是多样的，所以食物链在自然生态系统中总是相互衔接、连环相扣，构成极为复杂的网络关系，这样的网络叫食物网。

③营养级　一个营养级是指处于食物链某一环节上的所有生物种的总和。因此，营养级之间的关系是指一类生物和处在不同营养层次上另一类生物之间的关系。例如，作为生产者的绿色植物和所有自养生物都位于食物链的起点，即食物链的第一环节，它们构成了第一个营养级。所有以绿色植物为食的动物属于第二营养级，即食植动物营养级。以食植动物为食物的肉食动物属于第三营养级。营养级的数目一般限于3~5个。营养级的位置越高，归属于这个营养级的生物种类和数量就越少，当少到一定程度的时候，便不可能再维持另一个营养级中生物的生存了。有很多动物可以同时在几个营养级取食或随季节的变化而改变食性，例如，螳螂既捕食植食性昆虫又捕食肉食性昆虫；野鸭既吃水草又吃螺虾。通常根据动物的主要食性决定它们的营养级(图4-1)。

(6)森林生态系统的功能

①森林生态系统的能量流动

概念：能量流动简称能流，是生态系统最基本的功能。在生态系统中，来自太阳的光能被绿色植物的光合作用纳入食物链后，逐级传递给第一级消费者和第二、第三级消费者，从而构成生态系统的能量流动。

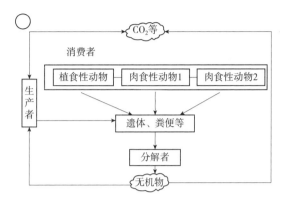

图 4-1　生态系统的结构模型

特点：

● 没有绿色植物的光合作用就不能有生态系统的能量流动。因为食物链中其他各级消费者、分解者不能直接利用光能，只能利用贮存于绿色植物的有机分子的化学能。

● 生态系统的能量流动是不可逆的、单方向的、开放的。进入系统中的能量（贮存于有机分子的化学能），在食物链上只能是由低营养级向高营养级传递，并不断地转化为热量散逸到环境中。

● 生态系统中的能量流动是一个不断消耗的过程。能量在生态系统中的流动，很大部分被各营养级的生物利用，通过呼吸以热量的形式散失，只有一部分用于合成新的组织或作为势能储存起来。

● 生态系统中能量流动是逐级递减的。进入生态系统的太阳能被生产者（绿色植物）固定，沿着食物链流动，能量逐级递减。

规律：能量流动符合热力学第一定律和第二定律。

● 热力学第一定律：即能量守恒定律。生态系统中的能量流动和转化严格遵守热力学第一定律，生产者通过光合作用所增加的能量与太阳辐射中减少的能量是相等的，只是输入生态系统后由辐射能转化为化学能，储存在植物体内，并释放热能到空中，之后再经动物、微生物转化为机械能和热能。并且在生态系统中营养级上的能量传递，前一级的总能量中的部分能量被下一级所同化，其余为呼吸所消耗，下一级所同化的能量和呼吸消耗的能量总和必然与从前一级输入的总能量相等。

● 热力学第二定律：即能量分散定律。指能量总是由集中的形式，逐渐变为分散的形式，最终以热能分散为均态。对于生态系统来说，能量从输入逐级流通直到输出，数量逐级锐减，能量流越来越细，直到以废热全部散失为止。因此能量的分配按前进的方向进行，是单程流，是不可逆的，它只是一次性地流过生态系统，不进行循环，绿色植物所获得的太阳能决不能返回到太阳中去，草食动物所获得的能量绝不能再返回给绿色植物。由此看来，生态系统是一个能量开放系统，要维持生态系统功能的正常进行，就必须不断向系统输入能量。

● 百分之十定律：在生态系统中，由绿色植物固定的光能逐级转换，由集中到分散，由高能向低能传递。森林生态系统中植物固定的能量以10%的比率传给食植动物，食植动物又以自身能量的10%转移给食肉动物，依次类推，能量便在生态系统营养级中一级一级往下传递，生态学家称这一事实为"百分之十定律"。

● 生态金字塔：是反映食物链中营养级之间生物数量、生物量及能量比例关系的一个图解形式。以生物组织的干重表示每一个营养级中生物的总重量所构成的生态金字塔称为生物量金字塔。通常从低营养级到高营养级，生物的生物量逐渐减少，因而生物量金字塔图形呈下宽上窄的锥形体。如一块荒地中，植物的生物量为500克/平方米，植食动物生物量1克/平方米，肉食动物的生物量只有0.01克/平方米。以每一个营养级中生物个体数量多少构成的生态金字塔称为数量金字塔。通常在食物链的始端生物个体数量最多，在沿着食物链往后的各个环节上生物个体数量逐渐减少，位于食物链顶位的肉食动物数量就会变得极少。能量金字塔是利用各营养级所固定的总能量值的多少来构成的生态金字塔。不同的营养级在单位时间单位面积上所固定的能量值存在着巨大差异。能量随着从一个营养级到另一个营养级的流动而逐渐减少。因此，能量金字塔不会出现倒锥形。

②森林生态系统的物质循环　生态系统所需的物质，最初来源于环境。当这些物质进入生态系统后，就在系统内部各功能单位或组分间进行传递，最后仍归还给环境。生态系统与环境间的这一物质反复传递过程，称为物质循环。有机物质被还原者分解为无机物质，释放到大气、土壤、水中，又被植物吸收利用，再进行循环(图4-2)。

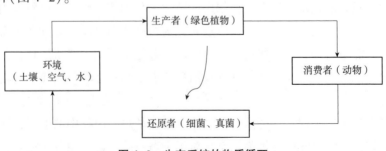

图4-2　生态系统的物质循环

物质循环分生物循环和地球物理化学循环两大类。生物循环是生态系统内部通过草牧链与腐屑链在生物与周围环境间(主要是植物群落和土壤间)形成的基本上为封闭式的小循环。其特点是在一个具体的范围内进行,以生物(植物)为主体,流速快,周期短。地球物理化学循环是在生物圈内进行的大循环,指的是生态系统与外界之间,物质伴随降水输入生态系统内并随着降水排出生态系统外,或者以气态存在于大气,通过生物作用进入生态系统,以后又返回大气。或者通过岩石的风化作用和沉积物本身的分解而转变成生态系统可利用的营养物质,以后又沉积为新的岩石。其特点是范围大、周期长、影响面广。

地球物理化学循环与生物循环关系非常密切,它们不仅在物质上存在交换,而且生物循环是地球物理化学循环过程中的一个重要环节。地球上只有生物圈这个最大的生态系统是封闭的,其他任何具体地域的生态系统,一般都与外界存在着输入和输出的关系。

生物循环:主要在森林生态系统内部林木与土壤间进行的周期性营养元素循环,包括吸收、存留和归还三个过程:

●吸收:指林木和其他森林植物通过根系吸收的养分,其量等于留存和归还两个过程中营养元素变化量的总和。此值因树种组成和立地条件不同而有很大的差异,一般认为,阔叶树对氮和矿物元素的需要量大于针叶树,而针叶树中尤以松树对氮和其他矿物元素的需要量为最小。

●存留:是指每年增长的生物量中的养分。森林中各种养分的大部分会存留于矿质土壤中,氮、磷与其他养分比较更明显。在林木中钾的存留量较其他矿质元素的比例均高,其次是钙和氮的存留量。死地被物层是直接由落叶及其分解的腐殖质所形成的,成为可给态养分集中的地方。

●归还:指森林凋落物含有的营养成分以及雨水淋洗元素和根部分泌物等。

生物地球化学循环:森林生态系统营养元素的循环,除了系统内部的生物循环外,还有外界养分的输入和系统本身养分的损失(输出),从而参与生物圈内更大范围的生物地球化学循环。这些循环包括养分元素的输入和输出,主要来自气象、地质和生物三方面的作用。

●从外部向森林的输入:

——由降水引起的矿物质输入。雨水是向森林输入矿物质的媒介。据日本的研究,由于林外雨而带进林内的养分量,每年每公顷平均值为:氮 3.5~6.7 千克,磷 0.04~0.73 千克,钾 2.4~7.7 千克,钙 8.8~10.8 千克,镁 1.1~1.3 千克。在森林被采伐后或者在第二代人工林尚未郁闭的林地上,这些养分可以看作是和降雨一起直接提供给林地的。降落到森林上的雨，要接触林冠和树干而达到地面，所以，林内雨和树干茎流的养分量要比林外雨大。这些养分量是由两部分合计组成的，一部分是纯天然降雨的外部输入，另一部分是从林地吸收并存在于树冠枝叶中的养分因降雨而被淋溶的部分。林内雨和树干茎流供给林地的养分大部分是可给态的，因此，其比枯枝落叶供给的养分更为快速有效。

——由固氮菌引起的输入。一般森林土壤酸性较强，具有固氮作用的好气细菌分布少，而嫌气的固氮梭菌分布较多。另外，由根瘤菌引起的共生氮素固定在森林中有重要的意义。但是，对这些固氮菌的氮素固定量目前还缺乏精确的统计，据报道，赤杨属根瘤菌每年固定的氮素为 50~100 千克/公顷。

• 森林向外部的输出：

——以水为介质的输出。由雨水及死地被物所供给林地的养分，其中一部分被固定在土壤中，另一部分则包含在地表径流和水流中而输出。当然，森林土壤对盐类有吸附作用，并非所给的一切盐类全部流失掉。

——以土壤粒子为介质的输出。生长在斜坡地上的森林，在降雨尤其是降暴雨时，表层土壤常出现流失移动现象，即属于所谓的土壤表层侵蚀。由于林地地形复杂，凸地上由于土壤粒子的移动引起的养分流失量大，凹地则集聚着由上部流失下来的养分的一部分，而在平缓坡地上，则从上部移动来的与向下移动的土壤粒子基本上成平衡状态。

全球性的生物地球化学循环可分成三种类型，即水循环、气体循环和沉积循环。水是自然的驱使者。没有水的循环就没有生物地球化学循环；气体循环以氧、碳、氮循环为代表，物质的主要存储库是大气和海洋，通过本循环紧密地把大气和海洋连接起来；沉积循环以磷、硫循环为代表，存储库主要是岩石圈和土壤圈。任何生态系统的生物循环不可能始终在系统内封闭周转，必然受更大范围的生物地球化学循环规律制约。

③森林生态系统反馈调节与生态平衡

调节：自然界生态系统常常趋向于达到二种稳定或平衡状态，使系统内所有成分彼此相互协调，这种平衡状态是靠生态系统的自我调节过程来实现的。

生态系统的另一个普遍特性是存在着反馈现象。什么是反馈？当生态系统中某一成分发生变化的时候，它必然会引起其他成分出现一系列的相应变化，这些变化最终又反过来影响最初发生变化的那种成分，这个过程就叫反馈。反馈有两种类型，即负反馈和正反馈。

负反馈是比较常见的一种反馈，它的作用是能够使生态系统达到和保持平衡或稳态，反馈的结果是抑制和减弱最初发生变化的那种成分所发生的变化。例如，如果草原上的食草动物因为迁入而增加，植物就会因为受到过度啃食而减少，植物数量减少以后，反过来就会抑制动物数量。

另一种反馈称正反馈，正反馈是比较少见的，它的作用刚好与负反馈相反，即生态系统中某一成分的变化所引起的其他一系列变化，不是抑制而是加速最初发生变化的成分所发生的变化，因此正反馈的作用常常使生态系统远离平衡状态或稳态。在自然生态系统中正反馈的实例不多，下面我们举出一个加以说明：如果一个湖泊受到了污染，鱼类的数量就会因为死亡而减少，鱼体死亡腐烂后又会进一步加重污染并引起更多鱼类死亡。因此，由于正反馈的作用，污染会越来越重，鱼类死亡速度也会越来越快。从这个例子中我们可以看出，正反馈往往具有极大的破坏作用，但是它常常是爆发性的，所经历的时间也很短。

从长远看，生态系统中的负反馈和自我调节将起主要作用。

生态平衡：生态平衡是指生态系统通过发展和调节所达到的一种稳定状况，它包括结构上的稳定、功能上的稳定和能量输入输出上的稳定。生态平衡是一种动态平衡，因为能量流动和物质循环总在不间断地进行，生物个体也在不断地进行更新。正如前文所述，生态系统是由生产者、消费者和分解者三大功能类群以及非生物成分所组成的一个功能系统，一方面生产者通过光合作用不断地把太阳辐射能和无机物质转化为有机物质；另一方面消费者又通过摄食、消化和呼吸把一部分有机物质消耗掉，而分解者则把动植物死后的残体分解和转化为无机物质归还给环境供生产者重新利用。可见能量和物质每时每刻都在生产者、消费者和分解者之间进行移动和转化。在自然条件下，生态系统总是朝着种类多样化、结构复杂化和功能完善化的方向发展，直到使生态系统达到成熟的最稳定状态为止。

当生态系统达到动态平衡的最稳定状态时，它能够自我调节和维持自然的正常功能，并能在很大程度上克服和消除外来的干扰，保持自身的稳定性。有人把生态系统比喻为弹簧，它能忍受一定的外来压力，压力一旦解除就又恢复原初的稳定状态，这实质上就是生态系统的反馈调节。但是，生态系统的这种自我调节功能是有一定限度的，当外来干扰因素如火山爆发、地震、泥石流、雷击火烧、人类修建大型工程、排放有毒物质、喷撒大量农药、人为引入或消灭某些生物等超过一定限度的时候，生态系统自然调节功能本身就会受到损害，从而引起生态失调，甚至导致发生生态危机。生态危机是指由于人类盲目活动而导致局部地区甚至整个生物圈结构和功能的失衡，从而威胁到人类的生存。生态平衡失调的初期往往不容易被人们觉察，一旦发展到出现生态危机就很难在短期内恢复平衡。为了正确处理人和自然的关系，我们必须认识到整个人类赖以生存的自然界和生物圈是一个高度复杂的具有自我调节功能的生态系统，保持这个生态系统结构和功能的稳定是人类生存和发展的基础。因此，人类的活动除了要讲究经济效益和社会效益外，还必须特别注意生态效益和生态后果，以便在改造自然的同时能基本保持生物圈的稳定与平衡。

(四) 现代林业在生态文明建设中的职责

1. 保护自然生态系统

林业不仅肩负着保护森林生态系统和恢复湿地生态系统的使命，还担任着保护和拯救生物多样性、改善和治理荒漠生态系统的职责。森林、湿地、荒漠和草原分别被誉为"地球之肺""地球之肾""地球的癌症"和"地球的免疫系统"，它们是陆地生态系统中最重要的四个子系统，其中发挥着主导和决定性作用的为森林和湿地生态系统。经科学研究表明，70%以上的森林和湿地参与了地球化学循环过程，对生物界与非生物界之间的物质和能量交换发挥了重要作用，并维护了生态系统的平衡。因此，林业不论在当前还是在未来，都将是一项调节人与自然关系的重要途径。

党的十九大报告指出，"人与自然是生命共同体，人类必须尊重自然、顺应自然、保护自然"。要加大自然生态系统保护力度。生态文明的核心是人对自然的文明。保护自然生态系统，就是保护生态文明的本源基础。林业承担着保护和建设森林生态系统、保护和恢复湿地生态系统、治理和改善荒漠生态系统、维护和发展生物多样性的重要职责，肩负着保护自然生态系统的重大任务。

2. 重要生态系统保护和修复重大工程

当前人类共同面临的严峻挑战和建设生态文明需要着力解决的重大问题是如何应对气候变化。其中森林生态系统不仅是陆地上最大的储碳库，同时也是最经济的吸碳器。科学研究表明，森林在光合作用下，每生长 11 吨蓄积，就能将 1.83 吨的二氧化碳吸收，同时释放 1.62 吨的氧气。当前约有 2.48 万亿吨碳储存于全球陆地生态系统中，其中在森林生态系统中就有 1.15 万亿吨。只有减少二氧化碳等温室气体的排放才能维护全球气候安全。森林碳汇减排与工业减排相比，不仅投资少、代价低，且综合效益大，因此，其成为世界各国的基本共识和共同选择，还被列为"巴厘路线图"的一项重要内容（2007 年 12 月，在印度尼西亚巴厘岛举行的联合国气候变化大会通过了"巴厘路线图",为应对气候变化谈判的关键议题确立了明确议程)。

党的十九大报告提出:要实施重要生态系统保护和修复重大工程,优化生态安全屏障体系,构建生态廊道和生物多样性保护网络,提升生态系统质量和稳定性。这是党中央主要针对林业建设作出的具体部署,也是一直以来林业建设的重点。2020 年 6 月国家发展和改革委员会、自然资源部联合印发了《全国重要生态系统保护和修复重大工程总体规划(2021—2035 年)》的通知(发改农经〔2020〕837 号)(以下简称《规划》)。《规划》围绕全面提升国家生态安全屏障质量、促进生态系统良性循环和永续利用的总目标,以统筹山水林田湖草一体化保护和修复为主线,提出了"坚持保护优先、自然恢复为主,坚持统筹兼顾、突出重点难点,坚持科学治理、推进综合施策,坚持改革创新、完善建管机制"等基本原则,明确了未来十五年全国生态保护和修复的主要目标,对全国重要生态系统保护和修复重大工程建设作了总体设计。《规划》在对原有工程统筹的基础上,提出了青藏高原生态屏障区生态保护和修复重大工程等九大工程 47 项具体任务。

3. 构建生态安全格局

党的十八大报告提出:要加快实施主体功能区战略,推动各地区严格按照主体功能定位发展,构建科学合理的生态安全格局。国家主体功能区战略明确要求,要加快构建以青藏高原生态屏障、黄土高原——川滇生态屏障和东北森林带、北方防沙带、南方丘陵山地带"两屏三带"为主体的生态安全战略格局。

4. 促进绿色发展

林业是重要的绿色经济体,承担着促进绿色发展的重大职责。党的十八大强调要着力推进绿色发展、循环发展、低碳发展,形成节约资源和保护环境的空间格局、产业结构、生产方式、生活方式。党的十九大强调要加快建立绿色生产和消费的法律制度和政策导向,建立健全绿色低碳循环发展的经济体系。构建市场导向的绿色技术创新体系,发展绿色金融,壮大节能环保产业、清洁生产产业、清洁能源产业。绿色发展的特征是低消耗、低排放、可循环,重点是形成有利于生态安全、绿色增长的产业结构。林业既是改善生态的公益事业,又是改善民生的基础产业;既是增加森林碳汇、应对气候变化的战略支撑,又是规模最大的绿色产业和循环经济体;既是增加农民收入的潜力所在,又是拉动内需的主战场。依托林业发展绿色经济、实现绿色增长,是建设生态文明的重要内容。

5. 建设美丽中国

林业是自然美、生态美的核心,承担着建设美丽中国的重大职责。林业是自然资源、生态景观、生物多样的集大成者，拥有大自然中最美的色调，是美丽中国的核心元素。"无山不绿，有水皆清，四时花香，万壑鸟鸣，替河山装成锦绣，把国土绘成丹青"，一直是中国林业人的不懈追求和光荣使命。九寨沟、张家界、武夷山、西双版纳等都因森林、湿地而美，因森林、湿地而秀。

生态文明建设破除了科学发展的瓶颈制约。发达的林业、良好的生态，是国家文明、社会进步的重要标志。但目前我国的森林覆盖率仅为22.96%，不足世界平均水平的70%，沙化土地面积超过国土面积的1/5，水土流失面积超过国土面积的1/3。由此带来的生态环境恶劣、生态承载能力不高等问题，已经成为经济社会科学发展和全面建成小康社会所面临的现实问题。推进生态文明建设，是解决这些难题的总开关和总钥匙，彰显了我们党推动科学发展的坚强决心。林业是生态文明建设的关键领域和主要阵地，党的十九大提出着力解决突出环境问题，是对人民群众生态诉求日益增长的积极回应。林业承担着保护森林、湿地、荒漠三大生态系统和维护生物多样性的重要职责，是生态文明建设的关键领域，是生态产品生产的主要阵地，是美丽中国构建的核心元素。

6. 维护全球生态安全

党的十八大报告不仅对我国生态文明建设提出了新的要求，而且明确提出要"为全球生态安全作出贡献"。党的十九大报告指出："建设生态文明是中华民族永续发展的千年大计，必须树立和践行绿水青山就是金山银山的理念；坚定走生产发展、生活富裕、生态良好的文明发展道路，建设美丽中国，为人民创造良好生产生活环境，为全球生态安全作出贡献。"经过长期不懈的努力，在世界森林资源总体下降的情况下，在经济持续高速增长对生态的巨大压力下，我国实现了森林面积和森林蓄积量双增长，成为森林资源增长最快的国家，成为世界防沙治沙和湿地保护的成功典范，受到国际社会的高度赞誉。

二、自然保护地体系建设

自然保护地是我国实施保护战略的基础，是生态建设的核心载体，中华民族的宝贵财富，美丽中国的重要象征，在维护国家生态安全中居于首要地位。我国经过70年的努力，已建立数量众多、类型丰富、功能多样的各级各类自然保护地，在保护生物多样性、保存自然遗产、改善生态环境质量和维护国家生态安全方面发挥了重要作用。党的十八大以来，以习近平同志为核心的党中央空前重视生态文明，把生态文明建设纳入中国特色社会主义事业"五位一体"的总体布局，提出国家公园全民公益性建设理念，开展国家公园管理体制改革试点，鼓励社会公益组织参与自然保护地的建设与管理。党的十九大明确提出，构建国土空间开发保护制度，完善主体功能区配套政策，建立以国家公园为主体的自然保护地体系。党的十九大以来国家行政管理体制的改革客观上也为加快自然保护地体系的建设提供了外部条件。

在这一改革背景下，中国自然保护地体系的建设在实践中得以较快地推进。自2015年12月中央深改组审议通过《中国三江源国家公园体制试点方案》，到目前中国已有10个国家公园体制试点方案陆续获批。2017年9月，《建立国家公园体制总体方案》出台，为建立中国特色国家公园体制，完善分类科学、保护有力的自然保护地体系提供了明确的行动方案。2018年3月，按照中共中央《深化党和国家机构改革方案》，国家公园管理局正式组建成立。2019年6月，中共中央办公厅、国务院办公厅印发《关于建立以国家公园为主体的自然保护地体系的指导意见》，进一步明确了这一保护体系建设的总体目标和阶段性任务。目前，涉及中国12个省份的10个国家公园体制试点正按总体规划有序推进，并重点围绕"成立统一管理机构""建立自然资源产权体系""生态保护补偿制度"等方面开展了管理体制的探索。

我国提出建立以国家公园为主体的自然保护地体系这一生态文明建设的重大举措，将多措并举加强我国自然保护和自然保护地建设，逐步形成有中国特色的自然保护模式，为全球实现绿色发展和生态文明提供中国方案。

（一）自然保护地

1. 自然保护地的概念

自然保护地是指各级政府依法划定或确认，对重要的自然生态系统、自然遗迹、自然景观及其所承载的自然资源、生态功能和文化价值，实施长期保护的陆域和海域。我国新型自然保护地体系具有三个核心理念：一是保护自然。自然保护地主要功能包括：守护自然生态，保育自然资源；保护生物多样性、地质地貌多样性和景观多样性；维持自然生态系统健康稳定；提高生态系统服务功能。自然保护地要将具有特殊和重要意义的自然生态系统、自然历史遗迹和自然景观的保护放在首位，把最应该保护的地方保护起来。二是服务人民。保护自然的根本目的是为人类社会高质量发展服务。人类生存需要依赖自然资源，良好的生态资源，可为社会提供最公平的公共产品和最普惠的民生福祉。正确处理自然保护与经济社会发展的关系，坚持生态惠民、生态利民、生态为民，让绿水青山充分发挥经济社会效益。三是永续发展。在漫长的社会经济发展历程中，中华民族用自己的智慧和创造力保存了丰富而珍贵的自然文化遗产，"道法自然""天人合一"等生态观念对中华文明产生了极为深刻的影响。面对资源约束趋紧、环境污染严重、生态系统退化的严峻形势，必须树立尊重自然、顺应自然、保护自然的生态文明理念，维持人与自然长期和谐共生并永续发展。由此可见，建立自然保护地的主要目的是：守护自然生态，保育自然资源，保护生物多样性与地质地貌景观多样性，维护自然生态系统健康稳定，提高生态系统服务功能；具有服务社会，为人民提供优质生态产品，为全社会提供科研、教育、体验、游憩等公共服务功能；维持人与自然和谐共生并永续发展。

2. 自然保护地的类型与空间分布

（1）自然保护地的类型

自 1872 年世界第一个保护区——美国的黄石公园建立，距今已有 140 多年的历史，现在自然保护区已被各国政府和人民所关注，保护自然，保护环境，也已成为我们国家和人们的共识。国家建立自然保护区，是在众多的自然遗产中选择具有代表性的区域，把它人为地严格保护起来，让子孙后代永远享用这些自然遗产，为人类社会发展作出贡献。

我国自 1956 年首次在广东设立鼎湖山自然保护区以来，历经 70 年的发展，取得了巨大成就。建立了自然保护区、风景名胜区、地质公园、森林公园、湿地公园、沙漠公园等数量众多、类型丰富、功能多样的各类自然保护地。截至 2017 年年底，我国各类自然保护地的总数 11 683 处（表 4-1），其中国家级 3922 处，各类陆域自然保护地总面积约占陆地国土面积的 18%，已超过世界 14% 的平均水平。其中自然保护区面积约占陆地国土面积的 14.8%，占所有自然保护地总面积的 80% 以上；风景名胜区和森林公园约占 3.8%。我国已成为全世界自然保护区面积最大的国家之一，基本形成了以自然保护区为主体、各类自然公园为补充的自然保护地体系，在保存自然本底、保护生物多样性、维护生态系统稳定、改善生态环境质量和保障国家生态安全等方面发挥了重要作用。

自然保护地是我国实施保护战略的基础，是建设生态文明的核心载体、美丽中国的重要象征。但由于缺乏统一规划，各类自然保护地分属自然资源部、住房和城乡建设部、农业农村部、水利部等部门建设和管理。有的自然保护地同时挂着自然保护区、森林公园、风景名胜、湿地公园等多块牌子。在同一块自然保护地内设立不同类型的保护地，空间交叉重叠、保护对象重复、保护目标混乱、管

表 4-1 我国自然保护地类型

类型	数量(处)	国家级数量(处)	主管部门
自然保护区	2740	446	自然资源部、农业农村部、生态环境、水利部等
风景名胜区	962	244	住房和城乡建设部
森林公园	3505	826	国家林业和草原局
地质公园	241	241	自然资源部
水产种质资源保护区	487	487	农业农村部
湿地公园	979	705	国家林业和草原局
海洋公园	30	30	自然资源部
海洋特别保护区	26	26	自然资源部
沙漠土地封禁保护区	61	61	国家林业和草原局
沙漠公园	55	55	国家林业和草原局
矿山公园	72	72	自然资源部
水利风景区	2500	719	水利部
国家公园试点	25	10	相关部委、省级人民政府

注：此外，我国还建立了 7000 多处旅游景区(含 5A 景区 213 处)。

理各自为政、利益冲突不断；完整的生态系统被行政分割，碎片化现象突出。自然资源所有者缺位，产权不明晰，所有者的权益无法得到充分的保障，保护与利用难以协调，过度开发和盲目建设造成"公地悲剧"。

2013 年 11 月，中共中央《关于全面深化改革若干重大问题的决定》明确提出建立国家公园体制；2015 年 5 月，国家发展和改革委员会协同 13 个部门联合印发《建立国家公园体制试点方案》；2017 年 9 月，中共中央办公厅、国务院办公厅印发《建立国家公园体制总体方案》，提出构建以国家公园为代表的自然保护地体系。2017 年 12 月，党的十九大报告明确提出建立以国家公园为主体的自然保护地体系。由此可见，我国建立国家公园体制是在已经建立多种类型保护地又存在许多问题的背景下提出的。这一重大举措将对中国自然保护领域带来一场深刻的历史变革，对于促进人与自然和谐共生、推进美丽中国建设具有极其重要的意义。其主要目的是推动科学设置各类自然保护地，建立自然生态系统保护的新体制、新机制、新模式，建设健康、稳定、高效的自然生态系统，为维护国家生态安全和实现经济社会可持续发展筑牢基石，为建设富强、民主、文明、和谐、美丽的社会主义现代化强国奠定生态根基。

在中共中央办公厅、国务院办公厅印发实施的《关于建立以国家公园为主体的自然保护地体系的指导意见》中，明确提出要科学划定自然保护地类型，将自然保护地按生态价值和保护强度高低依次分为国家公园、自然保护区、自然公园三类；同时制定自然保护地分类划定标准，对现有的自然保护区、风景名胜区、地质公园等各类自然保护地开展综合评价，逐步形成以国家公园为主体、自然保护区为基础、各类自然公园为补充的自然保护地分类系统。

（2）自然保护地体系的空间分布

从空间分布上来看，全国 31 个省（自治区、直辖市）都拥有自然保护地，但呈现出不均衡分布的特征。保护地数量最多的是山东、湖南和黑龙江，分别有240、206 和 189 个，最少的是天津，仅有 9 个，平均每个省份拥有自然保护地110 个。全国自然保护地平均密度为 3.55 个/万平方千米，密度最高的是北京，达到 27.38 个/万平方千米，其次是上海（19.04 个/万平方千米）和山东（15.27个/万平方千米）；最低的是西藏，只有 0.36 个/万平方千米。

自然保护地在空间上呈集聚分布，热点区分布在 100°E 以东的黄河中下游和长江中下游地区。自然保护地分布趋向于地势比较平坦、气候温暖宜人、水资源丰富、阔叶林为主的平原和低山地区，在各文化分区内的分布相对比较均匀。

3. 自然保护地的分类体系

在自然保护地体系不断发展完善过程中，不同的国际机构组织针对自然保护地分类先后提出不同的方案。其中，被世界各国认可、应用最广泛的是世界自然保护联盟（IUCN）的自然保护地分类体系。IUCN 制定的保护地类型标准涵盖了各国保护地的基本类型，旨在减少由于描述自然保护地的名词过多而引起的困惑；为全球、区域以及不同国家之间的保护地工作对比提供统一的国际标准，促进参与自然保护工作的人们之间的交流与理解；根据保护地管理目标的不同可以制定相应的管理方法和措施。

IUCN 将全球纷繁复杂的自然保护地类型浓缩简化为六类（表 4-2）：第 I 类包括严格的自然保护地（I_a 类）和荒野保护地（I_b 类）两个分类，目的是严格的自然保护；第 II 类是国家公园，目的是生态系统保育和保护；第 III 类是自然历史遗迹或地貌，目的是自然特征保护；第 IV 类是栖息地/物种管理区，目的是通过积极管理进行保育；第 V 类是陆地景观/海洋景观保护地，目的是陆地/海洋景观的保育和游憩；第 VI 类是自然资源可持续利用自然保护地，目的是自然资源的可持续利用。这是一个实用的分类方法，但鉴于原有自然保护地类型在分类指南出台之前就已经存在，同样的名称在各国有截然不同的管理目标，以处于第二类的

"国家公园"为例，各国冠以"国家公园"名称的自然保护地在以上六类中均有分布。现实中，这个分类标准难以作为管理工具在中国套用，必须另辟蹊径。按照自然生态系统原真性、整体性、系统性及其内在规律，我国依据管理目标与效能并借鉴国际经验重新构建自然保护地分类系统，将自然保护地分为国家公园、自然保护区、自然公园三类，其中国家公园处于第一类。把现有的森林公园、湿地公园、地质公园等归入自然公园类。相比之下，中国特色的自然保护地分类既兼顾了历史，又吸收了国际有益经验，更加简洁明了，易于操作，在国际上独树一帜，符合中国国情。

表 4-2　IUCN 自然保护地分类体系

类型	名称	定义	首要管理目标
I_a	严格的自然保护地	是指受到严格保护的区域，旨在保护生物多样性，并可能涵盖地质和地貌保护。在这些区域，人类活动、资源利用受到严格控制，以确保其保护价值不受影响。同时对于科学研究和监测有着重要的参考价值	保护具有区域、国家或全球重要意义的生态系统、物种（单一物种或物种集群）和/或地质多样性特征；这些属性的形成与人类活动无关或者关系不大，但可能会因为轻微的人为影响而发生退化或遭到破坏
I_b	荒野保护地	通常是指绝大部分保留其自然原貌或仅有微小变化的区域，依然保存其自然特征和影响，且没有永久性或者明显的人类居住痕迹。对其保护和管理是为了保持其自然原貌	保护自然区域的长期生态完整性，这些区域未受人类活动的明显影响，没有现代基础设施建设，且自然力量和过程占主导地位，从而使现代人和未来世代人能够有机会体验这些荒野地区
II	国家公园	是指大面积的自然或近自然的区域，旨在保护大尺度的生态过程，以及相关的物种和生态系统特性。这些区域为开展环境和文化兼容的精神享受、科研、教育、游憩和参观提供机会和场所	保护自然生物多样性及其支撑的生态结构和生态过程，推动环境教育和游憩
III	自然历史遗迹或地貌	是指为保护特殊自然历史遗迹所特设的区域，可能是地形地貌、海山、海底洞穴，也可能是洞穴甚至是古老的小树林等地质形态。这些区域通常面积较小，但通常具有较高的参考价估	保护特别杰出的自然特征和相关生物多样性及栖息地

（续）

类型	名称	定义	首要管理目标
IV	栖息地/物种管理区	主要用来保护特定物种及其栖息地，这一优先性体现在管理工作中。需要定期、积极的干预措施，以满足特定物种或栖息地保护的需要（不是必须满足的条件）	维持、保护和恢复物种种群和栖息地
V	陆地景观/海洋景观保护地	是指人类和自然长期相互作用而产生鲜明特点的区域，具有重要的生态、物种、文化和景观价值。全面保护人与自然的和谐关系，对于保护和维持该区域的自然保护价值及其与人互动产生的其他价值都至关重要	保护和维持重要的陆地景观/海洋景观和相关的自然保护价值，以及人通过传统管理方式与其互动产生的其他价值
VI	自然资源可持续利用自然保护地	是指为了保护生态系统和栖息地、文化价值和传统自然资源管理系统的区域。通常面积较大，且大部分区域处于自然状态，其中一些区域处于对可持续自然资源的管理利用之中，其主要目标是确保对自然资源的低水平非工业用途的利用与自然保护相互兼容	保护自然生态系统，实现自然资源的可持续利用，实现保护和可持续利用的双赢目标

（二）国家公园

1. 建立以国家公园为主体的自然保护地体系的意义

（1）突出国家公园的主体地位

国家公园的主体地位体现在维护国家生态安全关键区域中的首要地位，保护最珍贵、最重要生物多样性集中分布区中的主导地位以及保护价值和生态功能在全国自然保护地体系中的主体地位。也就是说，国家公园是我国自然生态系统中最重要、自然景观最独特、自然遗产最精华、生物多样性最富集的部分，保护范围大，生态过程完整，具有全球价值、国家象征，国民认同度高。

根据国家公园空间布局规划，按照资源和景观的国家代表性、生态功能重要性、生态系统完整性、范围和面积适宜性等指标要求，并综合考虑周边经济社会发展的需要，自上而下统筹设立国家公园。将名山大川、重要自然和文化遗产地作为国家公园设立的优先区域，优化国家公园区域布局。重点推动西南、西北六省区建立以保护青藏高原"亚洲水塔""中华水塔"生态服务功能的"地球第三极"

国家公园群，在东北地区研究整合建立湿地类型国家公园，在长江等大江大河流域、在生物多样性富集的代表性地理单元，重点选择设立国家公园。

（2）建立完善的管理体系

通过国家公园体制建设促进我国建立层次分明、结构合理与功能完善的自然保护体制，构建完整的以国家公园为主体的自然保护地管理体系，永久性保护重要自然生态系统的完整性和原真性，野生动植物得到保护，生物多样性得以保持，文化得到保护和传承。制定配套的法律体系，构建统一高效的管理体系，完善监督体系。增加财政投入，形成以国家投入为主、地方投入为补充的投入机制。搭建国际科研平台，构建完善的科研监测体系。构建人才保障体系、科技服务体系、公众参与体系。制定特许经营制度，适当建立游憩设施，开展生态旅游等活动，使公众在体验国家公园自然之美的同时，培养爱国情怀，增强生态意识，充分享受自然保护的成果。

（3）构建共建共治共享的自然保护地治理体系

全面贯彻落实习近平生态文明思想，推动形成人与自然和谐共生的自然保护新格局，立足我国现实，对接国际做法，大胆改革创新，通过深入分析，提出解决方案，构建中国特色的自然保护地管理体制，确保占国土面积约 1/5 的生态空间发挥效能，确保国家生态安全。从分类上，构建科学合理、简洁明了的自然保护地分类体系，解决牌子林立、分类不科学的问题。从空间上，通过归并整合、优化调整，解决边界不清、交叉重叠的问题。从管理上，通过机构改革，解决机构重叠、多头管理的问题，做到一个保护地、一套机构、一块牌子，实现统一管理。逐步形成以国家公园为主体、自然保护区为基础、各类自然公园为补充的自然保护地体系，以政府治理为主，共同治理、公益治理、社区治理相结合的自然保护地治理体系。

2. 国家公园的概念、特点及功能

（1）国家公园的概念

世界各国依据自己的需求和价值对"国家公园"概念的解释存在差异，但国家公园建立的目的在世界各国却有着统一的认识，即在保护生态环境的同时，保留国家公园对经济、科研、教育、旅游的促进作用。

2017 年 9 月中共中央办公厅、国务院办公厅颁布的《建立国家公园体制总体方案》（以下简称《方案》）把国家公园界定为："国家公园是指由国家批准设立并主导管理，边界清晰，以保护具有国家代表性的大面积自然生态系统为主要目的，实现自然资源科学保护和合理利用的特定陆地或海洋区域。"《方案》首次对我国国家公园进行了精准的定义。

国家公园：是指以保护具有国家代表性的自然生态系统为主要目的，实现自然资源科学保护和合理利用的特定陆域或海域，是我国自然生态系统中最重要、自然景观最独特、自然遗产最精华、生物多样性最富集的部分，保护范围大，生态过程完整，具有全球价值、国家象征，国民认同度高。

（2）国家公园的特点

①是本国或本地区重要的遗产管理体系类型之一，主要是保护本国或本地区重要的自然生态资源和人文景观资源。

②坚持保护第一和公益性原则　各国都将保护资源和提供公益服务作为国家公园的主要使命，要求保持资源的原真性、完整性，同时强调在限定的区域范围内为大众提供科研、教育和游憩等公益性服务。经营开发只是为完成国家公园使命而采用的手段，并不以创收为目。

③有完善的法律法规和规范的管理机构　为保障国家公园管理目标的实现，各国在保护范围、规划体系、功能分区管理等方面构建了较完善的法律法规和制度。无论是中央垂直管理还是以地方为主的管理，国家公园都有规范的管理机构进行综合管理。

④经营机制是管经分离、政企分开　国家公园管理机构主要负责保护资源和提供公共服务，营利性商业服务通过特许经营的方式由市场供给。

⑤社会参与国家公园管理　国家公园建设资金以政府财政投入为主，社会捐助和经营收入为辅，强调社区和公众参与的多方监督。

（3）国家公园的功能

国家公园具有保护传承功能、宣传教育功能、科研功能、游憩功能和社区发展功能。

①保护传承功能　保护传承功能是国家公园的基本功能，国家公园内的文化遗产是中华民族的重要象征、精神家园和中华文明的典型代表，是独一无二、不可再生的珍贵资源，对其进行保护和传承是建设国家文化公园的首要目的。唯有将文化遗产保护好、传承好，国家文化公园方能得到可持续性发展，公园的其他功能才能够得以发挥。

②宣传教育功能　宣传教育功能是国家文化公园的核心功能，国家文化公园作为直观的、形象的实物遗存，具有巨大的感染力和说服力，是中华文明的宣传阵地，是开展中华优秀文化传统教育、爱国主义教育、社会主义教育和革命传统教育的重要基地。

③科学研究功能　科学研究功能是国家文化公园的重要功能，国家文化公园作为具有国家代表性的文化遗产保护区域，能够依托公园内部丰富的文物和非物质文化遗产资源及生存环境资源为科研提供服务。同时，围绕公园的开发、建设、管理等也需要开展相应的研究工作。

④游憩功能　游憩功能是国家文化公园的价值体现，国家文化公园划分为管控保护区、主题展示区、文旅融合区、传统利用区四类主体功能区，其中后三类区域均可开展参观游览和文化体验活动。

⑤社区发展功能　社区发展功能是国家文化公园可持续发展的基础，公园范围内、周边或多或少都分布有社区。公园在发展过程中，会在经济发展、基础设施建设、文化教育等方面带动社区的发展。社区在参与公园建设、管理中，在日常生活中延续传统文化，将赋予传统文化新的时代内涵。

3. 祁连山国家公园(甘肃片区)简介

祁连山是中国西部的主要山脉之一，地处甘肃、青海两省交界处，按行政区划划分，甘肃省涉及酒泉、张掖、武威、金昌、兰州五市的阿克塞、肃北、肃南、民乐、甘州、山丹、永昌、凉州、古浪、天祝、永登 11 个县(区)及山丹马场。青海省涉及海北、海西、海东、西宁(州、地、市)的大通、民和、乐都、互助、门源、祁连、刚察、德令哈、大柴旦、天骏 10 个县，面积约 16.4 万平方千米。

祁连山是国家重点生态功能区之一，承担着维护青藏高原生态平衡，阻止腾格里、巴丹吉林和库姆塔格三大沙漠南侵，保障黄河和河西内陆河径流补给的重任，在国家生态建设中具有十分重要的战略地位。祁连山是我国 32 个生物多样性保护优先区之一、世界高寒种质资源库和野生动物迁徙的重要廊道，是野牦牛、藏野驴、白唇鹿、岩羊、冬虫夏草、雪莲等珍稀濒危野生动植物物种栖息地及分布区，特别是中亚山地生物多样性旗舰物种——雪豹的良好栖息地，有野生脊椎动物 28 目 63 科 294 种，其中兽类 69 种、鸟类 206 种、两栖爬行类 13 种、鱼类 6 种，国家Ⅰ类保护野生动物雪豹、白唇鹿、马麝、黑颈鹤、金雕、白肩雕、玉带海雕等 15 种，国家Ⅱ级保护野生动物棕熊、猞猁、马鹿、岩羊、盘羊、猎隼、淡腹雪鸡、蓝马鸡等 39 种；高等植物 95 科 451 属 1311 种；属于国家Ⅱ级保护野生植物有星叶草、野大豆、山莨菪等 32 种。列入《濒危野生动植物种国际贸易公约》的兰科植物 16 种。根据第二次冰川编目，祁连山共有冰川 2683 条，面积 1597.81 平方千米，冰储量 844.8±31.3 亿立方米。多年平均冰川融水量为 9.9 亿立方米，年出山径流量约为 72.64 亿立方米，灌溉了河西走廊和内蒙古额济纳旗 7 万多公顷农田，滋润了 120 万公顷林地和 620 万公顷草地，提供了 700

多万头牲畜和 600 多万人民的生产生活用水，是河西走廊乃至西部地区生存与发展的命脉，也是"一带一路"重要的经济通道和战略走廊，承载着联通东西、维护民族团结的重大战略任务。

党中央、国务院对祁连山生态保护高度重视，习近平总书记、李克强总理多次作出重要指示批示。2017 年 9 月，中共中央办公厅国务院办公厅印发了《祁连山国家公园体制试点方案》，确定祁连山国家公园总面积 5.02 万平方千米，其中，甘肃省片区面积 3.44 万平方千米，占总面积的 68.5%，涉及肃北蒙古族自治县、阿克塞哈萨克族自治县、肃南裕固族自治县、民乐县、永昌县、天祝藏族自治县、凉州区七县（区），包括祁连山国家级自然保护区和盐池湾国家级自然保护区、天祝三峡国家森林公园、马蹄寺省级森林公园、冰沟河省级森林公园等保护地和中农发山丹马场、甘肃农垦集团。

（三）自然保护区

1. 自然保护区的概念

自然保护区是指保护典型的自然生态系统、珍稀濒危野生动植物种的天然集中分布区、有特殊意义的自然遗迹的区域。具有较大面积，确保主要保护对象安全，维持和恢复珍稀濒危野生动植物种群数量及赖以生存的栖息环境。

2. 自然保护区的主要类型

自然保护区依照自然保护区的性质、目的不同，可划分为不同类型。

（1）根据保护区的性质划分

可分为科研保护区、国家公园、管理的保护区等。

（2）根据保护对象和目的划分

①以保护完整的综合自然生态系统为目的的自然保护区，如以保护亚热带生态系统为主的武夷山自然保护区。

②以保护某些珍贵动物资源为主的自然保护区，如以保护大熊猫为主的四川卧龙和王朗等自然保护区。

③以保护珍稀孑遗植物及特有植被类型为目的的自然保护区，如以保护红松林为主的黑龙江丰林自然保护区。

④以保护自然风景为主的自然保护区和国家公园，如四川九寨沟自然保护区、江西庐山自然保护区等。

⑤以保护特有的地质剖面及特殊地貌类型为主的自然保护区，如以保护近期

火山遗迹和自然景观为主的黑龙江五大连池自然保护区等。

⑥以保护沿海自然环境及自然资源为主要目的的自然保护区，如海南省的东寨港保护区和清澜港保护区等。

3. 自然保护区的区域划分

（1）核心区

核心区是保护区的核心，是各种原生性生态系统类型保存最好的地方，是保护对象最为典型、最集中的地区。这个区域严格禁止任何采伐和狩猎等活动，最大限度地减少人为干扰，能够自然地生长和发展下去，并可用作生态系统基本规律研究和作为对照区监测环境的场所。

（2）缓冲区

一般位于核心区周围，可以包括一部分原生性生态系统类型和由演替类型所占据的半开发的地段。主要作用有两个，一是对核心区起保护、缓冲作用，二是用于某些试验性和生产性的科学实验研究。

（3）实验区

缓冲区的周围最好还要划出相当面积的保护区，主要用作发展本地特有的生物资源和适当发展有利于保护区的农林牧产业。

必要时在保护区内可划出若干开放旅游的区域，但必须从缓冲区和实验区内划出，严禁开发核心区。

4. 自然保护区的任务与作用

（1）自然保护区的主要保护对象是生物多样性

自然保护区保留了一定面积的各种类型的生态系统，可以为子孙后代留下天然的本底。

（2）自然保护区是物种多样性的基因库

自然保护区保护了物种和遗传基因的多样性，是天然的物种基因库。

（3）自然保护区是留给野生动植物的宝贵栖息地

保护区是人类的一种创造，是人类为了应付自身的环境破坏而采取的一种补救措施，为的是给野生动物、植物留下一块宝贵的栖息地。

（4）合理开发利用自然资源，促进持续发展

一方面保护区是科学研究的基地。保护区是研究各类生态系统自然过程的基本规律，研究物种生态特性的重要基地，也是生态科学、生物学地球科学和海洋科学专业实践教学，野外观察的好场所。另一方面保护区也是生态旅游的

天堂。在自然保护区划定的实验区可以开展生态旅游，使游客在享受自然美景的同时认识自然、热爱自然、保护自然，是宣传教育的活的自然博物馆。另外，保护区还能在涵养水源、保持水土、改善环境和保持生态平衡等方面发挥重要作用。

（四）自然公园

自然公园是指保护重要的自然生态系统、自然遗迹和自然景观，具有生态、观赏、文化和科学价值，可持续利用的区域。确保森林、海洋、湿地、水域、冰川、草原、生物等珍贵自然资源，以及所承载的景观、地质地貌和文化多样性得到有效保护。包括森林公园、风景名胜区、湿地公园、地质公园、海洋公园等各类自然公园。

1. 森林公园

森林公园是我国起步早、影响面宽的自然保护地品牌之一。历经 40 多年的成长过程，逐渐形成了以国家级森林公园为骨干，国家、省和市（县）三级森林公园共同发展的格局，森林公园已成为加强森林资源保护、普及自然科学知识、传播生态文明理念的重要阵地，以及森林生态旅游的重要载体，在促进林区经济发展等方面发挥了重要作用。

我国自 1982 年 9 月建立第一个森林公园——湖南省张家界国家森林公园以来，截至 2017 年年底，全国森林公园总数达 3505 处（含国家级森林旅游区 1 处），规划面积达 2028.19 万公顷。其中森林公园数量最多的省份是广东，共有 709 处；面积最大的是吉林省，面积达 2 479 476 万公顷（表 4-3）。

表 4-3　我国各地区森林公园总数及面积统计

序号	地区	森林公园总数（处）	森林公园总面积（公顷）
	全国合计	3505	20 281 900
1	广东	709	1 157 648
2	浙江	262	461 089
3	山东	246	417 912
4	江西	179	526 889
5	河南	178	398 884
6	福建	177	238 036
7	山西	138	590 086
8	四川	137	2 324 761

（续）

序号	地区	森林公园总数（处）	森林公园总面积（公顷）
9	湖南	131	510 195
10	黑龙江	106	2 312 442
11	江苏	106	181 040
12	河北	101	514 262
13	贵州	95	268 888
14	湖北	94	425 988
15	重庆	93	194 368
16	陕西	93	368 221
17	甘肃	91	943 380
18	安徽	80	168 397
19	辽宁	70	225 812
20	广西	67	277 655
21	吉林	64	2 479 476
22	新疆	64	1 661 897
23	云南	58	181 610
24	内蒙古	57	1 290 476
25	龙江集团	41	1 745 092
26	北京	31	96 260
27	海南	28	168 454
28	青海	22	539 025
29	宁夏	11	37 629
30	内蒙古集团	9	422 118
31	西藏	9	1 186 760
32	吉林集团	8	91 618
33	上海	5	2264
34	大兴安岭	2	129 972
35	天津	1	2126

目前，我国已基本形成了以国家森林公园为骨干，国家、省级和市（县）级森林公园相结合的全国森林公园发展框架，初步建立了森林景观资源保护管理体系。同时，随着社会经济的发展、闲暇时间的增加和人们环境意识的增强，城市居民对森林休闲的需求日益增加。中国的森林休闲市场正日趋成熟，森林休闲已成为重要的朝阳产业、富民产业和生态产业。

（1）森林公园的概念

关于森林公园的概念，目前学术界尚有不同提法，尽管不同学者对森林公园所描述的概念各异，但其表达的实质是清楚的：即以森林景观为背景，融合了自然与人文景观的旅游及教科文活动区域。1999年发布的《中国森林公园风景资源质量等级评定》国家标准，对森林公园作了科学的定义，并得到了学术界的认可，指出森林公园是"具有一定规模和质量的森林风景资源和环境条件，可以开展森林旅游，并按法定程序申报批准的森林地域"。它明确了森林公园必须具备以下条件："①是具有一定面积和界线的区域范围；②以森林景观为背景或依托，是这一区域的特点；③该区域必须具有旅游开发价值，要有一定数量和质量的自然景观或人文景观，区域内可为人们提供游憩、健身、科学研究和文化教育等活动；④必须经由法定程序申报和批准。凡达不到上述要求的，都不能称为森林公园。"

（2）森林公园的类型

1994年林业部颁布的《森林公园管理办法》规定，森林公园分为国家级、省级、市（县）级三级，主要依据森林风景的资源品质、区位条件、基础服务设施条件以及知名度等来划分。森林公园依不同划分依据，可划分为不同类型。

①按地貌景观类型划分　将森林公园划分成以下10个基本类型：

• 山岳型森林公园：以奇峰怪石等山体景观为主的森林公园，如湖南张家界、山东泰山、安徽黄山、陕西太白国家森林公园等。

• 江湖型森林公园：以江河、湖泊等水体景观为主的森林公园，如浙江千岛湖、河南南湾国家森林公园等。

• 海岸–岛屿型森林公园：以海岸、岛屿风光为主的森林公园，如山东鲁南海滨、福建平潭海岛、河北秦皇岛海滨国家森林公园等。

• 沙漠型森林公园：以沙地、沙漠景观为主的森林公园，如甘肃阳关沙漠、陕西定边沙地国家森林公园等。

• 火山型森林公园：以火山遗迹为主的森林公园，如黑龙江火山口、内蒙古阿尔山国家森林公园等。

• 冰川型森林公园：以冰川景观为特色的森林公园，如四川海螺沟国家森林公园等。

• 洞穴型森林公园：以溶洞或岩洞型景观为特色的森林公园，如江西灵岩洞、浙江双龙洞国家森林公园等。

• 草原型森林公园：以草原景观为主的森林公园，如河北木兰围场、内蒙古黄岗梁国家森林公园等。

• 瀑布型森林公园：以瀑布风光为特色的森林公园，如福建旗山国家森林公园等。

●温泉型森林公园：以温泉为特色的森林公园，如广西龙胜温泉、海南蓝洋温泉国家森林公园等。

②按旅游半径划分　可划分为城镇型、郊野型和山野型。

③按林地权属划分　可划分为依托国有林场、国有林业局建立在国有林地内的森林公园(这一类占国家级森林公园总数的75%左右)；依托集体林地建立的森林公园；兼有国有和集体林地的森林公园。

(3)森林公园的功能

通过对自然保护地管理，使地理区域、生物群落、基因资源以及未受影响的自然过程的典型事例尽可能在自然状态中长久生存；维持足够密度的具有健康生态功能的本地物种和种群，以长期保护生态系统完整性和弹性；为保护生境需求范围大的物种、区域性生态过程和迁徙路线作出特殊贡献；对在自然保护地开展精神、文化、教育和游憩活动的访客进行管理，避免自然资源出现严重的生物和生态退化；通过开展旅游对当地经济发展作出贡献。

森林公园建设是我国森林休闲旅游产业的重要组成部分，依托我国丰富的森林资源，以森林公园为代表的森林休闲产业逐渐壮大，不仅促进了林业产业发展，而且成为"兴林富民"和"兴旅富民"的重要途径。

2. 风景名胜区

(1)风景名胜区的概念

风景名胜区是中国特有的一种保护地类型，与中华民族传统文化特质一脉相承。与单纯的自然保护地相比，它具有深厚的文化内涵；与文化类保护地相比，它具有优越的自然景观环境本底，在国家保护地体系中独具特色。

《风景名胜区条例》明确规定"风景名胜区是指具有观赏、文化或者科学价值、自然景观、人文景观比较集中、环境优美、可供人们游览或者进行科学、文化活动的区域"。

(2)风景名胜区的分类

我国风景名胜区现行的分类方法较多，常见的分类方法有以下6种(表4-4)。

表4-4　我国风景名胜区常见分类方法

分类依据	类　型
按级别分类	世界级(世界遗产)、国家级、省级、市县级
按用地规模分类	小型风景区(20平方千米以下)、中型风景区(21~100平方千米)、大型风景区(101~500平方千米)、特大型风景区(500平方千米以上)

(续)

分类依据	类　型
按景观外貌分类	峡谷型、岩洞型、江河型、湖泊型、海滨型、森林型、史迹型、综合型、其他型等
按结构特征分类	单一型、复合型、综合型
按布局形式分类	集中型(块状)、线型(带状)、组团型(集团)、放射型、链珠型、星座型
按功能设施分类	观光型、游憩型、休假型、民俗型、生态型、综合型

(3)我国风景名胜区的空间分布

我国国家级风景名胜区从数量及比例结构来看，"十二五"期末，我国东、中、西部地区风景名胜区的数量比例分别为34.2%、32.5%和33.3%，与"十一五"相比，虽然各区域数量都在增加，但比例结构变化并不太大，三大区域之间基本呈现"三三三"结构。

从风景名胜区面积看，西部地区总面积最大，"十二五"期末，占全国风景名胜区总面积的70%；中、东部地区总面积大致相当，分别占全国的14.8%和15.2%。从各省份风景名胜区的总面积看，总面积最大的是西藏，为18 222平方千米，其次是四川和云南，分别为14 873平方千米和13 456平方千米，面积较小的有宁夏、天津和海南，分别为109平方千米、106平方千米和71平方千米。

从各省份风景名胜区数量看，2018年，浙江有22处，位居首位；其次为湖南(21处)、福建(19处)、江西(18处)和贵州(18处)等省，集中在我国东南部地区；最少的是天津、宁夏和青海，均为1处。上海没有。

我国山水资源丰富，山区、丘陵占国土面积的2/3，山岳坡度、高程的垂直差异及岩石、土壤、植被、动物等丰富的地质多样性和生物多样性，使其具有较高的自然生态价值和景观美学价值。这就决定了我国88%以上的风景名胜区都分布在江河湖泊周边。其中，29.5%分布在我国主要河流20千米缓冲区内，48%分布在主要河流40千米缓冲区内。河流湖泊型风景名胜区占比高达28.8%。风景名胜区具有踞山、依水的特点，名山大川型风景名胜区合计约占全国的66%。山地型风景名胜区在我国大部分省区均有分布，尤其是浙江、湖南、福建、江西、河南及四川等地申报设立的较多。河流型风景名胜区比重较高的有浙江、福建、贵州、云南等省；浙江、福建、辽宁等沿海地区湖泊、海滨型风景名胜区比例较高。

(4)风景名胜区功能

风景名胜区是国家依法设立的自然和文化遗产保护区域，以自然景观为基础，自然与文化融为一体，除具有与一般自然保护地相同的自然生态保护功能之外，还具有文化传承、审美启智、科学研究、旅游休闲、区域促进等综合功能及生态、科学、文化、美学、经济等综合功能价值。在保护自然文化遗产、改善城乡人居环境、维护国家生态安全、弘扬中华民族文化、激发大众爱国热情、丰富群众文化生活、促进当地经济社会发展等方面发挥了难以替代的重要作用。

3. 湿地公园

（1）概念

目前国内外对湿地公园概念的界定尚未统一，有关湿地公园概念的定义较多，概括起来，大多强调了其主题性、自然性和生态性。国家层面上较具权威的湿地公园定义则为两个国家级湿地公园批准部门所给出的定义。国家林业和草原局将其定义为：拥有一定规模和范围，以湿地景观为主体，以湿地生态系统保护为核心，兼顾湿地生态系统服务功能展示、科普宣教和湿地合理利用示范，蕴含一定文化或美学价值，可供人们进行科学研究和生态旅游，予以特殊保护和管理的湿地区域。国家住房和城乡建设部将其定义为：利用纳入城市绿地系统规划的适宜作为公园的天然湿地类型，通过合理的保护利用，形成保护、科普、休闲等功能于一体的公园。相对而言，住建部的定义相对简略，国家林草局的定义则全面具体，更具有可操作性，但两者均提到了湿地公园应具有一定区域和保护、利用、科普、教育、旅游的综合功能。

目前学术界比较一致认可的概念是：湿地公园是以具有一定规模的景观为主体，在对湿地生态系统及其生态功能进行充分保护的基础上，对湿地进行适度开发（不排除其他自然景观和人文景观在非严格保护区内的辅助性出现），可供人们开展科学研究、科普教育，以及适度的生态旅游的湿地区域。

（2）我国国家湿地公园的特点

①分布的广泛性和省级层面的不平衡性　已批准的国家湿地公园在31个省级行政区都有分布（不含港、澳、台地区），但在省级层面上分布不平衡，数量位于前列的依次是湖北、山东、黑龙江、湖南、新疆和陕西。

②湿地公园分布与湿地资源分布不协调　在已批准的试点国家湿地公园数量排名前六的省份中，湿地面积最大的为黑龙江，其湿地面积排全国第4位。试点国家湿地公园数量排第1位的湖北和山东，其湿地面积排全国第11位和第9位，试点国家湿地公园数量排第4~6位的湖南、新疆和陕西的湿地面积分别排全国第15位、第5位和第25位。同时，湿地面积位列全国前三的青海、西藏和内蒙古的试点国家湿地公园数量分别排全国第27位、第17位和第7位，这在一定程

度上说明了国家湿地公园分布与湿地资源分布不太协调。

③湿地公园整体面积较大，湿地率较高，而单个国家湿地公园总面积和湿地面积相差悬殊　在所有国家湿地公园中，湿地面积最小的为26.90公顷(重庆彩云湖)，最大的为155 569.00公顷(新疆博斯腾湖)，平均值为3494.00公顷。湿地率最大的为99.68%(山东马塔湖)，最小的为6.86%(四川大瓦山)，平均值为64.1%。湿地率小于30.0%的国家湿地公园占2.56%。说明绝大部分国家湿地公园满足《国家湿地公园总体规划导则》规定的"湿地率原则上不低于30%"要求。

④湿地公园以河流湿地、人工湿地和湖泊湿地为主，类型分布不均匀　《全国湿地资源调查技术规程(试行)》将中国湿地分为5大类和34型。由于大部分国家湿地公园都包含至少两种以上的湿地型。因此，按面积比例最大的湿地类为国家湿地公园的主导湿地类来划分。从湿地面积来看，国家湿地公园以湖泊湿地类(占35.1%)、河流湿地类(23.7%)和人工湿地类(21.9%)为主。这与第二次全国湿地资源调查结果是不协调的。相对全国湿地面积比例而言，沼泽湿地类和近海与海岸湿地类国家湿地公园偏少。

(3)我国国家湿地公园空间分布

我国国家湿地公园发展迅速，但空间分布不平衡，总体上呈现凝聚型分布，集中分布在中部区域、山东半岛和长三角。

①从省级行政单元来看，国家湿地公园主要集中分布在湖北、山东、黑龙江、湖南、新疆、陕西、贵州和内蒙古等省份，并在鲁西南-苏西北、苏南-浙北、湘北、鄂东形成四个高密度热点区域，在宁北、关中、鄂中、鲁北形成四个较高密度热点区域。

②从自然地理空间分布来看，国家湿地公园集中分布在亚热带、中温带和暖温带，年平均降水量800~1600毫米区域和400~800毫米区域，以及高程1500米以下的区域。

③从生态区划空间分布来看，国家湿地公园集中分布在一级流域中的长江区、松花江区、淮河区和黄河区以及八大湿地区中的长江中下游湿地区、黄河中下游湿地区。

④从社会经济空间分布来看，国家湿地公园呈现"中部多、西部较多和东部相对较少"的格局，这与我国经济发展东部、中部和西部分布格局是不尽协调的。相关分析表明，国家湿地公园数量与各省份的国土面积、GDP和常住人口数量的相关性不强。

(五) 国家公园与自然保护区、自然公园的关系

1. 国家公园与自然保护区的关系

国家公园和我国已经建立的自然保护区制度既有区别又有联系。我国《自然保护区管理条例》规定："本条例所称自然保护区，是指对有代表性的自然生态系统、珍稀濒危野生动植物物种的天然集中分布区、有特殊意义的自然遗迹等保护对象所在的陆地、陆地水体或者海域，依法划出一定面积予以特殊保护和管理的区域。"2013 年，国务院《关于全面加快推进生态文明建设的意见》中指出："建立国家公园法律体制，实行分级、统一管理，保护自然生态和自然文化遗产原始性、完整性。"也就是说，构建国家公园法律体制的目的是使我国现有的保护区模式更加完备。

在国家公园法律体制设立之前，自然保护区制度一直是我国管控自然资源、保护自然环境和维持生物多样性的主要法律依据，相比于自然保护区而言，国家公园对自然资源、自然环境和生物多样性保护方式更为全面。此外，国家公园兼顾该区域的经济属性，在对自然资源和生态环境进行完整保护的同时，也满足了社会公众的科研和旅游功能，更加有利于生态环境发挥其独一无二且不可或缺的作用。综上所述，国家公园与自然保护区的关系是一种承上启下的递进关系，国家公园在完成自然保护区保护目的的同时，在自然保护区的基础上进一步拓展了保护区域所具有的经济特质和人文特质。

2. 国家公园与风景名胜区的关系

我国风景名胜区的设立始于 1994 年，当时的建设部发布了《中国风景名胜区形势与展望》，其中指出："我国的风景名胜区是与国际上的国家公园相互对应。"但是，与世界自然保护联盟(IUCN)所认定的国家公园定义与后来发布的《风景名胜区条例》中的国家公园定义却大相径庭。风景名胜区的建设主要是为了对所涉区域进行最严格的保护，强调对于自然资源和生态环境的保护，不具有国家公园所具有的多重属性。然而，我国对风景名胜区的官方翻译却为"National Park"。事实上，将风景名胜区译为"National Park"是一种特殊时期的处理方式，此时我国已经准备进行自然资源和生态环境的整体保护，但由于我国当时的国情和环境压力，并不能将国家公园所具有的多重属性完全体现出来。但是，风景名胜区的建设，仍然是我国保护地模式在自然保护区模式上的一种进步的突破，因此，我国风景名胜区与国家公园在其内涵和外延上都有部分重合，是彼此交叉、

部分包含的关系。

　　3. 国家公园与森林公园、湿地公园、地质公园的关系

　　我国目前的保护地模式还有对单个环境要素进行管控的模式，表现形式一般为以特定区域内的特定环境要素为保护对象，并以此确定区域范围。代表性的模式为森林公园、湿地公园和地质公园以及类似的保护地模式。森林公园以该区域内的森林和林木资源作为保护的对象。《国家级森林公园管理办法》规定："国家级森林公园的主体功能是保护森林风景资源和生物多样性、普及生态文化知识、开展森林生态旅游。国家级森林公园的建设和经营应当遵循严格保护、科学规划、统一管理、合理利用、协调发展的原则"。湿地公园是以该区域内的湿地生态系统作为保护对象。《国家湿地公园管理办法（试行）》规定："湿地公园是指以保护湿地生态系统、合理利用湿地资源为目的，可供开展湿地保护、恢复、宣传、教育、科研、监测、生态旅游等活动的特定区域"。地质公园以该区域内的地质遗迹、生物化石资源和特殊的地形地貌作为保护对象。《地质遗迹保护管理规定》指出，注重对地质学上在自然演化和历史进程中所产生的宝贵自然遗迹或是人文遗迹在进行保护的同时开展科研、旅游和教育等开发和利用。结合上述理论依据可知，森林公园、湿地公园及地质公园所保护对象通常为单一环境要素，它们与国家公园一样，都是对所涉区域的自然资源和生态环境进行严格保护和全面管理，并且在坚持所涉区域环境保护优先的基础上，也允许一定程度的开发以发挥该区域的经济、科研和旅游功能。所以，我国国家公园与森林公园、湿地公园、地质公园的关系是互相交叉、有所重合的包含关系。同时，国家公园实质上是将所涉区域的各环境要素进行综合的保护。可以说，森林公园、湿地公园、地质公园制度是国家公园体制的探路石。

三、生态公益林与国土安全

（一）森林分类与林种划分

1. 森林分类

（1）森林分类经营的原则

为了认真贯彻落实中共中央、国务院关于生态环境建设的一系列重要批示，加快生态经济林业建设步伐，使林业得到可持续发展，各省级政府制定了相应的森林分类经营原则。

①坚持与社会经济发展相适应的原则　各地应从本地实际出发，根据当地的社会经济发展状况和生态环境建设的需要，正确处理林业生态体系与林业产业体系建设的关系，注重生态建设，但不忽视产业发展，提高林业生产力和整体产出功能。要将森林分类经营纳入经济和社会发展总体规划，以确保总体目标的实现。

②坚持"全党动员、全民动手、全社会办林业、全民搞绿化"的原则　充分调动全社会发展林业的积极性，走有中国特色的林业发展建设道路。

③坚持持续发展的原则　正确处理生态、社会与经济三大效益的关系，以及眼前利益与长远利益的关系，科学合理地培育、保护和开发利用森林资源，努力提高林业的综合效益。

④坚持各级政府分级负责的原则　正确处理政府部门与森林经营单位的关系，坚持由各级政府统一组织和领导，采取有效措施，动员和组织全社会的力量参与，推动森林分类经营工作健康有序地进行。

（2）生态公益林（地）、商品林（地）的概念

根据 2003 年国家林业局《森林资源规划设计调查主要技术规定》，把森林（林地）划分为生态公益林（地）和商品林（地）两个类别。

生态公益林（地）是以保护和改善人类生存环境、维持生态平衡、保存种质资源、科学试验、森林旅游、国土保安等需要为主要经营目的的森林、林木、林地，包括防护林和特种用途林。

商品林（地）是以生产木材、竹林、薪材、干鲜果品和其他工业原料等为主要经营目的的森林、林木、林地，包括用材林、薪炭林和经济林。商品林地的建设以追求最大的经济效益为目标，立足速生丰产，实行定向化、基地化和集约化经营，走高投入、高产出的路子，在采伐方式上，根据市场需求组织生产，在不突破采伐限额的前提下，允许依据技术规程进行各种方式的采伐，实现林地产出和经济效益最大化。

2. 生态公益林（地）的分类

生态公益林地按事权等级划分为国家公益林（地）和地方公益林（地）。

国家公益林地是指由地方人民政府根据国家有关规定划定，并经国务院林业主管部门核查认定的公益林（地），包括森林、林木、林地。

地方公益林地是指由各级地方人民政府根据国家和地方的有关规定划定，并经同级林业主管部门认定的公益林。

生态公益林地按保护等级划分为特殊、重点和一般三个等级。国家公益林（地）按照生态区位差异一般分为特殊和重点生态公益林（地），地方公益林（地）

按照生态区位差异一般分为重点和一般公益林(地)。

3. 生态公益林区划界定的对象与范围

(1)国家公益林

国家公益林的划定主要根据生态区位和受益范围确定。凡跨省级地域发挥森林生态效益的大江大河上、中游和大型湖库周边的水源涵养林、水土保持林,大规模的防风固沙林,国家重点生态工程所形成的公益林,边境重地的国防林,沿海防护林基干林带,森林生态系统的典型代表和生物多样性保护特别重要地区的森林和林木等,一般应划分为国家公益林。

国家生态公益林具体划定范围(标准)包括:

①江河源头 流程 500 千米以上河流干流、一级支流源头 20 千米以内汇水区,流程 1000 千米以上河流二级支流源头 10 千米以内汇水区的森林、林木和林地。

②江河干流 一、二级支流两岸。流程 500 千米以上河流的干流、一级支流,两岸自然地形的第一层山脊以内或平地 2000 米以内;流程 1000 千米以上河流的二级支流,两岸自然地形的第一层山脊以内或平地 1000 米以内的森林、林木和林地。

③重要湖泊和库容 1 亿立方米以上的大型水库周围自然地形第一层山脊以内或平地 1000 米范围内的森林、林木和林地。

④沿海岸线第一层山脊以内或平地 1000 米以内的森林、林木和林地。

⑤干旱荒漠化严重地区的天然林、郁闭度 0.2 以上的沙生灌丛植被以及沙漠地区的绿洲人工生态防护林及周围 2 千米以内地段的大型防风固沙林基干林带。

⑥雪线以下 500 米及冰川外围 2 千米以内地段的森林、林木和林地。

⑦山体坡度在 36° 以上,土层瘠薄、岩石裸露、森林采伐后难以更新或森林生态环境难以恢复的森林、林木和林地。

⑧国铁、国道(含高速公路)、国防公路两旁第一层山脊以内或平地 100 米范围内的森林、林木和林地。

⑨沿国境线 20 千米范围内及国防军事禁区内的森林、林木和林地。

⑩国务院批准的自然与人文遗产地和具有特殊保护意义地区的森林、林木和林地。

⑪国家级自然保护区及其他有重点保护 I 级、II 级野生动植物及其栖息地的森林和野生动物类型自然保护区的森林、林木和林地。

⑫天然林保护工程区的禁伐天然林。

（2）地方公益林

除国家公益林（地）之外的公益林（地）均划分为地方公益林（地），划定标准由各市（州）、县（市、区）政府参照国家和省级的有关规定自行制定。

4. 林种划分

根据经营目标的不同，将有林地、疏林地、灌木林地和未成林地分为5个林种23个亚林种（表4-5）。

表4-5　林种划分系统

森林类别	林种	亚林种
生态公益林	防护林	水源涵养林
		水土保持林
		防风固沙林
		农田牧场防护林
		护岸林
		护路林
		其他防护林
	特种用途林	国防林
		实验林
		母树林
		环境保护林
		风景林
		名胜古迹和革命纪念林
		自然保护区林
商品林	用材林	短轮伐期用材林
		速生丰产用材林
		一般用材林
	薪炭林	薪炭林
	经济林	果树林
		食用原料林
		林化工业原料林
		药用林
		其他经济林

(二) 生态公益林的功能与作用

生态公益林作为以保护生态以及提供服务为主的防护林以及特种用途林，对于实现国家的国土安全、生物多样性以及国家社会经济发展有着重要作用。

1. 水源涵养功能

根据相关统计资料表明，生态公益林树冠能够截留大气雨水的 10%~20%，能够减少 75% 左右的地表径流，同时可以增加 20% 左右的土壤含水量，具有较强的水源涵养能力。因此生态公益林具有较明显的调节水资源分布的作用，通过对于水的截留以及释放，避免旱涝灾害的发生，同时还可以起到净化水质，提供安全饮水水源的作用。

2. 防风固沙以及水土保持功能

生态公益林能够降低风速 20% 以上，因而对于风沙侵害较为严重的区域，通过生态公益林的建设可以有效地起到防风固沙以及保护国土安全的作用。此外，由于森林具有较强的固土能力，能够有效地减轻雨水对于土体的冲刷，因而还可以起到较好的保持水土的作用，对于治理水土流失具有较好的效果。

3. 调节气候，改善区域空气质量

生态公益林涵养的水源可以通过蒸发以及植物的蒸腾作用进入大气之中，因而可以起到增加区域降水量以及空气湿度的作用。同时由于森林具有吸收二氧化碳释放氧气的功能，因而生态公益林的建设可以借助其固碳释氧的特性，起到增加区域氧含量，改善空气质量的作用。

4. 改善土质作用

生态公益林随着季节以及气候的变化，会产生大量的枯枝落叶，并在地面堆积逐步形成腐殖质，腐殖质里面的氮、磷、钾等元素含量较高，可以有效地起到改善区域土质的作用，使贫瘠的土壤更加肥沃。

5. 确保生态系统的生物多样性

生态公益林有助于形成完整的森林生态食物链，能够为生物提供适宜的生存群落，为各种生物的生存繁衍提供良好的生态环境，因而有助于维护生态平衡，这对于保护物种的多样性也具有非常重要的作用。

第五章
森林生态旅游及康养与生态文明

一、生态旅游

随着人类文明的不断发展和进步，人们对生活水平和生活质量的要求也不断提高，追求回归自然，并以优良的生态环境为依托的复合观景、度假休闲及专项旅游，使世界的生态旅游产业市场需求不断转型升级，以森林旅游为主要形式的生态旅游业已在世界各国迅猛发展。

（一）生态旅游的概念

生态旅游（Ecotourism）是由国际自然保护联盟（IUCN）特别顾问谢贝洛斯·拉斯喀瑞（Ceballos-Laskurain）于1983年首次提出。1990年国际生态旅游协会（International Ecotourism Society）将其定义为：在一定的自然区域中保护环境并提高当地居民福利的一种旅游行为。随着生态旅游的发展，生态旅游的概念进一步系统化，是以可持续发展为理念，以保护生态环境为前提，以统筹人与自然和谐发展为准则，依托良好的自然生态环境和独特的人文生态系统，采取生态友好方式开展的生态体验、生态教育、生态认知并获得身心愉悦的旅游方式。

生态旅游是在一定自然地域中进行的有责任的旅游行为，为了享受和欣赏历史的和现存的自然文化景观，这种行为应该在不干扰自然地域、保护生态环境、降低旅游的负面影响和为当地人口提供有益的社会和经济活动的情况下进行。生态旅游是"保护旅游"和"可持续发展旅游"，生态旅游的两个要点是：具有自然景物物件和物件不受到旅游损害。西方发达国家在生态旅游活动中极其重视保护旅游物件。在生态旅游开发中，避免大兴土木等有损自然景观的做法，旅游交通以步行为主，旅游接待设施小巧，掩映在树丛中，住宿多为帐篷露营，尽一切可能将旅游对旅游物件的影响降至最低。在生态旅游管理中，提出了"留下的只有脚印，带走的只有照片"等保护环境的响亮口号，并在生态旅游目的地设置一些解释大自然奥秘和保护与人类息息相关的大自然标牌体系及喜闻乐见的旅游活动，让游客在愉悦中增强环境意识，使生态旅游区成为提高人们环境意识的天然大课堂。过去，西方旅游者喜欢到热带海滨去休闲度假，热带海滨特有的温暖阳光（sun），碧蓝的大海（sea）和舒适的沙滩（sand），使居住于污染严重、竞争激烈的西方发达国家游客的身心得到平静，"三S"作为最具吸引力的旅游目的地成为西方游客所向往的地方。随着生态旅游的开展，游客环境意识的增加，西方游客的旅游热点从"三S"转"三N"，即到大自然（nature）中，去缅怀人类曾经与自然和谐相处的怀旧(nostalgia)情结, 使自己在融入自然中进入超脱(nirvana)最高精神。

生态旅游发展较好的发达国家首推美国、加拿大、澳大利亚等国, 这些国家的生态旅游物件从人文景观和城市风光转为谢贝洛斯·拉斯喀瑞所指定的自然景物, 即保持较为原始的大自然, 这些自然景物在其国内定位为自然生态系统优良的国家公园, 在国外定位为以原始森林为主的优良生态系统, 这就使不少发展中国家成为生态旅游目的地, 其中加勒比海地区和非洲野生动物园成为生态旅游热点区域。

可见, 生态旅游的内涵应包含两个方面: 一是回归大自然, 即到生态环境中去观赏、旅行、探索, 目的在于享受清新、轻松、舒畅的自然与人的和谐气氛, 探索和认识自然, 增进健康, 陶冶情操, 接受环境教育, 享受自然和文化遗产等; 二是要促进自然生态系统的良性运转, 无论是生态旅游者还是生态旅游经营者, 甚至包括得到收益的当地居民, 都应当在保护生态环境免遭破坏方面作出贡献。也就是说, 只有在旅游行为和生态保护均有保障时, 生态旅游才能显示其真正的科学意义。

(二) 生态旅游的基本特征

生态旅游的目的地是一些具有完整的自然和文化生态系统的地方, 参与者能够获得与众不同的经历, 这种经历具有原始性、独特性的特点。

生态旅游强调旅游规模的小型化, 限定在承受能力范围之内, 这样既能保障游人的观光质量, 又不会对旅游造成大的破坏。

生态旅游可以让旅游者亲自参与其中, 在实际体验中领会生态旅游的奥秘, 从而更加热爱自然, 这也有利于自然与文化资源的保护。

生态旅游是一种负责任的旅游, 这些责任包括对旅游资源的保护责任, 对旅游的可持续发展的责任等。

由于生态旅游自身的这些特征能满足旅游需求和旅游供给的需要, 从而使生态旅游兴起成为可能。

(三) 生态旅游的主要类型

生态旅游的类型是丰富多样的, 它的主要旅游对象是自然景观和生态文化景观。生态旅游的最大特点在于强调参与, 了解自然, 培养热爱自然、保护自然的高尚情操。所有的旅游项目都存在着有机的联系, 就其活动形式来说, 依照旅游的主导目的可以将生态旅游划分为动植物观赏、自然景观旅游、生态文化旅游、城市绿色旅游四种类型。

1. 动植物观赏

动植物观赏是以特定动植物为主要欣赏对象的生态旅游类型。生物是大自然的灵气所在，欣赏动植物是生态旅游的重要内容。人与自然最直接的关系就是人与生物的关系，特别是与野生动植物的关系，保护绿色、保护生命是地球的呼声。久居城市的人久违了同在地球故乡的生命伙伴，动植物欣赏是生态旅游中最令人神往的生态旅游类型。

2. 自然景观旅游

自然景观旅游是指旅游者在各种自然生态系统中进行的旅游活动，其形式多样，有野营、野餐、步行、骑马、登山、游泳、划船、滑雪、探险、疗养、垂钓、漂流等。它具有以下特点：知识性，即通过在自然中的旅游，人们可以认识和了解自然的特点以及生存知识，学习如何对待自然；冒险性，在自然环境中开展的许多旅游活动往往具有一定刺激性和冒险性，能培养人们的勇敢和挑战精神；健身性，在野外的许多活动都需要人们具有强健的身体，因此有助于人们强身健体；景观多样性，野外自然景观的时空多样性会使旅游地的景观更加丰富多彩，各种奇花异木、珍禽异兽以及随四季变化而变化的景色，令人心旷神怡。且身在自然环境中，有助于培养人们良好的性格，陶冶情操，特别是为青少年热爱大自然、探索科学知识提供良好的场所。

3. 生态文化旅游

生态文化旅游就是观赏、体验生态文化的旅游。生态文化旅游有不同的形式，一种是观光型（或称欣赏型）的，如观看节庆活动、文娱表演、展览等；另一种是体验参与型的，如参与农事活动、生态工艺制作、与农民牧民共同生活等。

从一定意义上说，旅游是对人类文化最生动、最真实、最直接的保护形式，是现代文化背景下文化多样性的极好载体。生态文化旅游主要分农业、农家生态文化旅游，牧野生态文化旅游，山林生态文化旅游，水域渔猎生态文化旅游等几种类型。

4. 都市绿色旅游

城市中也有绿色天地，如综合性公园、动物园、植物园、工厂式大型现代化农业基地等。这些旅游场所离市民最近，是市民可常去的地方。都市绿色旅游是生态旅游的重要组成部分，包括城市园林游、城市森林游等。

城市园林是为满足城市居民游乐休息和改善城市环境，通过工程技术和艺术手段，运用水、土石、植物、动物、建筑物等素材创造出的游览场所。在城市地区主要包括各类综合性公园、花园、森林公园、植物园、动物园等。园林的功能不仅限于游览，而且在保护和改善城市生态环境中具有很大的作用。园林植物可以吸收二氧化碳、释放氧气、净化空气；能够在一定程度上吸收有害气体和吸附尘埃、减轻污染；可以调节空气的温度和湿度，改善城市小气候，还有减弱噪声和防风、防火、防灾等防护作用。尤为重要的是园林对于调节城市居民的心理有很大帮助。游览在景色优美和安静的园林中，有助于消除长时间工作所带来的紧张和疲劳，使脑力、体力得到恢复。

城市森林就是把森林引入城市或把城市坐落在森林中，改变混凝土建筑的状况，营建人类与森林共处的适宜生态环境。城市地域内以林木为主的各种片林、林带、散生树木等绿地构成了城市森林的主体。城市森林有美化城市、降低碳含量、阻滞灰尘、吸收有害气体、增加新鲜空气等综合作用，使城市更加适宜人的生活、工作。不同的森林树木配置也是一个城市的特色，可提高城市知名度，提供良好的休闲观赏环境，形成新的城市旅游资源，带来可观的社会效益和经济收益。

（四）生态旅游的可持续发展思想

为何要发展生态旅游呢？关于生态旅游的目的得到了广泛的认同。主要包括：第一，维持旅游资源利用的可持续性；第二，保护旅游目的地的生物多样性；第三，给旅游地生态环境的保护提供资金；第四，增加旅游地居民的经济获益；第五，增强旅游地社区居民的生态保护意识。为了更好地实现这些目的，应该鼓励当地居民积极参与生态旅游，以促进地方经济的发展，提高当地居民的生活质量，唯有经济发展才能真正切实地重视和保护自然；同时，生态旅游还应该强调对旅游者的环境教育，生态旅游的经营管理者也更应该重视和保护自然，认识自然基本规律内涵。

生态旅游如何发展呢？发展的终极目标是可持续，可持续发展是判断生态旅游的决定性标准，这在国内外的旅游研究者中均已达成共识。按照可持续发展的含义，生态旅游的可持续发展可以概括为：以可持续发展的理论和方式管理生态旅游资源，保证生态旅游地的经济、社会、生态效益的可持续发展，在满足当代人开展生态旅游的同时，不影响满足后代人对生态旅游需要的能力。

自然生态系统的可持续发展是生态旅游可持续发展的重要内容。生态旅游的对象主要是相对完整的自然生态系统，所以生态旅游系统主要由生物群落和非生物环境两大部分组成。系统内的生物群落即生命系统，包括生产者、消费者、分解者；非生物环境即非生命的系统，包括阳光、空气、水、土壤和无机物等，他们共同构建了一个丰富多彩的相对稳定的结构系统，成为组成生态旅游的主要吸引物。自然生态系统容不得任何耗竭性的消费，因此，无论是经营开发者、管理决策者，还是旅游者，对保护自然生态都有不可推卸的责任，都必须在生态旅游实践中认识自然、保护自然。这种生态环境保护包括对自然生态系统的正常发展、循环稳定的维护，同时也包括对人类与自然和谐相处系统的维护，以及对当地文化的尊重。这种对旅游对象尊重与保护的责任是生态旅游可持续发展的重要内涵。

促进生态旅游地经济社会可持续发展是开展生态旅游的重要目的。具体表现在旅游地居民个体层次和旅游地社会、经济、文化整体层次两个层次上。旅游地居民是旅游地社会文化的主要组成部分，拥有维护自身良好发展的权利，因此，开展生态旅游必须让当地居民直接参与到管理和服务中去，这样的参与能使他们获得丰厚的经济回报，有效地促进旅游地经济的发展；此外，旅游业在当地的发展与渗透使得当地居民开阔了眼界，提高了素质，可以更快地融入现代文明；从环境方面，当地居民对自然环境的维护与影响比旅游者更为直接。总之，生态旅游的发展使得当地居民在科学、经济、技术上对资源实施保护有了客观的可能。在经济方面，生态旅游的健康发展有利于促进旅游经济的持续增长，并不断为地方经济注入新的发展资金；在环境保护方面，可以对自然环境的保护和管理给予资金的支持，提高旅游经营管理者、旅游者和当地居民对环境保护的意识；在社会效益方面，促进公平分配，有利于居民就业机会的增加等，这一切将有效地促进生态旅游地社会、经济、文化的全面进步和协调发展。

(五) 生态旅游的主要发展措施

在生态旅游发展的过程中，各个国家和地区都采取了一系列行之有效的措施，主要做法有：

1. 立法保护生态环境

例如，1916 年美国通过了关于成立国家公园管理局的法案，国家公园的管理纳入了法制化的轨道；在英国，1993 年通过了新的《国家公园保护法》，旨在加强对自然景观、生态环境的保护；1992 年里约会议以后，日本制定了《环境基本法》；1923 年，芬兰颁布了《自然保护法》；我国于 2018 年修订了《中华人民共和国环境保护法》，于 2019 年 12 月修订了《中华人民共和国森林法》。

2. 制定发展计划和战略

美国在 1994 年制定了生态旅游发展规划，以适应游客对生态旅游日益增长的需求；澳大利亚斥资 1000 万澳元，实施国家生态发展战略；墨西哥政府制定了"旅游面向 21 世纪规划"，生态旅游是该规划的重点推介项目；肯尼亚政府制定了许多重要的国家发展策略，其中特别将生态旅游视为重点项目；我国于 2019 年出台了《关于建立以国家公园为主体的自然保护地体系的指导意见》。

3. 进行旅游环保宣传

在发展生态旅游的过程中，很多国家都提出了不同的口号和倡议。例如，英国发起了"绿色旅游业"运动；日本旅游业协会召开多次旨在保护生态的研讨会，并发表了《游客保护地球宣言》。

4. 重视当地人利益

生态旅游发展较早的国家肯尼亚，在生态旅游发展的过程就提出了"野生动物发展与利益分享计划"；菲律宾通过改变传统的捕鱼方式不仅发展了生态旅游业，也为当地人提供了替代型的收入来源。

5. 多种技术手段加强管理

进行生态旅游开发的许多国家都通过对进入生态旅游区的游客量进行严格的控制，并不断监测人类行为对自然生态的影响，利用专业技术对废弃物做最小化处理，对水资源节约利用等手段，以达到加强生态旅游区管理的目的。澳大利亚联合旅游部、澳大利亚旅游协会等机构还出台了一系列有关生态旅游的指导手册。此外，很多国家都实行经营管理的分离制度，实施许可证制度加强管理。

（六）生态旅游的意义

生态旅游不仅通过自身的行动、宣传教育作用促进生态环境的保护，而且对经济文化、生态建设、保护区可持续发展都有着积极的现实意义，包括经济效益、社会效益、环境效益和人文效益等。

1. 经济效益

（1）提高旅游外汇收入和国内收入水平

外汇收入是国际旅游者所交纳的旅游费用，国内收入是本国旅游者在自己国家的消费。收费项目包括门票、交通、住宿、餐饮、购物、娱乐以及医疗、保险、通信等。生态保护区的经济收入主要来自旅游者所交纳的各种费用。主办生态旅游的单位将这笔费用的一部分交给保护区，以换取对该保护区的使用权、合作契约。生态保护区开展生态旅游也可获取一定的收入。

（2）提高生态旅游地域知名度，为当地经济发展提供其他机会

生态旅游的发展通过旅游促销和旅游者的流动等，提高了区域的知名度，改善了投资环境，产生了名牌效应，增加了无形资产，为经济联合、吸引外地资金创造了条件。如云南省人民政府批准的 500 万美元以上的外资旅游项目就有 30 多个，实际利用外资 4 亿多美元，旅游业成为全省外商投资较多的行业。

（3）生态旅游的开发增加了本地区经济收入，提高了自我发展能力

旅游开发和生态旅游开发还可以带来若干间接效益。据测算，国外 1 美元的直接旅游收入可以带动 2.5 美元的间接收入，如法国的东南山区通过旅游，特别是滑雪旅游的开展，使法国占国土面积的 21% 的山区经济得到一定程度的发展。在我国旅游业每收入 1 美元，可带动国民生产总值增加 3.12 美元，特别是一些贫困地区发展生态旅游业可以帮助脱贫致富，带动区域经济发展。

2. 社会效益

（1）有利于宣传地方传统文化，促进民族文化发展

生态旅游主要是自然生态旅游，但也有民族生态文化、地域生态文化的旅游内涵。为了开发生态文化旅游项目和产品，需要对当地民族文化资源进行深入挖掘、整理、继承、保护和发扬，以便进一步发挥民族文化资源的内在价值。如瑞典、英国、加拿大等国家特别强调尊重地方文化传统，鼓励开发与当地居民文化传统相一致的旅游项目，注重社区的参与，增加当地人管理生态旅游业的权力。瑞典北部土著萨米人居住区是该国重要的旅游区，萨米人的历史、文化和独特的生产、生活方式吸引了许多国际游客。瑞典政府为继承这种民族文化传统，采取了严格的保护政策和措施，限制其他现代产业的发展，将传统驯鹿与生态旅游有机结合起来，引导萨米人发展传统文化生态旅游业。

（2）提高人们的生活质量，促进国民素质的提高

当今，人们越来越关注生活内容和生命质量。生态旅游作为一种特殊的高层次的旅游方式，不仅能更多地赋予旅游者地理、历史和生态环境知识，而且能比其他旅游活动更有效地开拓视野、陶冶情操、娱乐身心，对人们的身体、工作和生活都会产生深刻而积极的影响。国民素质是以知识、技术和对社会关注水平为标志的，生态旅游恰是这种深厚的自然和文化的供给源头。人们通过生态旅游，

能够更好地培养其崇尚文明的良好习惯，对提高国民生活质量和素质具有不可替代的作用。

（3）促进生态旅游区社会政治环境改善，提高管理水平

生态旅游往往是一种跨国界、跨地区的广泛人际交往活动，接待国际生态旅游者同一般旅游者一样是对外开放和友好往来的重要体现，有利于在世界上树立良好的形象，有利于扩大国际合作和民间外交，有利于推动科学技术和文化交流，有利于促进世界和平，同时也有利于促进各旅游区改善自身的社会、政治、政策环境，促进区域社会全面发展，提高运用高新技术手段进行社会管理的能力。

（4）促进社会安定

除了上述社会效应外，生态旅游还可促进民众参与环境保护，提高人们对可持续发展的认识，消除生态旅游区的民族隔阂，促进社会安定，优化市场需求结构等。

3. 环境效益

（1）提高环境质量

根据国家级风景区质量等级标准规定，其区域大气环境质量和水环境质量都应该是 I 级或者 II 级。这一标准促使各个风景区对大气环境极力进行保护，对大气污染进行治理。如黄山市汤口镇寨西村，在开发生态旅游之前，家家都砍木烧炭，砍柴煮饭，每年破坏很多树木，造成了黄山森林资源的破坏和空气的污染。开展生态旅游以后，他们意识到保护大气质量的重要性，家家户户自觉地改善了能源结构，改用液化气，使大气污染状况得以好转。湖南张家界过去空气中二氧化硫含量高达 0.62 毫克每立方米，超过了国家 I 级大气标准 3.68 倍，pH 达 4.4，开展生态旅游以后逐渐好转，达到了国家标准。

在促进水体保护和水体污染的治理方面，有明显的效果。许多风景名胜区山清水秀，水体洁净，优于周围其他地域的水体环境。例如，昆明滇池由于多年过度开发使用，使水质污染严重，造成负面影响，成为旅游发展的限制因素。为开展生态旅游，昆明在滇池畔兴建了几座污水处理厂，彻底整治了大观河等几座入湖河流的水质，将草海与外湖隔离开来，开通西园隧道，清理草海等，总共耗资 160 多亿元，大幅提高了滇池水体质量。

（2）保护自然资源和野生动植物

从正面环境效应的角度来看，生态旅游具有保护自然界和野生动植物的功能。众所周知，生态旅游可使游客与自然资源之间产生移情作用，减少负面伤害，从而建立起一种和谐的共生关系。世界自然基金会（WWF）对一些国家公园

的调查报告显示，推动和开展生态旅游可以促进生物，尤其是珍稀濒危生物的保护。这是因为生态旅游是一种环境友好的旅游方式，一般规模相对较小，行为要受到一定规范和限制。参与者一般有较高的知识水平，会以环境伦理作为行为的准则，而且在他们深切地了解了生态环境危机后，就会落实到实际的关爱环境的行动中。如在游览阿尔卑斯山时，顺手进行净山、净水活动；在德国，许多热爱野生生物的潜水者，会在潜水时顺便清理珊瑚礁的垃圾。有时生态旅游者还会成为前哨观察员，一旦发现某些珍贵资源和珍稀动物遭受破坏，他们就会设法通知相关的保护团体或政府机构，或者发起相应的保护运动。在自然保护区的实验区进行旅游开发后，一是可以起到对社区居民和旅游者的生态和保护意识的教育作用；二是为保护区的珍稀濒危生物保护找到经济支撑，增加保护和管理力度；三是可以通过生态旅游开发帮助当地群众就业和脱贫致富，人民富足了，反过来又会加强对野生生物的保护。

4. 人文效益

从游客角度来看，生态旅游是通过游客走进自然、认识自然，从而达到自觉保护自然的目的。生态旅游与其他旅游形式最大的区别就是将环境教育贯穿于旅游的全过程。众所周知，游客的环境觉醒程度是参差不齐的，有的环境意识较差，需要不断提高。生态旅游的兴起，可推动对环境的保护，营造优良环境，为强化人们的环境意识提供有利的契机。随着生态旅游实践的进一步展开，生态旅游的环境教育功能不断得以强化，具体表现在三个方面：一是教育对象的扩大化，从只教育学生发展为所有游客，把教育对象的范围扩展到了全社会；二是教育手段的提高，从单纯的游客用心去感受的教育方式，发展为充分利用现代科学、技术、艺术等展示自然，使人能够更为直观形象地接受教育，教育的效果会大大提高；三是教育意义更大，教育不仅是个人的环境素养提高，更为重要的是全民环境素养的提高，这将是人类解决 21 世纪所面临的生存环境危机的希望所在。

(七) 中国生态旅游的发展

中国的生态旅游是主要依托于自然保护区、森林公园、风景名胜区等发展起来的，大体上分为以下三个发展阶段。

1. 探索阶段

1982 年，中国第一个国家级森林公园——张家界国家森林公园建立，将旅游开发与生态环境保护有机结合起来。此后，森林公园建设以及森林生态旅游发展突飞猛进，虽然这时候开发的森林旅游不是严格意义上的生态旅游，但是为生态旅游的发展提供了良好的基础。

1995 年我国第一届生态旅游研讨会在云南西双版纳召开，就我国生态旅游发展问题进行了深入探讨，会后发表了《发展我国生态旅游的倡议》，这个倡议书引起了业界的广泛关注，是具有标志性的。1996 年，在联合国开发计划署的支持下，召开了武汉国际生态旅游学术研讨会，并将生态旅游研究推向实践。同年国家自然基金委员会与国家旅游局联合资助了"九五"重点项目"中国旅游业可持续发展理论基础宏观配置体系研究"，由国家旅游局计划统计司与中国科学院地理科学与资源研究所共同主持，开展生态旅游典型案例研究。同年 10 月推出的《中国 21 世纪议程优先计划》调整补充方案中，列出"承德市生态旅游""井冈山生态旅游与次原始森林保护"等作为实施项目，进一步推进了生态旅游的发展。1997 年，"旅游业可持续发展研讨会"在北京举行，会议认为生态旅游对于保障中国旅游业可持续发展有重要意义。1998 年国家旅游局提出建设六个高水平、高起点的重点生态旅游开发区：九寨沟、迪庆、神农架、丝绸之路、长江三峡、呼伦贝尔草原。

2. 泛化发展阶段

泛化旅游以扩大目标人群为目的，将各类旅游纳入生态旅游的范畴，对生态的保护性没有得到足够的重视，但大大推进了生态旅游的进程。昆明世界园艺博览会和国家旅游局的"99 生态环境旅游"主题活动大幅度推进了中国的生态旅游实践。在 1999 年，四川成都借世界旅游日主会场之机推出了九寨沟、黄龙、峨眉山、乐山大佛等景点，开发生态旅游产品。随后，湖南张家界国家森林公园举办国际森林保护节，推出武陵源等生态旅游项目。以湖南和四川为起点，生态旅游逐渐在全国范围内发展起来。在 2001 年对全国 100 个省级以上自然保护区的调查结果显示，已有 82 个保护区正式开办旅游，年旅游人次在 10 万人以上的保护区已达 12 个。但是在具有众多生态旅游资源的县级城市，生态旅游由于受到旅游市场的冷落，缺少推介和宣传，并没有提升旅游经济，更没有资源展示的机会。

进入 21 世纪以后，生态旅游在国内得到快速发展。2001 年 3 月全国旅游发展会议首次提出建立一批国家生态旅游示范区。同年，国家旅游局在《2001 年国家旅游局工作要点》与《中国旅游业"十五"发展规划》中再次提出了建设国家生态旅游示范区的思路，并将其列为我国"十五"期间旅游业发展的重点之一。同年 12 月中国生态学学会旅游生态专业委员会在北京成立，有力地促进了生态旅游业和生态文明建设的进一步发展。2007 年，"2007 中国国际生态旅游博览会"成为将理论与实际相结合、国内与国外相结合、景区与线路相结合、普及生态旅游与发展会展和奖励旅游相结合的新型展会，为探索中国生态旅游的发展实践提供了一个良好平台。

3. 规范化发展阶段

2008 年，全国生态旅游发展工作会议在北京召开。同年，国家旅游局和国家环境保护部联合发布《全国生态旅游发展纲要（2008—2015）》。2009 年，国家旅游局、国家林业局、国家环境保护部和中科院四部门（机构）联合发文，将 2009 年确定为"中国生态旅游年"，全国各地纷纷推出各种生态旅游产品系列，进一步加强了我国生态旅游业体系的建立和完善。2009 年，九三学社中央委员会会同中国生态学学会旅游生态专业委员会在湖南、贵州两省进行生态旅游调研，向中共中央、国务院提交了《关于推动我国生态旅游发展的建议》，并作为提案向 2010 年的两会提交，该提案受到党中央国务院的高度重视。2010 年由国家旅游局提出，联合环保部和两家机构共同颁布《国家生态旅游示范区建设与运营规范（GB/T 26362—2010）》。2011 年，国家"十二五"规划中提出"全面推动生态旅游"。同年，第一本生态旅游杂志——《中国生态旅游》创刊，对普及生态旅游知识作出了贡献。2012 年，国家旅游局和环境保护部联合制定了《国家生态旅游示范区管理规程》和《国家生态旅游示范区建设与运营规范（GB/T 26362—2010）评分实施细则》，并颁布实施。2014 年，在九三学社中央委员会的工作推动下，中国生态文明研究与促进会成立了生态旅游分会，以服务社会为目的，推动生态旅游事业的健康发展，同时以生态旅游为平台，推进生态文明建设。2016 年，在国家发展改革委员会和国家旅游局的共同推动下制定了《全国生态旅游发展规划》。

"十二五"以来，我国旅游业规模快速增长，旅游已成为城乡居民日常生活的重要组成部分，成为国民经济新的重要增长点。以森林旅游为例，近年来在各级林业部门的共同努力下，全国森林旅游表现出良好的发展态势，从业人员规模逐渐扩大，游客数量不断增加，森林旅游进一步促进了区域经济发展和就业增收能力。从 2015 年全国森林公园、湿地公园等为基础的统计数据看，森林旅游直接收入 1000 亿元，同比增长 21.21%，创造社会综合产值 7800 亿元，约占 2015 年国内旅游消费（34 800 亿元）的 22.41%，同比增长 20.00%。全年接待游客约 10.5 亿人次，约占国内旅游人数（40 亿人次）的 26.25%，同比增长 15.38%。森林旅游管理和服务的人员数量达 24.5 万人，其中导游和解说员近 3.8 万人。此外，生态旅游发展带动了就业增收能力，目前生态旅游已成为农民脱贫增收的新渠道，更成为推动地方经济转型升级、促进消费的新引擎，对地方社会经济的带动作用日益明显。

近年来，人们对生态旅游兴趣的增强反映了一种不断高涨的时代潮流，亲近自然、感受自然正成为一种时尚消费。越来越多的游客已经不再满足于一般形式的观光游览，而是追求更深层次的旅游体验，并注重参与性，包括诸如野生植物识别、野生动物观察、户外游憩活动、自然和文化传统体验等，甚至还引进吸收了西方国家盛行的边走边学（向导旅游）、专门学习性旅游计划（团体教育性旅游）等旅游项目。

在国内，开放的生态旅游区主要有森林公园、风景名胜区、自然保护区等。生态旅游开发较早、开发较为成熟的地区主要有香格里拉、中甸、西双版纳、长白山、澜沧江流域、鼎湖山、肇庆、哈纳斯等地区。至 2019 年，国家级森林公园累计 897 处，国家级自然保护区 474 处，风景名胜区 1051 处，地质公园 613 处，海洋特别保护区（海洋公园）111 处，世界地质公园 39 处。按开展生态旅游的类型划分，中国著名的生态旅游景区可以分为以下九大类：

①山岳生态景区　以五岳、佛教名山、道教名山等为代表。

②湖泊生态景区　以长白山天池、肇庆星湖、青海的青海湖等为代表。

③森林生态景区　以吉林长白山、湖北神农架、云南西双版纳热带雨林等为代表。

④草原生态景区　以内蒙古呼伦贝尔草原等为代表。

⑤海洋生态景区　以广西北海及海南文昌的红树林海岸等为代表。

⑥观鸟生态景区　以江西鄱阳湖越冬候鸟自然保护区、青海湖鸟岛等为代表。

⑦冰雪生态旅游区　以云南丽江玉龙雪山、吉林延边长白山等为代表。

⑧漂流生态景区　以湖北神农架等为代表。

⑨徒步探险生态景区　以西藏珠穆朗玛峰、罗布泊沙漠、雅鲁藏布江大峡谷等为代表。

二、森林生态旅游

(一) 森林生态旅游的含义

森林生态旅游是一种新兴的旅游模式，能够使人们享受自然，提高文化知识水平，增强身体素质，是一种崇尚健康文明的休闲活动方式，是生态旅游的主要形式之一。

对森林生态旅游的概念界定较多。邓金阳、陈德东(1995年)认为森林生态旅游是指人们在人工或天然的森林生态环境里从事的旅游活动。秦安臣等(2001年)认为森林生态旅游是人们利用休息时间依托森林生态资源进行的以享受、娱乐、保健为目的的行为,具体来说包括森林露营、风景欣赏、森林探险、森林娱乐、森林野游等,以及从事科学考察、宣传教育等活动。张彪(2015年)认为森林生态旅游是森林公园和生态旅游相结合产生的一种旅游形式,它是以森林资源为主要基础的一种旅游形式,以直接体验森林资源和森林景色为目的,所以森林生态旅游是低消费、可持续的旅游形式。

结合对森林旅游和生态旅游的相关定义,可得出以下认识:

首先,森林生态旅游是生态旅游的一种,具备生态旅游的所有特性。生态旅游依据所依托的生态系统的不同种类可分为森林生态旅游、草原生态旅游、湿地生态旅游、海洋生态旅游、山地生态旅游、沙漠生态旅游和农业体验生态旅游等多种类型,森林生态旅游作为生态旅游的主要组成部分之一,是其中比较典型且开展较为广泛的一种生态旅游形式。

其次,森林生态旅游是森林旅游的进化和升级。森林旅游的出发点是从旅游活动中得到享乐,是一种普通的大众旅游;而森林生态旅游在森林旅游的基础上又前进了一步,即旅游的出发点是为了更好地保护森林资源和生态环境,因此是一种可逆向流动的特殊的旅游。森林生态旅游以生态学和经济学理论为指导,不仅是一种旅游方式,更是一种生态经济体系和可持续的发展理念。

最后,森林生态旅游是森林旅游和生态旅游的交集,它既强调了旅游的目的地是森林景区,又强调了旅游活动的可持续性特点。

综合国内外学者的研究和界定,森林生态旅游(Forest Ecotourism)是指在林区内依托森林生态资源发生的以旅游为主要目的的多种形式的野游活动,不管是直接利用森林还是间接以森林为背景都可称为森林生态旅游。森林生态旅游有广义和狭义之分,狭义的森林生态旅游是指人们在闲暇时间,在森林生态环境内所进行的森林野营、森林欣赏、森林娱乐、森林探险、森林休养、森林研究等活动;广义的森林生态旅游是指在森林中进行的各种活动,任何形式的野外活动。

森林生态旅游是以森林生态资源为基础,以人与森林生态系统发生互动为目的的旅游活动。在森林旅游中游客身心得到了洗礼,"生态优先,绿色发展"意识得到了提升,同时,实现了与森林相关的生态、社会、经济效益协调发展。

(二) 森林生态旅游的特征

1. 系统性

森林生态旅游是了解森林中的乔木、灌木、草本等植物结构，观察和感悟整个森林系统中动植物、气候、土壤等组分及其相互关系，欣赏丰富多变的自然景观的综合活动。通过行动和感受，对游客机体和意识已产生全面的影响，起到锻炼身体、愉悦身心、陶冶情操、了解自然、理解生态系统和认识生物多样性的目的。

2. 保护性

森林是陆地最大的生态系统，是人类文明的摇篮，是维持生态平衡的关键。森林生态旅游区别于传统大众旅游，强调对森林旅游资源与环境的保护性开发、利用，将生态保护的思想融入旅游开发、旅游体验的全过程，以森林生态资源保护为前提，不仅重视经济效益，同时强调环境效益和社会效益，是一种保护性的旅游形式。

3. 教育性

森林生态旅游的开展除了给人们提供一个观光、度假、娱乐的空间外，其实也提供了一个环保教育的"大课堂"，可以使游客在娱乐的过程中接受自然与人类和谐共生的生态教育，认识森林所特有的保护物种，涵养水源、净化空气、美化和改良区域环境等多种功能。森林中的每棵树、每只动物、每条小溪，都是极具雄辩力的环保"活"教材，游客通过森林生态旅游，走向自然，学习和认识良好生态环境的价值，达到自觉地保护森林资源与环境的目的。

4. 科学性

一个森林生态系统包含大量的自然科学信息和知识，他们是游客在旅游过程中要求获得的，并能够获取的科学营养。因此，森林生态旅游的开发经营有别于传统大众旅游。传统大众旅游的开发经营仅重视产品美学价值特征的发掘与保护，森林生态旅游的开发经营除了注重这一点外，更重视产品的科技和哲学含量。森林生态旅游能向游客展示自然界深层次的奥妙和人与自然和谐的美，启发游客思考人与自然深层次的关系，从而使森林生态旅游的科学教育功能得以充分发挥。

5. 专业性

森林生态旅游活动具有较高的科学文化内涵，这就需要森林生态旅游活动项目的设计、经营及管理者要有很强的专业性。森林生态旅游的专业性首先源于游客的旅游需求，游客到森林中是寻求整个身心的回归自然，因此，开发出来的森林生态旅游产品应该使游客在短暂的旅游活动中融入大自然、享受大自然、感悟大自然、学习大自然，从而自觉地保护大自然。同时，森林生态旅游的经营管理也需要有专业性，否则对森林生态旅游特有的旅游资源的保护、三大效益的协调发展将成为一句空话。

(三) 森林生态旅游的文化内涵

1. 休闲——人类共同的精神家园

使每一个人都能得到自由而全面的发展，是人类社会孜孜以求的理想境界。生产力的发展导致人类休闲时间日益增多，休闲空间日渐拓展，由此休闲文化备受学界关注。休闲方式的优劣与休闲质量的高低直接影响经济社会的发展、和谐社会的构建和人的全面发展。

随着社会的发展和人民生活水平的提高，以森林生态环境为载体的健康休闲、生态疗养等方式的森林生态旅游已经成为城乡居民的迫切需要。随着带薪假日的增多，广大市民外出旅游的心理需求日益增强，特别是利用双休日进行短途生态休闲，成为市民的迫切要求，而森林生态休闲已经成为他们首选。森林生态旅游能够使人们享受自然，提高文化知识水平，增强身体素质，是一种崇尚健康文明的休闲活动方式。在森林生态旅游中人们能够感受生态文化的独特魅力，提高全民的健康水平，提升人们认知、传播森林生态文化的热情和积极性。

森林休闲活动与人的健康息息相关。它能带来身体的健康、精神的放松和心情的愉快，同时休闲主体可以积极主动地利用生态休闲方式使身心达到最佳状态，从而提升个人生态文明素质，以使个人生存发展的巨大压力减轻，是应对科技迅猛发展、工作节奏异常加快的有效途径和方法。也就是说休闲主体采取积极的态度更能显示出人的自由全面发展趋势。在科学休闲理论引导下，休闲将成为人的全面自由发展的重要方式。科学选择适合自己个性的方式，特别是科学有效而轻松优雅的健康方式，在获得身体和精神放松愉快的同时，可达到科学合理地追求人生意义的目的。

恩格斯曾说："我们的目的是要建立社会主义制度，这种制度将给所有的人提供健康而有益的工作，给所有的人提供充裕的物质生活和闲暇时间，给所有的人提供真正的充分的自由。"随着人类休闲时间特别是生态休闲活动时间的不断增加以及休闲空间特别是森林生态休闲活动空间的日渐拓展，人类在不断地利用、享受和创造生态休闲方式的过程中得到自由而全面的发展。

2. 回归自然——人类永恒的情节

人类从森林中走出，又回到森林中去，这里面蕴含着人类发展进步的轨迹和人们生态意识的觉醒，由此而产生的对生态问题的理性思考，以及生态忧患意识的萌发和生态保护意识及愿望的增强。20世纪后半叶的工业文明将其价值取向定位于狭隘的人类中心主义。人类中心主义以近代的机械论世界观及人与自然的二元论为基础，把人与自然对立起来，认为人是自然的主人和拥有者，提高了人类征服和掠夺自然的能力。由此而造成的恶性循环使人类沿着工业文明的轨迹越走越远，即使有空前的技术力量，也无法解决人类所面临的日益严重的环境污染，这一趋势必然导致环境危机与生态危机的出现，并进一步导致人与自然的关系的总体性危机。从世界观和价值观的高度寻找环境保护的新支点，也正是为了摆脱这种人与自然发展关系的危机状态，人们开始觉醒，并大声呼唤要求重建人与自然有机和谐的统一体，实现社会经济与自然生态在更高水平上的协调发展，真正建立人与自然共同生息、生态与经济共同繁荣的持续发展的文明关系，这便是生态文化的核心理念。自1987年前世界环境与发展委员会主席布伦特兰夫人发表了《我们共同的未来》报告后，可持续发展问题开始引起世界各国的广泛关注，生态文化逐步深入人心，旅游经济和其他许多经济活动一样逐渐接受了这一主流文化。

把环境保护与可持续发展放在文明转型和价值重铸的大背景中来加以思考，这就是人类正在经历的以保护自身和自己赖以生存的环境、有序地开发资源、持续地维持生态平衡为主要目标的生态时代或生态社会。在这个时代，人类把生态环境保护、生态可持续发展作为必须具备的意识、准则和行为之一。而森林提供给人们的不单是休养生息的场所，也是回归之后的觉醒。

"地球呼唤绿色，人类渴望森林"。随着假日经济的发展，森林为城乡居民提供了一个理想的游憩、娱乐场所。置身于广阔的绿色海洋之中，享受着林间无拘无束悠闲自得的生活乐趣，浴净身心，消除疲劳。同时，还能丰富生物科学知识，探索大自然的奥秘，提高人们环境保护的意识。在人类的心灵深处，森林是最感亲切的环境。但是，工业化给人类带来物质文明的同时，森林也正在离人类远去，造成了人类身心的不适应。因此，森林就成为人类心灵深处的渴望。

追本溯源回归大自然，享受森林清新的空气、宁静怡人的环境是人类的一种本能。由于森林产生大量的空气负氧离子，因此，森林环境中的空气格外新鲜。森林中蕴含着生命节律、生命的过程、生态的过程、生物多样性等多种知识，这些知识大多是书本上不能体验的，尤其对城市居民而言，是一个相对陌生的领域。因此，森林是关于生态知识学习的最好课堂。

3. 审美境界——人类的高级追求

自然美是人的外在自我的呈现，艺术美是人的内在自我的说明。高级的审美是在审美对象中领悟到自我，把对象的审美价值归结为自我的审美价值。在审美过程中，有很多人实际上并没有领悟到审美对象的价值，只是陶醉于审美对象的赏心悦目，获得的只是一种感官的快乐，而非审美的快乐。而只有达到所谓的悦心悦意、悦神悦志，才能真正领悟到审美对象的价值，从而超出感官快乐达到审美的快乐。这种审美快乐的获取，是人类的一种超越精神，一种现实对于理想的热情，一种精神上的回归。

森林生态旅游从终极的意义上说是一种森林审美活动，审美境界是森林休闲的高级追求。森林美不是一个单层的平面图幅，而是一个动感的、多层次的森林图景。一方面，森林能呈现多种内容的美，如森林景观美（提供森林观光旅游）、森林生态美（提供森林生态旅游）、森林文化美（提供森林文化旅游）、森林人文美（提供森林民俗风情旅游）；另一方面，森林能呈现多层次图景，从森林景观、森林意象到森林意境，这三个层次是由浅入深、依次递进的。不同层次的森林图景满足不同人群的调适心情、寄托情感、感悟人生的需求。

在森林景观层次（物质世界），森林美体现为审美对象的客观存在性和真实性，呈现自然的感性世界，满足人的感官需求。人们对森林景观的审美体验是真实、感性、鲜活的，当然也包含一定的实用和功利的因素。进入森林意象层次（情感世界），人们借森林这一载体寄托独立、崇高、坚贞、高洁等情感，摆脱其实用性、功利性，步入"情景交融"的审美状态，实现人与森林的情感交流。但在景观层次和意象层次，人们仍会为物所累，为情所困。进入森林意境层次（理想世界），森林美体现为审美主体对审美客体的"物"对"象"的超越，体现为真性情和真感悟，呈现理想的理性世界，满足人的精神需求。森林景观、森林意象、森林意境是在不同文化背景、不同视角条件下，人们对森林的不同审美体验。人们要在物质、情感、理想三个世界中自由游移，才能既享受此岸的实在，又充溢彼岸的虚幻和诗意。但对于理想世界只能接近，而永远达不到彼岸，人类总要回到现实的世界，面对自然，体验本色本真。

森林中的每一株树木、每一棵花草、每一片树叶都是自然的艺术品。一些树木的生态特性迎合了人类某些精神寄托，如我们现在的市树、市花。所以，在森林中休闲，从一定意义上讲，也是一种精神寄托与自然艺术享受。

（四）森林生态旅游资源特点与活动项目

1. 森林生态旅游资源特点

森林生态旅游的客体，即游客开展森林生态旅游活动的背景环境毫无疑问就是森林生态旅游资源，森林生态旅游资源是森林生态旅游的物质基础、基本条件和核心前提。首先，森林生态旅游资源属于森林资源的范畴，以各种包括动植物资源、生态系统以及游憩环境等在内的森林景观为主要形式，还包括与之相关的人文景观；其次，森林生态旅游资源属于旅游资源的范畴，因此能对旅游者产生吸引力，进而给旅游地带来经济收益；最后，也是最重要的是森林生态旅游资源属于生态旅游资源的范畴，因此对其利用处处体现着能够满足当地经济、社会和环境平衡发展的可持续性特征。主要有以下特点：

（1）原生性与和谐性

原生性是指森林生态旅游资源作为一个生态系统是原本自然形成的，如我们通常所说的"原始森林"。原生森林生态旅游资源是大自然经过几十亿年的演化而成的，除了感官上的赏心悦目外，更以它丰富的美学、科学及文化内涵吸引游客。

和谐性是指人类遵循生态学规律。森林生态系统中的生物适应着环境，各种生态因素相互作用协调发展，物质进行循环、转化和再生。自然生态系统是适应的系统、反馈的系统和循环再生的系统，因而生态系统不仅具有稳态机制，也有动态平衡发展机制。人类要与森林生态和谐相处，自然森林不需要人过多地关照，也谢绝破坏。

（2）系统性

森林生态旅游资源各组分之间相互联系、相互限制、相互依存，构成一个有机系统，游客作为一个生物体参与到这一系统的同时，也对这一生态系统的演替发挥作用。

（3）脆弱性与保护性

脆弱性是指森林生态旅游资源属于自然生态系统，其对作为外界干扰的旅游开发和旅游活动的承受能力是有限的，超过这一限度就会影响和破坏森林生态旅游资源。针对其脆弱性的特点，为了森林生态旅游的可持续发展，必须进行保护。

（4）地域性与不可移置性

地域性是指任何森林生态旅游资源都是在当地特有的自然和文化生态环境下形成的。在大自然中，无法找到两个完全相同的地方，虽然都是以森林为依托，但南方森林与北方森林也不尽相同，正是这种地域差异，构成了吸引游客的核心因素。

森林生态旅游资源的地域特征，决定了它在空间上不可能出现完全一样的移位特征。可以移植一棵树，但不可能移植其周围的环境及相互间的关系。整个森林生态系统是不可能移动或复制的。

（5）季节性

季节性是指森林生态旅游资源景致在一年中随着季节而变化的特征（即季相）。由于森林生态旅游活动大多发生在野外，气候变化的影响使森林生态旅游表现出很强的季节性。一方面，森林生态旅游资源随气候变化而变化，使森林生态旅游表现出季节性，如瀑布、花卉观赏、森林浴、滑雪；另一方面，旅游项目所依托的森林环境随气候变化而变化，使之表现出季节性，如气候的变化引起水温变化而使漂流不能在较冷的天气里进行。

（6）舒适性

森林生态旅游资源的使用应该是一个真正放松、娱乐和享受的过程，是一种特殊的旅游体验。森林生态旅游资源的舒适性，强调使用者的心理放松和生理健康，使旅游者不仅能享受舒适的接待设施，更能享受到优质的旅游环境带来的静谧氛围和丰富的活动项目，如观鸟、钓鱼、摄影、棋牌等。体验轻松、悠闲的氛围，可以使人的身心得到放松。

（7）可参与性

森林生态旅游是一种特殊的旅游体验，参与森林生态旅游提供的各种休闲娱乐活动和游览活动是旅游者获得这种体验的重要途径。走马观花式的观光游览难以令游客得到真正的旅游体验，游客只有参与到各项森林生态旅游活动中，如健身康体、运动探险等，才能融入森林生态旅游的氛围，获得愉悦的体验。

（8）功能的多样性

森林生态系统是人类赖以生存的环境基础，是陆地生态系统的主体，也是人们回归自然的首选之地。森林生态旅游资源具有多种功能，如休闲娱乐功能，该功能为旅游者提供了一种追求轻松惬意、闲适恬静的森林生态旅游氛围和环境，游客能到森林中度假、垂钓、野营、探险等；如自然教育功能，通过游历森林、跋涉山水，使人增长知识、启迪智慧、丰富阅历等；如保健疗养功能，森林具有调节气温、吸碳制氧、消除烟尘、杀灭细菌、隔音消声、美化环境等作用。

（9）稳定性

森林生态旅游资源应具有土地覆被的稳定性、植被的稳定性和生物群落的稳定性，同时具有生态系统的进化性和延续性。

2. 典型森林生态旅游活动项目（表 5-1）

表 5-1　典型森林生态旅游活动项目

活动类型	活动方式
体育健身型	如爬山、林间骑行、林间滑雪、越野跑、徒步等
森林康养型	如森林氧吧、五感花园、森林浴场、温泉体验等
历史遗产类	如参观林中历史遗迹、革命纪念地、传统特色产业，体验特色民俗等
探险型	如露营、徒步穿越等
自然观光型	如观赏瀑布、密林、花海、峡谷、洞穴、地质现象、水库、泉水、雾景、风景河流、湿地等森林自然景观
科普型	如标本收集与制作、植物认知、动物认知、微生物认知等
艺术型	如美术写生、森林艺演等

（五）我国森林生态旅游发展现状

1. 森林生态旅游发展成效

在我国广袤的林区里，蕴藏着十分丰富、独具特色的森林风景资源，形形色色的植被种类与千差万别的地形地貌，异彩纷呈且具有独特的旅游魅力，丰富的森林生态旅游资源储量使得我国拥有开展森林生态旅游事业得天独厚的优良条件。

随着对自然生态环境保护的加强、经济的发展、林业产业结构的调整，以发挥森林价值为目标的森林生态旅游开发日益受到全社会的重视。林业部门自 20 世纪 80 年代起开始有计划地进行森林公园和自然保护区建设，现已初具规模，并呈现出强劲发展的良好势态。特别是实施天然林保护、退耕还林、防沙治沙、野生动植物保护等六大重点林业工程后，进一步加强了森林公园和自然保护区、旅游小区的建设。自 1982 年 9 月张家界国家森林公园成为中国第一处国家森林公园，经过近 40 年的发展，截至 2017 年，我国各地森林公园总数量增长到 3505 处，森林公园总面积为 20 281 900 公顷，自然保护区数量为 2750 个，占陆域国土面积的 14.8%，是世界上规模最大的保护区体系之一，截至 2018 年 5 月 31 日，国家级自然保护区的数量为 474 个。到 2019 年，我国国家级森林公园为 897 处。张家界、黄龙、泰山、武夷山、庐山等多处国家森林公园和自然保护区被列为世界遗产。有21处湿地自然保护区被列入"国际重要湿地名录"。同时，以森林公园和自然保护区、旅游小区为依托的森林旅游产业体系也日趋完善，已初步形成"吃、住、行、游、购、娱"配套发展的旅游服务体系。例如，2018年国家级森林公园接待游客量超过10亿人次，旅游收入近1000亿元，生态效益和经济效益均较为显著。2016—2019年，全国森林旅游游客量达到60亿人次，平均年游客量达到15亿人次，年均增长率为15%。到2019年全国A级景区总数量达到约11 924个，其中5A级景区为259个，占全国A级景区总数的2.17%，年游客量达到18亿人次，占国内年旅游人数的近30%，创造社会综合产值1.75万亿元。开发森林生态旅游吸引了大量的游客参观，提高了当地的知名度，在增加当地经济收益的同时，也增加了无形资产。多项调查表明，以森林旅游为主体的生态旅游已成为我国旅游业中最具朝气和发展前景的事业。

2019年12月新修订的《中华人民共和国森林法》第四十九条规定，在符合公益林生态区位保护要求和不影响公益林生态功能的前提下，经科学论证，可以合理利用公益林林地资源和森林景观资源，适度开展林下经济、森林旅游等。森林生态旅游发展中更强调对自然景观的保护，强调与自然和谐发展，强调以生态效益为前提、以经济效益为依托、以社会效益为目的，力求达到三者的综合效益最大化。目前，我国森林旅游也逐步摆脱以观光旅游为主的森林旅游传统模式，森林体验、森林疗养、自然教育、山地运动、森林马拉松等新业态新产品呈现出百花齐放态势。依托森林、草原、湿地、荒漠及野生动植物资源开展的观光、游憩、度假、体验、健康、教育、运动、文化等相关活动，将不断提高生态旅游产品的供给能力和服务水平。

2. 森林生态旅游存在的主要问题

近四十年来，我国森林生态旅游在合理利用森林资源、促进旅游产业发展等方面取得了巨大的综合效益。但是，我国森林生态旅游在发展中还存在一些问题，主要有以下几个方面：

（1）开发不合理

生态旅游的兴起和不计成本或少计成本而引发的森林生态旅游利润虚增现象，促使许多地方纷纷把森林生态旅游确定为新的林业经济增长点。森林生态旅游的开发是一项综合工程，需要考虑到周边设施的配套、市场需求、资金需求、对环境的影响等。但是，许多地区在开发时，缺乏深入的调查研究和全面的科学论证，导致景区不仅难以维持，更对当地资源带来破坏，尤其是许多不可再生资源的破坏。

（2）景区环境容量超载

一些生态旅游区经受不住利益的诱惑，超量接待游客，造成森林旅游区生态环境长期处于超载状态。为了接待更多的游客，不惜大肆破坏生态环境，修建道路、宾馆等设施，导致水土流失，森林被破坏。同时，大量游客的涌入，使得当地野生动物活动范围缩小，数量减少。

（3）生态环境破坏严重

从某种意义上说，一个游客就是一个污染源，旅游设施密度越大，生态环境遭到破坏和污染的可能性就越大。有的自然风景区出于经济目的，热衷于旅店、餐馆的建设，盲目扩大旅游区、修建旅游设施，使游客空间分布不均匀，致使自然景观和生态环境遭到破坏，违反了生态旅游最大限度保护自然环境的开发原则，导致旅游资源退化。随着自然保护区生态旅游热的兴起，保护区内脆弱的生态系统也遭到严重的威胁。

（4）管理滞后

森林生态旅游的管理具有一定的专业性，需要一定的专门人才。但是，当前由于森林生态旅游经济效益较好，发展过快，森林生态旅游景点遍地开花，而管理人才缺乏，管理相对滞后，使开发过程不合理，生态失衡。

（5）思想意识落后

由于生态旅游在我国发展的时间不长，生态意识思想教育还跟不上。经营者在开发过程中不注意对生态环境的保护，经营过程中废弃物随意排放，对生态环境造成了严重的破坏。同时，部分游客环保意识淡薄，随手乱扔垃圾，破坏了景区生态环境，结果导致森林生态旅游的发展受到限制。

3. 森林生态旅游发展策略

为实现森林生态旅游可持续发展，应在以下几个方面进行强化。

（1）科学保护和规划森林生态旅游资源

可持续发展先是持续性，才有发展性，对于资源而言，先有资源保护才有发展，所以在森林生态旅游开发中，要树立资源保护优先的开发原则。虽然我国森林生态资源十分丰富，但大多数森林生态经过严重破坏，相当脆弱，资源的科学开发难度较大，一些原始森林的开发环境风险较大，因此，要严格树立资源保护优先的观念，通过科学规划，在开展森林生态旅游业的同时，实现森林生态资源的可持续增长。

（2）建立高水平森林生态旅游人才队伍

首先，在森林生态旅游地培养本土人才，立足于本地发展，对本土的森林生态旅游从业人员定期进行相关培训，提升专业化水平，基于专业化水平给予人才不同的奖励待遇，促使人才集中。保持本土人才的优势集中才能更大程度吸引外来人才。其次，建设森林生态旅游专业化管理人才队伍。森林生态旅游专业化人才既要了解旅游管理相关行业知识，又要了解森林生态旅游的特点。随着森林生态旅游的兴起，此类人才目前比较稀缺。

（3）加强政府有效管理

政府对于森林生态旅游要转变思维观念，突出政府引导，理顺管理体制机制，明确职能事权，整合优势资源，促进可持续发展。要重视旅游地经济发展合理布局，将旅游业分配向当地群众倾斜，让群众在旅游受益中自觉保护生态环境条件，形成"留得青山在，不怕没柴烧"的生态文化。

（4）实行市场化运作

市场化运作是指根据市场经济的规律与要求，按照企业化运营方式，充分配置内外部资源，实现自身效益的最大化。市场化是运用市场作为解决社会、政治和经济等问题的一种手段。市场化运作能产生经济效益、社会效益。同时，强调生态指导与监管，让市场在生态框架下最大限度地发挥资源利用与保护作用。

三、森林康养

党的十八大以来，以习近平同志为核心的党中央从中国特色社会主义事业"五位一体"总体布局的战略高度，对生态文明建设提出了绿色化、绿色发展等一系列新思想、新观点、新论断。坚持生态优先、绿色发展，落脚在绿色惠民。良好的生态环境是提高人民生活水平、改善人民生活质量、提升人民幸福感的基础和保障，是最公平的公共产品和最普惠的民生福祉，是全面建成小康社会的必然要求。依托良好生态环境基础逐渐兴起的森林康养产业，无疑十分契合绿色惠民的理念。森林康养具有显著的医学意义，即生命意义，这是其他健康产业所不具备的特殊社会价值。医学的本质是维护和增进人类健康，但传统意义的医学思想不能从根本上解决当今社会的生命质量问题，而森林康养创新医学思想，化被动为主动，化机械为灵活，在森林中进行生理与心理的康养，具备医院所不具有的医疗功能。森林康养是一次医学革命，也是人类健康史上的一次质的飞跃，让传统意义的医疗手段升级到心理保健与心灵净化的新境界。森林康养一个重要的医学意义就是改变医疗观念，从消极型转变为积极型，从高风险型转变为低风险型。这一医学观念的转变相当深刻，或将成为 21 世纪先进的医学理念。

（一）森林康养发展背景

人们在尽情享受现代文明成果的同时，文明病，即慢性生活方式疾病正日益流行。随着老龄化、人们生活水平以及城市化程度的提高，慢性生活方式疾病的患病率持续上升，处于亚健康状态的人群越来越多，慢性生活方式疾病已经成为21世纪危害人类健康的主要问题。如我国高血压、血脂紊乱的患者均将近2亿。

近年来，医学界一致认为引起成人病的主要元凶是压迫感，而森林是释放压迫感的最佳场所。森林植物有诱导正气性基因表达，提高适应性、免疫力等的阳性作用。森林康养正是利用森林中的各种疗养因子，对患有循环、神经、血液、呼吸等系统疾病的患者起到了较好的治疗和康复作用，而且具有经济实用、易于推广、适应广泛等优点，为疗养医学及康复事业增添了新的内容和手段。日本的一项研究表明，工人的健康保健，尤其是与压力有关的疾病，已成为一个重大的社会问题，而且疾病的预防需要有效的新方法。

从医学维度看，森林康养属于一种超前的医学理论创新。传统意义上的医学理论，人们往往是被动者，当身体出现不适后才进行诊治，这种医疗方式属于被动型、抢救式、高风险的"生命赌博"，因为一旦身体病入膏肓，无论多么先进的医疗手段都是徒劳的。同时，人们不得不面对"看病贵、就医难"的问题。当今社会，解决"看病贵、就医难"的一个途径是实施医疗体制改革的行政途径；另一个就是实施医疗专业改革的技术途径——向预防医学转型。

随着中国工业化和城镇化步伐加快，环境污染、生态环境恶化等系列问题也集中暴露出来。生态环境恶化和环境污染造成的疾病和生态资源枯竭也在不断威胁着人们的生存安全，按照世界联合国健康组织的调查结果显示，商业社会中的人群中有20%的人是患者、75%为亚健康人群、只有5%是健康人群，亚健康人群十分庞大，这是相当严峻的社会问题。在治疗方面，单纯的药物治疗或许可以解决一时，但却不能解决根本。城市化的生活方式带来的心理疾病，药物根本不能解决，唯有寻找一片生活的净土，让人们心灵得到放松，而森林康养则是最好的现实选择。城市里的人们走进宁静秀美的森林里，心情会逐渐变得舒坦，精神处于轻松状态，心理疾病就会逐步消除，森林氧吧的特殊功能也就显现出来。如果人们每个月能在森林里度过一周，每年进行12次森林康养，亚健康状态将减轻。森林康养与城市化发展具有高度的跨界相关度，养生需求将是未来最旺盛的市场需求，也将成为都市居民的重要需求。

另外，伴随着现代社会的快节奏、高压力，精神类疾病成为全社会的"头号杀手"。目前我国精神类疾病患者超过 1 亿人，其中，严重精神病患者超过 1600 万人。森林康养将从精神层面放松人们的心情，回归大自然的宁静，感受幽静环境的美妙，这种生理治疗方式，也许是治疗精神病的最佳选择，特别是对初期的精神病患者来说，将是心灵层面一次难得的修复、休养和滋润，从而消除本来并不严重的精神疾病。这是森林康养的一大社会价值也是社会安定和谐的一个特殊贡献。

老年社会的到来是一个世界性问题，我国属于"未富先老"的国家，养老将成为一个社会难题。现在的各类养老模式均面临不少问题，而森林康养将为我国的养老事业提供一条新途径。森林康养是具有广泛社会基础的新事业，其主要社会职能是养生养老。广大市民的切身需要，将为森林康养带来巨大的市场潜力。

森林是人类最后一块净土，也是最珍贵的天然资源。森林是人类最早的家园，"走出森林"是人类文明的第一个起点。如今为了寻找我们的精神家园和健康乐园，我们又要"回归森林"，这一轮回具有特殊的人文意义和时代价值。

(二)森林康养相关概念

人类在类人猿时期便一直生活在被绿色环境环抱的大自然之中，在之后直到工业文明出现之前的大部分时间也都在田野中与植物(栽培农作物)和动物(豢养家畜)一起度过。因而，可以说人类自诞生以来，就与森林呈现相互依存、不可分割的亲密关系，人类绝大部分时间都是在充满绿色植物的环境中度过的。而且，"生物喜好理论"认为，随着人类的进化，这种被植物包围、被植物哺育过的感觉也深深地印刻在人们的心灵深处，形成遗传基因。所以，人类有回归自然的情怀，人们可以从植物中获取平静，看到植物后心灵可得到慰藉。即使当工业文明出现之后，人类生活环境急速向无机化方向迈进的今天，人类生活环境也脱离不了自然因素与绿色植物。

在开启全面建设社会主义国家新征程上，要以习近平新时代中国特色社会主义思想为指导，牢固树立新发展理念，以建设生态文明和美丽中国为统领，以服务健康中国和促进乡村振兴为目标，以优化森林康养环境、完善康养基础设施、丰富康养产品、建设康养基地、繁荣康养文化、提高康养服务水平为重点，向社会提供多层次、多种类、高质量的森林康养服务，不断满足人民群众日益增长的美好生活需要。国家林业和草原局、民政部、国家卫生健康委员会、国家中医药管理局于 2019 年 3 月联合发布的《关于促进森林康养产业发展的意见》指出：森林康养就是以森林生态环境为基础，以促进大众健康为目的，利用森林生态资源、景观资源、食药资源和文化资源并与医学、养生学有机融合，开展保健养生、康复疗养、健康养老的服务活动。与森林康养相关的概念有多个，以如下概念为例。

（1）森林浴

森林浴是指通过森林散步将森林具有的疗养效果用于人们的健康增进、疾病预防的活动。它是由日光浴、桑拿浴等衍生出来的一种时尚流行语，其构想是由德国的森林环境"自然健康调养法"、欧美的步行健康法等加以综合运用的一套健康方法。意思是到森林中去沐浴感受那里特有的氛围和气息，充分地放松人的身心，森林浴的基本理念是人在林荫下漫步、小憩、娱乐，通过充分吸入森林中散发的具有药理效果的芳香物，直接刺激植物神经，从而达到促进身心健康的目的。森林浴男女老幼皆宜，没有初学和行家之分。

（2）森林医学

森林医学是研究森林环境对人类健康影响的科学，这是从医学的角度研究森林对人体所具有的治疗、康复、保健和疗养功能的一门边缘学科。森林医学属于替代医学、环境医学和预防医学的范畴，已成为新的跨学科的科学和公众的关注焦点。利用森林环境对相关患者开展辅助替代治疗，其治疗效果以及为人体带来的放松效果，不但为广大患者所接受和认同，并得到了医学界的认可。

2004 年，日本森林环境与人类健康相关的研究"森林医学"正式开始。此外，日本农林水产省在 2004—2006 年还发起了一项研究，从科学的角度来调查森林对人类健康的治疗效果。该项目获得了与森林环境功效相关的大量数据，证明森林可通过减轻压力从而促进生理及心理健康的功效。

随着森林有益于人类健康证据的增加，许多国际研究机构、学术团体纷纷推出项目，研究森林与人类健康之间的关系。2007 年，作为学术团体、日本森林医学研究会成立。森林医学这一专业术语，首次于 2007 年在日本提出。日本森林医学研究会的目标是促进森林医学研究，包括森林浴和森林对人类健康的影响及其治疗效果，该协会与日本森林综合研究所、日本森林疗法协会及其他相关林业学术团体合作，开展森林医学研究，收集和编辑关于森林及人类健康主题的文件资料，针对森林浴的实施展开教育培训。2007 年，最大的全球性森林研究合作组织——国际林业研究组织联盟，成立了森林与人类健康的专题研究组，目的是为对利用森林资源进行压力管理、健康促进、疾病预防和疗养感兴趣的企业、大学和地方政府提供一个平台。专题研究组有两个主要目标：一是支持在这一领域的各种人员（不同学科的科学家、决策者，执行机构和其他利益相关者）之间的对话和信息交流，特别是林业和卫生专业人员之间的交流；二是促进将森林对健康的益处和风险的有关知识应用于实践。2004 年，欧洲委员会资助的科学和技术研究领域合作行动计划发起了 E39 行动，这是一个欧洲国家政府间的研究协调网络，该行动的主要目标是增加对森林、林木和自然作出的贡献进行了解，以用于欧洲人民的健康和福祉。2011 年国际自然和森林医学会成立，其目的是促进对自然和森林医学的研究，包括对世界各地的、全球视野的森林和自然环境的影响研究。国际自然和森林医学会将与国际林业研究组织联盟合作，与其他相关学术团体联合开展自然和森林医学的研究，并收集和编辑与森林和人体健康有关的资料。在国际各种组织的强力支持下，森林医学将得到持续发展和进步。

（3）森林康养

"森林康养"是一种国际潮流，是国际新型休闲康养理念，它起源于德国，流行于美国、日本与韩国等国家，在国外被誉为世界上没有被人类文明所污染与破坏的最后原生态，也是人类唯一不用人工医疗手段可以进行一定自我康复的"天然医院"。

目前学术界对于森林康养并没有一个清晰的、科学的定义，从产生历史和现实意义来看，森林康养是以丰富多彩的森林景观、优质富氧的森林环境、健康美味的森林食品、深厚浓郁的森林养生文化等为主要资源，配备相应的养生休闲及医疗服务设施，开展以修身养性、延缓衰老为目的的森林游憩、度假、疗养、保健、养老、养生等服务活动。也就是我们常说的"洗肺"和"过滤心情"。因此，可以给森林康养下一个初步的学术定义：森林康养是指依托优质的森林资源，将医学和养生学有机结合，开展森林康复、疗养、休闲等一系列有益人类身心健康的活动。也可以说，森林康养是森林旅游业的升级版，把我们的森林旅游从走马观花的旅游过渡到以森林康养、休闲、养生度假的旅游。森林康养是人类在森林内的一种经常性的健康养生状态和行为。

森林康养的核心概念是其特殊的身心健康功能。为什么森林具有特殊的身心健康功能？森林的特殊自然性质产生特殊的功能，人们在茂盛的森林里融入大自然之中，感受森林环境中的特殊心灵体验，享受大自然的美景，彻底放松精神世界，获得愉悦的心情。"精神盛餐"是森林康养的一个特殊功能，也只有在森林里才有这一独特的感受。森林释放出一种特殊的物质——植物杀菌素（芬多精），可以增强人体的免疫力，明显抑制癌细胞的生长，具有特殊的医学功能。正因为具有这一特殊的功能，森林才让现代都市人迷恋，吸引他们回归。身心健康功能是森林康养的核心概念之一，具有独特内涵和价值。而森林康养的其他功能，将与其身心健康功能完美融合起来，形成一个多维度的、超时空的、大范围的、深层次的大健康产业链。森林康养借助森林天然资源的多维度功能给予人们的健康功能，并以此诞生出新的产业链、具有强烈的生命保健意义和生态经济意义。

森林康养在中国早已有之，养生的方式多种多样，大致可以划分为环境养生、药食养生、理疗养生和气功养生。养生的核心是环境，而森林是养生的最好环境。森林及地貌组合形成了非常适合人类生存的森林环境，其具有的杀菌、净化空气、降低噪音、产生负氧离子等影响人类生理健康的功能以及对人类心理的调节作用，已经为现代医学所证明。

(4)森林疗养

森林疗养是指到自然景观优美、生态环境良好、空气清新的森林环境中，利用森林内特殊的生态环境和一定的设施，结合医学原理，达到休闲、保健目的的一种休养方式，是现代人改善疲劳和"亚健康"状况的有效手段。森林疗养以森林医疗为主，主要目的是针对疾病的预防，压力的缓解，病体的康复。

森林疗养是在森林浴基础上提出来的。是森林浴的进一步发展。不同的是森林疗养需要对在森林环境进行认证，疗养课程需要得到医学证实，一般需要森林疗养师现场指导，目前，与健康有关的话题包含健康生活方式、保健和治疗三个层面，而森林疗养正是介于保健和治疗二个层面的过渡区域。森林疗养是个全新事物，在日本和德国称为森林疗法，韩国称为森林休养，我国台湾地区称为森林调养。称谓虽有区别，但本质相同。

森林疗养与森林康养有异同之处。森林康养的说法是中国人发明的，又符合我国现状。十八届五中全会提出了"健康中国"的口号，其与之不谋而合。森林康养内容很宽泛，只要是人类在森林中的相关活动基本上都涵盖成了森林康养的范畴，而以医疗为目的的成分只是其中的部分。所以说，在一个森林康养基地里可以有若干个疗养基地。森林疗养与森林康养不同之处在于：一是二者的性质和目的不完全相同，森林疗养以森林医疗为主，主要目的是针对疾病的预防，压力的缓解，病体的康复。而森林康养以娱乐为主，目的是休闲、养生、游憩、休养、休假，当然这也关系到人体的健康，但二者的靶向目的是有区别的。二是对象群体不完全相同，森林疗养的对象群体是亚健康人、老年人和病体康复群体，而森林康养适合所有群体。三是设施设备不完全相同，在森林疗养基地以步道和人的休息场所为主要形式，步道设计精细、事前检测、事后对比检测，同时辅助有其他定向的疗养方式，如温泉、瑜伽、餐饮等，而森林康养则可以包罗万象。四是根本性的区别，森林疗养是以森林医学为出发点和落脚点，必须以医学为基准，以实验数据为依据；而森林康养则不需要医学的佐证和数据。

(三) 森林环境与人类健康

1. 森林对人类生活环境的作用

随着国家社会经济的快速发展，人民的物质生活极大丰富，人们对自身健康的关注度和期望值也在不断提高。自然环境是影响人类健康的决定性因素之一，良好的自然环境不仅能提供人体所需的物质基础，还能提供给人们愉悦的休闲空间。森林作为自然环境的重要组成部分，它具有吸收二氧化碳并释放氧气、吸毒、除尘、杀菌和降低噪声等作用，还可以释放出一些对身体有益的稀有物质。因此，在人们走进大森林时，总能感觉到神清气爽，在不知不觉中恢复了健康，消除了疲劳，提高了工作和学习效率。

(1) 森林是空气的净化器

随着工矿企业的迅猛发展和人类生活用矿物燃料的剧增，受污染的空气中混杂着一定含量的有毒有害气体，威胁着人类健康，二氧化硫(SO_2)就是其中分布广泛、危害又大的有害气体。生物都有吸收 SO_2 的本领，但吸收速度和能力是不同的。植物叶面积巨大，吸收 SO_2 要比其他物种大得多。据测定，森林中空气的 SO_2 要比空旷地少 15%~50%。若是在高温高湿的夏季，随着林木旺盛的生理活动功能，森林吸收 SO_2 的速度还会加快。相对湿度在85%以上，森林吸收 SO_2 的速度是相对湿度15%的5~10倍。

森林是大气二氧化碳(CO_2)的贮存库。森林植物在其生产过程中通过光合作用，吸收大气中的 CO_2，将其固定在森林生物量(树干、枝、叶、根)中。森林每生产1克干物质需吸收1.84克 CO_2，或每生产出1立方米的木材，大约需要吸收850千克的 CO_2，或折成230千克碳。CO_2 是大气中的主要污染物之一，通常空气中 CO_2 的含量约为0.03%。当空气中 CO_2 的含量超过一定限量时，就会危害人的健康。如果 CO_2 含量超过0.05%时，人就会感到胸闷、头晕；达到4%时，就会出现心悸、呕吐等症状；达到20%，就会导致机体死亡。而森林能使空气中 CO_2 的含量维持在正常水平。此外，森林植物还能吸收有害气体和吸附空气中的尘埃。如松林每天可从1立方米空气中吸收20毫克的 SO_2，1公顷柳杉每年可吸收720千克 SO_2。

(2) 森林有杀菌抑菌和自然防疫作用

森林里丰富的植物资源，提供了源源不断的植物精气和氧气。其中绝大多数不仅能杀虫、杀菌，还有防病、治病、健身强体的功效。森林能挥发植物精气和臭氧，起到杀菌和抑菌的作用。因此，森林中空气细菌含量普遍较低。松林就具有保健功能，松树的针叶细长，数量多，针叶和松脂氧化会放出臭氧，并挥发出具有保健功能的植物精气。稀薄的臭氧具有清新的感受，使人轻松愉快，植物精气也对肺病有一定治疗作用。因此，许多疗养医院都建在松林之中或者建在松树分布较多的地区。树木能分泌出杀伤力很强的杀菌素，杀死空气中的病菌和微生物，对人类有一定保健作用。有人曾对不同环境空气中含菌量做过测定：在人群流动的公园为 1000 个/立方米，街道闹市区为 3 万~4 万个/立方米，而在林区仅有 55 个/立方米。另外，树木分泌出的杀菌素数量也是相当可观的。例如，1 公顷圆柏林每天能分泌出 30 千克杀菌素，可杀死白喉、结核、痢疾等病源菌。

（3）森林是天然制氧厂

氧气（O_2）是人类维持生命的基本条件，人体每时每刻都要呼吸氧气，排出二氧化碳（CO_2）。1 个健康的人三两天不吃不喝不会致命，而短暂的几分钟缺氧就会死亡，这是人所共知的常识。文献记载，一个人要生存，每天需要吸进 0.8 千克 O_2 排出 0.9 千克 CO_2。森林在生长过程中要吸收大量 CO_2，释放出 O_2。据研究测定，树木每吸收 44 克的 CO_2，就能释放出 32 克 O_2；树木的叶子通过光合作用产生 1 克葡萄糖，就能消耗 2500 升空气中所含有的 CO_2。照理论计算，森林每生长 1 立方米木材，可吸收大气中的 CO_2 约 850 千克。就全球来说，森林绿地每年为人类处理近千亿吨 CO_2，为空气提供 60% 的洁净 O_2。

（4）森林是天然的消声器

凡是干扰人们休息、学习和工作的声音，即不需要的声音，统称为噪声。环境中远近不同、方向不同、自身或周围反射的所有噪声组合，统称为环境噪声。环境噪声的高低直接影响到人们生活环境质量。噪声超过人的生活和生产活动所能容许的程度就形成污染。噪声污染的危害主要有三个方面：一是降低听力；二是影响人们休息和工作，降低劳动生产率；三是干扰语言通讯联络。噪声对人类的危害随着工业、交通运输业的发展越来越严重，特别是城镇尤为突出。据研究噪声在 50 分贝以下，对人没有什么影响；当噪声达到 70 分贝，对人就会有明显危害；如果噪声超出 90 分贝，人就无法持久工作了。森林作为天然的消声器有着很好的防噪声效果。实验测得，公园或成片林地可降低噪声 5~40 分贝，比离声源同距离的空旷地自然衰减效果多 5~25 分贝；汽车高音喇叭在穿过 40 米宽的草坪、灌木、乔木组成的多层次林带，噪声可以消减 10~20 分贝，比空旷地的自然衰减效果要多 4~8 分贝。城市街道上种树，也可消减噪声 7~10 分贝。要使消声有好的效果，在城里，最少要有宽 6 米（林冠）、高 10.5 米的林带，林带不应离声源太远，一般以 6~15 米间为宜。据中国林业科学研究院、北京市园林局研究表明，不同乔灌树种绿化带相对减噪率达 21%~11.6%，个别落叶乔木和灌木为 8%~11%，草皮带相对减噪声为 8%~11%。尤以 1 行绿篱+1 行油松（高 5 米、株距 5 米）+1 行灌木（黄刺梅）效果显著，其相对减噪值为 83%。一般 40 米宽的林带，可降低噪声 10~15 分贝，因此，森林被人们称为天然隔音墙。

（5）森林对气候有调节作用

森林浓密的树冠在夏季能吸收和散射、反射掉一部分太阳辐射能，减少大地面增温。冬季森林叶片虽大都凋零，但密集的枝干仍能削减吹过地面的风速，使空气流量减少，起到控温保暖作用，森林具有庞大的林冠层，在地表与大气之间形成一个绿色调温器，它不仅使林内有特殊的变化，而且对森林周围的温度也有很大的影响。与无林地相比，林内冬暖夏凉、夜暖昼凉，温差较小，有利于林下植物生长和动物栖息。夏季，太阳辐射投射到林冠后，被林冠吸收一部分，这部分太阳辐射能绝大部分转化为热能，主要由林冠层的蒸腾作用消耗掉。由于林冠遮蔽阳光，林内的太阳辐射很弱，林内土壤不受阳光直接照射，可以降低地面温度，从而使林内年均温较无林地低。到了冬季由于林冠的覆被，阻缓了热量的散发，从而使林内气温反而比林外高。气温低时森林又具有保温御寒作用，由于树冠的阻挡，减少上升热气流的产生，从而减少冬季夜晚林内的热量散发，林内气温、土温散失迟缓。冬季气温越低保温御寒作用越大。据测定夏季森林里气温比城市空阔地低 2~4℃，相对湿度则高 15%~25%，比柏油混凝土的水泥路面气温要低 10~20℃。由于林木根系深入地下，源源不断的吸取深层土壤里的水分供树木蒸腾，使林地正常形成雾气，增加了降水。通过分析对比，林区比无林区年降水量多 10%~30%。据国外报道，要使森林发挥对自然环境的保护作用，其绿化覆盖率要占总面积的 25%以上。

在整个一年中，森林的冷却作用强于保温作用。森林能降低每日最高温度，而提高每日最低温度，在夏季较其他季节更为显著。森林使夏季降温，冬季增温，有利于植物夏季躲避大气的高温胁迫，对植物越冬十分有利。夏季森林使地面温度降低，空气垂直温差变化减少，上升气流速度减弱，因而还可削弱形成雹灾的条件。

（6）森林有防止风沙、减轻洪灾、涵养水源的作用

由于森林树干、枝叶的阻挡和摩擦消耗，进入林区风速会明显减弱。据资料介绍，夏季浓密树冠可减弱风速，最多可减少 50%。风在入林前 200 米以外，风

速变化不大；过林之后，大约要经过500~1000米才能恢复过林前的速度。人类便利用森林的这一功能造林治沙和营建农田防护林。

森林地表枯枝落叶腐烂层不断增多，形成较厚的腐质层，具有很强的吸水、延缓径流、削弱洪峰的功能。另外，树冠对雨水有截流作用，能减少雨水对地面的冲击力，保持水土。据计算，林冠能阻截10%~20%的降水，其中大部分蒸发到大气中，余下的降落到地面或沿树干渗透到土壤中成为地下水。

(7)森林有滞尘功能

工业发展、排放的烟灰、粉尘、废气严重污染空气，威胁着人类健康。高大树木叶片上的褶皱、茸毛及从气孔中分泌出的黏性油脂、汁浆能黏截到大量微尘，有明显阻挡、过滤和吸附作用。森林的滞尘作用表现为：一方面由于森林和树木的枝叶茂密，可以阻挡气流和减低风速，随着风速的降低，使烟尘在大气中失去移动的动力而降落；另一方面，树木叶片有一个较强的蒸腾面，晴天要蒸腾大量水分，使树冠周围和森林表面保持较大湿度，使烟尘湿润增加重量，加上湿润的树木叶片吸附能力增加，这样烟尘较容易降落吸附，雨天树木叶片的烟尘被雨水淋洗后，待雨一停又会重新吸附。受污染的空气经过森林反复洗涤过程后，变成清洁的空气。另外，树木的花、果、叶、枝等能分泌多种黏性汁液，同时表面粗糙多毛，空气中的尘烟经过森林便附着于叶面及枝干的下凹部分。据资料记载，每平方米的云杉，每天可吸带粉尘8.14克，松林为9.86克，榆树林为3.39克。一般说，林区大气中飘尘浓度比非森林地区低10%~25%。

(8)森林有污水过滤作用

森林具有净化水质的作用，绿色植物分泌的植物杀菌素可杀灭水中的细菌，植物的根系能截留吸收流水中的有机物和可溶性矿物质。有学者实验证明，通过50米宽、30年生杨桦杂交林带，水中的细菌量减少90%以上，氨气量减少为原来的1/2~2/3，各种溶解物质也大为减少。洁净的水源还含有多种微量元素，饮用森林水有利于促进疾病康复和增强抗病能力。

2. 森林环境对人体健康的作用

(1)森林环境对人体生理健康的作用

①森林富氧环境有利于人体健康　森林环境中空气的含氧量相对较高。现代研究表明，森林游憩活动可以显著提高人体的血氧含量和心肺负荷水平。一般来说，血氧含量升高可以使人精神振奋，更有活力；手指温度升高，表明手指血流量增大，手指平滑肌松弛，人体情绪渐趋平稳和放松；呼吸效率增强，心脏跳动渐趋平稳，从而改善心肺功能，提高人体的生理健康状态。据报道，由于森林中

植物的光合作用，可自动调节氧气和二氧化碳在空气中的比例，这种环境使人们在进行有氧运动时不致产生过多的酸性物质，使人体处于"弱碱性环境"，使癌症细胞无法生长，甚至无法生存，这样能有效预防癌症。

②森林中含有大量的植物挥发性气体和物质，对许多细菌和微生物具有杀灭作用　杀菌能力较强的树种主要有黑核桃、桉树、悬铃木、紫薇、柑橘等。树木分泌挥发性油类如丁香酚、天竺葵油、肉桂油、柠檬油等，它们挥发到空气中，能杀死伤寒、白喉、肺炎、结核等病菌，因而具有广泛杀灭病原体的功效。植物杀菌素进入人体肺部以后，可杀死百日咳、白喉、痢疾、结核等病菌，起到消炎、利尿、加快呼吸器官纤毛运动的作用。如法国梧桐、泡桐、黄连木、木槿、栓皮栎、珍珠梅、松树等散发出的萜烯类气态物质最多，种植这些树种是净化大气，控制结核病发展蔓延，增进人体健康的有效措施。在污染的环境里，空气中散布着多种细菌和病毒，通常含有 37 种杆菌、26 种球菌、20 多种丝状菌和 7 种芽生菌以及各种病毒。据测定，大型超市、百货公司、电影院等公共场所空气含菌量可高达 29 700 个/立方米，相反在人少树多的山区，空气中细菌的含量只有 1046 个/立方米，二者相比，相差 47 倍多。在一般情况下每立方米空气的含菌量，城市比绿化区多 7 倍。世界上许多国家的科学家经过多次试验验证，植物杀菌素对人体多个系统和器官的功能具有较为明确的积极作用。

③森林环境的高空气清洁度有利于人体健康　森林中的空气清洁度明显优于其他地区，其负离子含量水平较高，而可吸入颗粒物含量较低。负离子就是带负电荷的单个气体分子和轻离子团的总称。空气分子在高压或强射线的作用下被电离所产生的自由电子大部分被氧气所获得。因而常常把空气负离子统称为"负氧离子"。简而言之，就是指带负电荷的氧离子。空气中负离子浓度是指在单位体积中负离子的个数，它是衡量空气清新程度和质量的重要指标之一。世界卫生组织规定：清新空气的负离子标准浓度为每立方厘米空气中不应低于 1000～1500 个。高负离子浓度的大气环境，对人类的健康有一定的医疗保健作用。负离子对人体的生命活动和寿命有着很重要的影响，因此又称为"空气维生素"和"长寿素"。与此同时，树木叶片本身也具有显著的滞尘净化效果，大气尘埃是城市空气中的主要污染物，这些悬浮于空气中的尘埃可能含有重金属、致癌物和细菌病毒等对人体健康造成极大威胁的物质。植物叶片因其表面（如茸毛和蜡质表皮）可以截取和固定大气尘埃，使其脱离大气环境而成为净化城市的重要过滤体，从而减少可吸入颗粒物在人体肺泡中的沉积，降低其对人体健康的危害。

④森林小气候有利于人体健康　森林能够通过遮挡和反射太阳辐射、蒸散降

温等作用调节小气候，从而改善人体舒适度。虽然森林的这种小气候效应会随着当地气象因素、海拔高度、绿化覆盖率、郁闭度、绿化树种及其生长状况的不同而有所变化，但一般来说，覆盖率高、郁闭度大、树种叶面积大、长势好、林地层次结构明显的森林，其改善小气候的效应明显。森林环境可以有效降低紫外线对人体皮肤的伤害，减少皮肤中因直射而产生的色素沉积，并能有效地调节干热地区的环境温湿度水平，降低人体皮肤温度。此外，森林环境对荨麻疹、丘疹、水疱等过敏反应也具有良好的预防效果。

⑤森林高绿视率有利于人体健康　人们通常将绿色面积占视域面积的百分比称为绿视率。一般认为，绿视率达到25%以上时能对眼睛起到较好的保护作用。森林中的绿色，不仅给大地带来秀丽多姿的景色，而且能通过人的各种感官作用于人的中枢神经系统，调节和改善人体的机能，给人以宁静、舒适、生气勃勃、精神振奋的感觉，进而增进健康。绿色的森林环境可以使人体的紧张情绪得到稳定，使血流减慢，呼吸均匀，并有利于减轻心脏病和心脑血管疾病的危害。此外，森林绿色环境还有助于缓解视疲劳，改善视力状况。与城市建筑相比，森林对光的反射程度明显低，仅为建筑墙体的10%~15%，强光辐射污染是现代城市人视网膜疾病和老年性白内障的重要原因，而森林环境可使疲劳视神经得到逐步恢复，并能显著提高视力，有效预防近视。

⑥森林环境对人体免疫系统产生影响　相关研究显示，如果人们每月进行一次森林浴，那么人们体内将会保持较高水平的NK细胞活性，由于NK细胞释放的抗癌蛋白可以杀死肿瘤细胞，因此，森林环境可提高人体免疫系统尤其能对癌症的产生和进展有较好的预防作用。通过森林浴还可以降低血压、降低唾液中的皮质醇浓度、减少脑额叶活动，并稳定人类的自律神经活性，放松心情可明显降低应急和压力对人体免疫机能的抑制作用，森林环境可能会减轻压力并通过减轻压力能对免疫功能产生有益影响。

⑦森林环境对人体内分泌系统产生影响　研究证明，当人们行走在森林中，人体内的去甲肾上腺素、唾液中的皮质醇浓度以及尿中应激激素(肾上腺素)三者水平均会显著降低。除此之外，森林环境对硫酸脱氢表雄酮(肾上腺分泌产物)和脂联素(血清中由脂肪组织特异产生的激素)的增加也有促进作用，硫酸脱氢表雄酮水平会随着年龄的增长急速下降。

⑧森林环境对人体心血管系统产生影响　实验研究表明，在森林公园中行走能降低血压，而在城区中行走不能降低血压，在森林公园进行一日游的步行活动能显著降低血压、多巴胺和去甲肾上腺素的水平，同时还能显著增加DHEA-S、

血清脂联素水平。浙江某医院征集了杭州 60 岁以上的老年高血压患者，在为期 1 周的森林浴后，这些老年人的血压指标均显示出下降趋势，收缩压下降 10 毫米汞柱左右、舒张压下降了 2 毫米汞柱左右，平均血压下降了 5 毫米汞柱左右。总之，经常在森林环境中行走能通过减少交感神经活性来降低血压值，对增加血清脂联素及 DHEA-S 水平起到有益作用。

⑨森林环境对人体神经系统产生影响　森林环境可增加副交感神经活动、降低交感神经活动、调节自律神经的平衡，因此，森林环境可降低血压和心率并具有放松作用，并且这些作用可直接影响免疫系统及内分泌系统，导致血液中 NK 细胞活性增加并降低肾上腺素及去甲肾上腺素水平。森林环境对感官神经有正向调节作用，能增强思维活动和听觉的灵敏性，绿色可以吸收阳光中对人眼有害的紫外线，使视神经疲劳消失，精神爽朗。

（2）森林环境对人体心理健康的作用

①森林游憩对人体心境产生积极影响　心境是指一种使人的所有情感体验都感染上某种色彩的较持久而又微弱的情绪状态，可以反映个体的心理健康状况。瑞典科学家对瑞典九大城市开放绿地与人体心理健康的关系研究表明，森林能对人的心境状态产生积极影响，并且这种影响不受居民年龄、性别、身份等因素的限制，但与居民距离绿地的远近、享用次数和是否拥有私家花园等因素关系密切，享用公园次数越多、绿地离家越近或拥有私家花园的人，其心理压力明显要小，心境健康状况明显要高。

②森林活动对人体心理健康有良好的疏导作用　在森林环境中进行运动、交流、园艺等活动也能对人的心理产生不同程度的积极影响。其中特别值得一提的是园艺疗法。世界上许多国家和地区如瑞典、德国、韩国以及我国园艺治疗基地，专门利用植物栽植、植物养护管理等园艺体验活动对不同人群进行心理疏导和调节工作。不少研究已证实，园艺体验疗法能够帮助病人减轻压力、疼痛以及改善情绪，甚至能显著改善人们的敌意和易怒情绪。园艺疗法对人们心理的影响主要表现在以下几个方面：第一，在绿色环境中散步眺望，能使病人心态安静，消除不安心理与急躁情绪；第二，面对有生命的树木花草，在进行园艺活动时要求慎重并有持续性，长期进行园艺活动无疑会培养忍耐力与注意力；第三，通过不同颜色刺激、鉴赏花木，可以调节松弛大脑，调配人的心情；第四，病人自己培植的植物开花结果会使劳作者在满足内心感受的同时增强自信心，树立自信心，这对于失去生活自信的精神病患者具有明显的治疗效果；第五，投身园艺活动中，使病人，特别是精神病患者忘却烦恼，产生疲劳感，加快入睡速度，起床

后精神更加充沛，增加活力。

③森林环境中的听觉、嗅觉、触觉等多维感受有利于人体健康　在森林中欣赏优美景色(视觉)、聆听溪流潺潺及树叶飒飒作响(听觉)、呼吸树木芳香(嗅觉)、触摸树皮及树叶(触觉)等可带来感官刺激。这些刺激信号随之到达控制情绪及生理功能的大脑部位并导致生理变化。此外，人类置身于森林环境中，听觉、嗅觉、触觉等多维感受也是调节人体身心健康的一个重要因素。森林中的鸟叫、蝉鸣、水声、香气以及触摸树皮时的感觉，会让人心旷神怡。森林浴中的听、嗅、触等多维感受还对人体思维活动产生巨大的启发影响。森林可以陶冶人们的性情，激发思考灵感，对启发人们的知性、感性具有很大助益。古今中外，许多举世闻名的哲人、诗人、音乐家的伟大作品，都与他们的生活早已和森林结合在一起密切相关，并建立在对森林认识及对其各种恩惠表示感谢的朴素感情基础上，反映人与森林关系的森林文化现象。

④森林活动在融洽社会关系和培养生态价值观念上有积极的心理导向作用　森林给城市居民提供了举办活动的最佳场所，良好的自然环境可以使人心态平和。在森林中一同游憩和观赏，在游玩中进行交流，可以促进家庭的和睦，也可以升华朋友之间的友谊。同时，在森林游憩过程中参加各种活动，还能结识新朋友，拓展交际和朋友圈，提高团队精神和社交能力，有效改善内部人际关系。此外，通过对森林的游览和使用，还可使居民产生热爱自然、保护环境的理念，树立爱护一草一木的道德观念，培养美化环境的意识和习惯。

(四) 森林康养产业的发展前景

1. 森林康养是潜力巨大的新兴产业

森林康养产业是指包括森林康养环境培育、森林养生、康复、保健，森林旅游、森林康养产品的研发和生产的新兴健康产业。任何一个产业的形成与发展的过程都是一个自然的市场经济过程。森林康养首先以人们的生命意义为基础，自然地集聚了与此相关的产业链，涉及土地、房产、旅游、税收、交通、医疗、保险、文化休闲、娱乐等多个行业，形成一个庞大的产业集群，具有生态经济发展新模式，创新了商业模式。

目前我国24个大产业中有六大朝阳产业，六大朝阳产业中就有大健康及旅游产业。一方面大健康产业发展如日中天；另一方面中国的度假消费正在改变。度假时代的来临，推动着原来以观光休闲为主体的旅游市场逐渐转化成以旅游度假、居住为核心，结合观光、休闲的度假市场，将形成观光、餐饮、休闲、康养、运动、文化、购物七大消费。2014年国内旅游达到36.11亿人次,而其中1/4人次的旅游跟森林有关。据相关研究机构预测,国际森林旅游的人数将以每年两位数的百分比持续增长,全球旅游人数中将有一半以上的人走进森林。因此,森林康养度假市场前景必然光明。

森林康养不仅具有生理医疗的自然功能,还具有广泛的市场经济功能。在市场经济环境下,人的一切活动均属于市场经济范畴,森林康养需要投入相关产业,包括养老、养生、旅游、文化、体育、体验、休闲、娱乐等高水平的服务业,这些产业一旦集聚在森林这一天然载体上,就可以构成一个高度密集且相互融合的现代产业集群,互补互生,协同发展。森林康养是林业产业升级发展的新引擎,是推进供给侧结构性改革,加强绿色供给的重要内容。

森林康养是在我国新常态下,发展健康产业的创新模式,是撬动整个健康全产业链的杠杆,不仅迎合现代人预防疾病、追求健康、崇尚自然的要求,更是把生态旅游、休闲运动与健康长寿有机地结合在一起,形成内涵丰富、功能突出、效益明显的新产业模式。目前我国已经成为世界第二大经济体,经济增长速度位列国际前茅,庞大的人口基数及消费能力,可以为森林康养事业和产业的发展提供巨大的发展空间和市场潜力。

2. 森林康养产业受到国家的高度重视

2019年,由国家林业和草原局、民政部、国家卫生健康委、国家中医药局联合出台了《关于促进森林康养产业发展的意见》,为了科学、合理利用林草资源、践行绿水青山就是金山银山理念、实施健康中国战略和乡村振兴战略、加强林业供给侧结构性改革,满足人民对美好生活需要,大力培育一批功能显著、设施齐备、特色突出、服务优良的森林康养基地,构建产品丰富、标准完善、管理有序、融合发展的森林康养服务体系,计划到2022年,建成基础设施基本完善、产业布局较为合理的区域性森林康养服务体系,建设国家森林康养基地300处,建立森林康养骨干人才队伍;到2035年,建成覆盖全国的森林康养服务体系,建设国家森林康养基地1200处,建立一支高素质的森林康养专业人才队伍;到2050年,森林康养服务体系更加健全,森林康养理念深入人心,人民群众享有更加充分的森林康养服务。

为了促进森林康养产业的发展,主要采取的措施有:

(1)优化森林康养环境

遵循森林生态系统健康理念,科学开展森林抚育、林相改造和景观提升,丰富植被的种类、色彩、层次和季相。结合功能布局,有针对性地营造、补植具有康养功能的树种、花卉等。着力打造生态优良、林相优美、景致宜人、功效明显的森林康养环境。

（2）完善森林康养基础设施

依托已有林间步道、护林防火道和生产性道路建设康养步道和导引系统等基础设施，充分利用现有房舍和建设用地，建设森林康复中心、森林疗养场所、森林浴、森林氧吧等服务设施，做好公共设施无障碍建设和改造。争取相关部门支持，将森林康养公共基础、健康养老等设施建设纳入当地基础设施建设规划。

（3）丰富森林康养产品

以满足多层次市场需求为导向，着力开展保健养生、康复疗养、健康养老、休闲游憩等森林康养服务。积极发展森林浴、森林食疗、药疗等服务项目。充分发挥中医药特色优势，大力开发中医药与森林康养服务相结合的产品。推动药用野生动植物资源的保护、繁育及利用。加强森林康养食材、中药材种植培育，森林食品、饮品、保健品等研发、加工和销售。依托森林生态标志产品建设工程，培育一批特色鲜明的优质森林康养品牌。

（4）建设森林康养基地

依据林业、健康、卫生、养老等法律法规和政策规定，建立健全森林康养基地建设标准，推进森林康养基地建设。基地建设要选址科学安全、功能分区合理、建设内容完整、特色优势突出。按照"环境优良、服务优质、管理完善、特色鲜明、效益明显"的要求，创建一批国家级和省级森林康养基地，发挥示范引领作用。建立森林康养基地质量评价和动态管理制度。

（5）繁荣森林康养文化

积极推进森林康养文化体系建设，深入挖掘中医药健康养生文化、森林文化、花卉文化、膳食文化、民俗文化以及乡土文化。鼓励创作森林康养文学、书法、摄影、音乐、影视等文化产品。强化自然教育，提高公众对森林康养功能的全面认识。推广森林康养文化，倡导健康生活理念。

（6）提高森林康养服务水平

完善服务标准和技术规范，加强标准实施和监督管理。引进先进经营理念，探索运用连锁式、托管式、共享式、职业经理制等现代经营管理模式，提升运营能力和管理水平。加强从业人员职业技能培训，提高服务品质。开展森林康养环境监测，实时发布生态及服务数据。加强安全防护和引导，强化应急处置，确保安全运营。

2019 年，国家林业和草原局森林旅游管理办公室公布了森林体验国家重点建设基地 57 家、森林养生国家重点建设基地 43 家，以打造主线清晰、结构完整、功效显著的森林体验和森林养生产品为目标，引领全国森林体验和森林养生产业的发展。

四、我国森林生态旅游与康养的自然资源建设

良好丰富的自然生态环境是生态旅游与康养的目的地，而特色的生态环境组分是必备的物质基础。

我国是一个传统的农业国家，在历史上由于农业的高度发展对生态环境造成了较重的破坏，但由于社会生产力低，破坏还限于一定范围内。1949—1977 年间，为促进工、农业发展，以木材生产为目标的天然林大规模破坏触目惊心，自然生态环境急剧恶化。从 1978 年开始，开展植树造林，启动三北防护林体系建设工程，出台《中华人民共和国森林法》和《中华人民共和国野生动物保护法》，完善森林资源管理制度，实施森林资源保护；1993 年后实施分类经营，实施天然林保护工程和退耕还林（草）工程，促进林业产业结构调整和产业链的发展，但砍伐、盗猎现象仍突出；2000 年以后，实施六大林业工程，建立生态效益补偿制度，林业的作用全面向以生态建设为主转变。但中国用几十年时间走完了发达国家几百年走过的工业化进程，发达国家一两百年间逐步出现的环境问题也在中国集中显现，越来越严重的"三废"污染让美丽环境成为富足人们的最大追求。进入 21 世纪以来，中国在经济快速发展的同时，也面临环境生态灾害频发等带来的压力和挑战。

生态旅游及康养首先需要多样化的自然生态环境条件，自然的青山、绿水、碧草、蓝天、地形地貌，加之相得益彰人文景观，都是人类所追求的精神享受。从 2010 年以来，我国进入了生态环境的快速修复期。"十三五"以来，我国生态保护修复法律制度加快完善，自然保护地体系建设稳步推进，国土绿化行动深入开展，生态保护修复重点专项行动和工程成效明显，生物多样性保护全面加强。开展国家公园试点，推进自然保护地整合优化，加快构建以国家公园为主体的自然保护地体系。"十三五"期间，全国自然保护地数量增加 700 多个，面积增加 2500 多万公顷，总数量达到 1.18 万个，约占我国陆域国土面积的 18%。加快大规模国土绿化，全面保护天然林，扩大退耕还林还草规模，完成国土绿化面积 6.89 亿亩，完成森林抚育 6.38 亿亩，落实草原禁牧面积 12 亿亩，草畜平衡面积 26 亿亩，全国森林覆盖率达到 23.04%，森林蓄积量超过 175 亿立方米，草原综

合植被覆盖度达到56%。长江经济带森林覆盖率达44.4%。实施蓝色海湾整治行动、海岸带保护修复工程、渤海综合治理攻坚战行动计划、红树林保护修复专项行动，全国整治修复岸线1200千米、滨海湿地2.3万公顷。完成防沙治沙1000多万公顷、石漠化治理130万公顷。生态保护红线涵盖我国生物多样性保护的35个优先区域，覆盖国家重点保护物种栖息地。实施濒危野生动植物抢救性保护，大熊猫、朱鹮、藏羚羊、苏铁等濒危野生动植物种群数量稳中有升。

从2017年《建立国家公园体制总体方案》、2019年《关于建立以国家公园为主体的自然保护地体系的指导意见》发布后，开始建立以国家公园为主体、自然保护区为基础、各类自然公园为补充的中国特色自然保护地体系。中国保护地总面积占国土陆域面积的18%，管辖海域面积的4.1%，有效保护了我国90%的陆地生态系统类型、85%的野生动物种群、65%的高等植物群落和近30%的重要地质遗迹，涵盖了25%的原始天然林、50.3%的自然湿地和30%的典型荒漠地区，各类自然保护地在保护生物多样性、保护自然遗产、改善生态环境质量和维护国家生态安全方面发挥了重要作用。目前，全国已建成10处国家公园体制试点，涉及青海、吉林、黑龙江、四川、陕西、甘肃、湖北、福建、浙江、湖南、云南、海南12个省。截至2018年，我国共建立各种类型、不同级别的自然保护区2750个(不含港、澳、台地区)，总面积约147万平方千米，占我国陆地面积的14.88%，其中国家级自然保护区474处，自然保护区占国土面积的比例超过世界平均水平，曾一度极危的物种如大熊猫、朱鹮、麋鹿、扬子鳄、海南坡鹿、普氏原羚、亚洲象、海南长臂猿等在自然保护区得到有效保护，其种群数量显著增长；一些已经极度濒危的植物如百山祖冷杉、银杉、崖柏、天目铁木、丹霞梧桐、绒毛皂荚等物种得到庇护。中国自然公园涵盖了风景名胜区、地质公园、森林公园、湿地公园、海洋公园等多种类型，在维护生态系统功能完整性、生物多样性的同时，也为公众提供了赏心悦目、风景宜人的游憩空间，成为自然保护地体系的重要补充。2019年，新建国家森林公园11处，国家级森林公园累计达897处，国家级自然保护区达474处，风景名胜区达1051处，地质公园达613处，海洋特别保护区(海洋公园)达111处，世界地质公园达39处。世界遗产是全人类的共同财富，既承载着人类的精神文化价值，又关乎着地球生态安全，全国已拥有55项世界遗产，其中自然遗产14项，自然与文化双遗产4项，世界自然遗产、自然与文化双遗产数量均居世界第一位。

2019年，全国乡村绿化美化取得新突破，制定印发了《乡村绿化美化行动方案》，认定了国家森林乡村7586个。授予北京市延庆区等28个城市(城区)"国家森林城市"称号,国家森林城市(城区)总数达 194 个。

2019 年编制了黄河流域湿地保护修复实施方案、红树林湿地保护修复专项行动计划,实施湿地保护和恢复项目 387 个,安排退耕还湿 30 万亩,恢复退化湿地 110 万亩,新指定国际重要湿地 7 处,158 处国家湿地公园通过验收,国家湿地公园总数达到 899 处,全国湿地保护率达到 52.19%。

2019 年,新增沙化土地封禁保护区 8 个,新增封禁面积 120 万亩,封禁总面积达 2610 万亩,国家沙漠(石漠)公园累计达到 120 个。

国家森林步道串起森林公园、自然保护区、湿地公园、国家公园、风景名胜区、地质公园等自然遗产地和古村、古镇文化遗产地。徒步者可沿自然小径、古驿道欣赏具有国家代表性的自然美景,在建设生态文明、满足公众需求、促进区域发展中体现更大的潜力。2017 年 11 月 13 日,国家林业局公布第一批国家森林步道名单,分别是秦岭、太行山、大兴安岭、罗霄山、武夷山 5 条国家森林步道,总长度上万公里,单条步道上千公里。2018 年 11 月 26 日,国家林业和草原局公布第二批国家森林步道名单,包括天目山、南岭、苗岭、横断山 4 条国家森林步道。2019 年 8 月 5 日,国家林业和草原局公布第三批国家森林步道名单,包括小兴安岭、大别山、武陵山 3 条国家森林步道,推出 3 条国家森林步道示范段,推出了 10 条特色森林旅游线路、15 个新兴森林旅游地品牌、13 个精品自然教育基地。

2019 年 3 月,国家林业和草原局、民政部、国家卫生健康委员会和国家中医药管理局联合出台了《关于促进森林康养产业发展的意见》,公布了 100 家森林体验国家重点建设基地、森林养生国家重点建设基地。计划到 2022 年,建设国家森林康养基地 300 处,到 2035 年建设 1200 处,向社会提供多层次、多种类、高质量的森林康养服务,满足人民群众日益增长的美好生活需要。

"十二五"以来,全党全社会以习近平新时代中国特色社会主义思想为指导,深入践行习近平生态文明思想,加快推进大规模国土绿化行动,不断提高生态治理体系和治理能力现代化水平,推动了国土绿化事业高质量发展,为全面建成小康社会、实现第一个百年奋斗目标、建设生态文明和美丽中国作出了重大贡献。同样,生态建设成果为生态旅游与生态康养提供了丰富的物质基础。

第六章
美丽乡村与生态文明

改革开放以来，我国经济和社会发展取得举世瞩目的巨大成就，与此同时，伴随经济发展带来的空气、水、土地污染，生活垃圾随意倾倒、生态环境破坏等问题成为我国发展之殇。社会发展不断满足人民群众物质需求的同时，却渐渐地无法提供良好的生态环境，这样的粗放发展模式引起了国家和社会强烈的反思。

美丽乡村，是美学的一种表述，朴实、丰富和多样性是它的科学本质，体现出自然、生态、环境、社会、艺术和生活之美。乡村是一种聚落的总称，它的居民将农业作为主要经济活动。乡村又被称作是非城市化区域，它的产生显示社会生产力发展已达到一定阶段，它相对独立，且具有独特的社会、经济与自然景观特性，表现为农民、农村、农业统一结合的三农人文特征。美丽乡村之"美丽"不仅体现在自然层面，也体现在社会层面：一方面体现在良好的生态、优美的环境、合理的布局、完善的设施；另一方面体现在产业协调发展、农民生活富裕、村庄特色鲜明、社会和谐发展。建设美丽乡村要以保证农村环境良性循环为前提开展工作，推进农业产业结构改革，改变农民生产生活方式并协调发展农业资源环境，做到人与自然、人与社会、人与人之间的和谐相处。

党的十八大报告中提出了生态文明建设这一发展理念。这一理念不仅适用于城市的现代化建设，而且在促进乡村经济的发展、社会的建设中也有一定的指导作用。它蕴含了马克思主义哲学的理念，同时也体现出中国传统文化的理论积淀。社会发展理念中生态文明建设观点的提出体现了要始终坚持发展观，把这一观念作为保持社会可持续发展的重要保证。"生态文明"理念的第一次提出是在党的十七大，在2012年党的十八大报告中进一步指出："要树立尊重自然、顺应自然、保护自然的生态文明理念，把生态文明建设放在突出地位，融入经济建设、政治建设、文化建设、社会建设各方面和全过程，努力建设美丽中国，实现中华民族永续发展。"我党明确提出了"五位一体"的总布局，这一总布局指导着生态文明的建设，为其顺利发展奠定了理论基础。"美丽乡村"在2013年被提出，要求美丽乡村的建设坚持正确的价值观引领，坚决避免走已经被实践证明是错误的老路子。生态文明也被纳入全面建成小康社会的目标之中。十八届四中全会的召开也为生态文明建设提供了更完善的法律保障。中国共产党第十九次全国代表大会于北京召开，在十九大报告中，习近平总书记指出加强生态文明建设、推进绿色发展战略，为美丽乡村建设指明了新时代的方向。

从20世纪初期开始，西方资本主义国家为了经济发展开始加大对工业的投入，随之而来的就是对大气、土壤、水源等造成了非常严峻的危害，西方各国家的生活环境面临着前所未有的危机。在他们意识到这种灾难性的危害后，便进行工业转移，把会造成严重环境污染的工业转移到了发达国家以外的其他国家。至此，发达工业国家的环境问题便变成全世界的环境问题。除此之外，中国在发展经济的同时也出现"环境公害事件"。所以在国际环境压力和我国自身环境压力下，我们要发展就必须舍弃西方发达国家走过的工业化老路子，探索一种新的出路。因为乡村的各种生产活动和平日的生活都与自然有着不可分割的联系，所以要注意生态建设对乡村环境、社会生活及经济发展反作用的影响。要建设具有整洁乡村，文明乡风的社会主义的美丽乡村，就更要注重生态的友好建设。

全面贯彻落实党的十八大会议精神，构建生态文明要求我们建设美丽乡村，建设美丽中国，实现中华民族的永续发展，要求我们必须把生态文明建设放在突出位置，使其融入政治、经济、文化、社会建设的全过程。树立尊重自然、顺应自然、保护自然的生态文明理念，对于缓解资源紧张、环境污染严重、生态系统继续退化等生态环境问题具有重要作用。开展美丽乡村创建活动，重点推进生态农业建设，节约农业资源，改善农村生态环境，是落实生态文明建设的重要举措。作为美丽中国建设的基础和前提、推进社会主义生态文明建设的新载体，美丽乡村建设是一项长期的任务，是一个物质积淀、精神充实的过程，也是一个需要整体统筹推进的系统工程，对于引领乡村建设具有重要作用。

以马克思主义生态文明思想为指导，以中国广大农村地区为实践地域，以解决乡村自然环境问题和社会问题为突破口，美丽乡村建设对于实现乡村人与自然、人与社会的和谐相处以及乡村经济社会的可持续发展具有重要意义。在建设美丽乡村的过程中，不断创新的思想理念、先进的建设路径和具体的实践方式，也是对马克思主义生态文明思想的丰富和发展。美丽乡村生态文明建设思想是科学发展观和我国农村建设相结合的产物，推进了我国乡村建设和生态文明建设理论的发展，丰富了中国共产党生态文明理论。

建设美丽乡村有助于改变农民生活理念。美丽乡村建设是一项系统工程，需要统一思想，整体推进。具有先进的生态文明理念是推进生态文明建设，建设美丽乡村的思想前提。只有让生态文明理念入脑入心，引领乡村的建设主体规范自身社会行为，不断地充实生态文化知识，改变自身的不良行动方式，才能达到人与自然的和谐，经济发展的可持续。

建设美丽乡村有助于改善农村居住环境。重视农村人居环境的改善是创建美丽乡村的内容之一。随着美丽乡村建设的推进，农村人居环境正在改善，但生活污水、生活垃圾、生产废弃物造成的污染问题仍然突出，建设美丽乡村就是要以乡村景观的建设为抓手，合理开发自然空间，科学布局，整体共建，通过实施村容整治和绿化美化，渐渐实现乡村土地的集约化利用，改善人居环境。

建设美丽乡村有助于创新农业生产方式。美丽乡村的发展，为现代农业提出新的发展理念、发展思路和发展模式。例如，可以根据地域特色，实现农业资源的循环利用，提高农业可再生资源综合利用水平。可以开发和推广废弃物利用、绿色肥料、生物农药、生态保护型养殖等环保型农业生产新技术，以点带面推动农业生产方式的转变，达到循环农业的发展。

建设美丽乡村有助于城乡一体化的发展。美丽乡村建设的出发点和落脚点就是为了解决"三农"问题，通过发展农业使农民生活富裕，生活水平普遍提高，缩小城乡差距进而实现"城乡等值化"和城乡一体化。建设好美丽乡村是新型城镇化战略的应有之义。

一、资源保护与节约利用推动农业绿色发展

党的十九大报告中，习近平总书记的生态文明思想向我们深刻解答了何为生态文明、应该建设成什么样的生态文明、如何建设生态文明等实践问题，这既是推进美丽乡村建设的必然之路，也是党的重大实践成果，对解决"三农"问题、建设美丽乡村具有指导意义。生态文明强调了人与人、人与社会、人与自然和谐共处的发展理念，是推动我国经济、政治、文化、经济等内容的不竭动力。美丽乡村建设是美丽中国的基础，虽然我国已经初步取得乡村建设的成果，但也凸显出经济迅猛发展与环境日益恶化的矛盾，解决这一矛盾是提出生态文明理念的根本因素。生态文明理念所具有的和谐可持续发展观高度符合我国美丽乡村建设的基本国情，对美丽乡村建设作出了系统、全面、科学部署，有助于美丽乡村工作的稳定开展。

坚持节约资源和保护环境，是实现经济社会全面协调可持续发展的内在要求。提高能源利用效率对于打好节能减排攻坚战和持久战、转变经济发展方式、建设资源节约型和环境友好型社会，具有重要作用。坚持节约资源和保护环境，是实现经济社会全面协调可持续发展的内在要求。近年来，我国政府先后作出了一系列重大部署，各地区、各部门开展了卓有成效的工作，能源资源节约和生态环境保护取得显著成效。当前和今后一个时期，我们应进一步把建设资源节约型、环境友好型社会放在工业化、现代化发展战略的突出位置，落实到每个单位、每个家庭，不断完善有利于节约能源资源和保护生态环境的法律和政策，开

发和推广节约、替代、循环利用和治理污染的先进适用技术，落实节能减排工作责任制，加快形成可持续发展体制机制，切实增强可持续发展能力。

良好的生态环境是经济社会可持续发展的重要条件，也是一个民族生存和发展的重要基础。我们要深刻认识加快推进生态文明建设的重要性和紧迫性，始终坚持和全面落实节约资源和保护环境的基本国策，发展循环经济，保护生态环境，推进节能减排，加快建设资源节约型、环境友好型社会，促进经济发展与人口资源环境相协调。

（一）生态文明思想引领美丽乡村发展

1. 提供经济基础，发展绿色产业

众所周知，中国是农业大国，要实现宏伟中国梦，就要立足乡村的全面改革，包括地域品牌、环境特色、经济文化。其中经济作为建设美丽乡村的物质基础，提供了土地资源、水资源、生物资源，是改善农事生产活动条件的必备前提。随着人们生活水平的提高，饮食安全在新时期被提到一个前所未有的高度，提升农产品的质量是基于生态文明理念下的农业前进方向，更是打造乡村品牌特色的保障。良好的生态环境为农业生产种植和养殖提供了必备条件，在一定程度上确保了产品安全，实现绿色无公害农产品向市场的输入，促使高营养价值有机产品的迅速转型，为乡村经济指标的提升做出贡献。生态兴则经济兴，生态衰则经济衰，这从生态方面论述了美丽乡村建设的标志，即绿色经济，而绿色经济需借助绿色产业来支撑。美丽乡村并不是单一的田园风光，而是在环境保护的前提下纵深推动乡村产业的升级，为农民的持续增收、幸福生活打下厚实基础。只有确立绿色发展的理念，积极探索绿色农业发展的新道路，确立以市场为导向、农民为主体、政府指导、社会联动参与的机制才能真正实现美丽乡村的建设。鼓励农民依据市场需求和现有的资源条件，选择与环境相适宜的特色产业，重点扶持专业化、规模化、品牌化生产对象，整合旅游资源，加快形成美丽乡村建设、产业发展、农民增收互促共进的美好局面。

2. 优化乡村布局，改善宜居条件

针对当前乡村普遍出现的村落分布零散、居民点多而大、宅地闲置等状况，必须加快统筹城乡规划步伐，优化城镇布局，依据地方气候、水文条件、自然资源、历史文化、民族传统、产业结构等实际，按照"高起点设计、高标准建设"的要求，认真做好美丽乡村规划总工作。通过对村镇布局、生产布局、交通布

局、水利布局、土地布局等内容的系统编排，科学划定产业集聚区、农民居住区、生态环境保护区等空间结构，提供农田培育标准，发展适度规模生产方式，形成"田成方、林成网、路相通"的乡村格局，借助生态与文明两个思想来促进美丽乡村的建设。改善安居条件、打造新型乡村社区是美丽乡村建设的一项重要内容。通过实施村组合并、异地搬迁等方式解决乡村零散分布的问题，逐步向着环境优美、设施配备齐全的新社区转变，不断提高公共服务质量，完成城乡一体化建设。要加强对古村落、古建筑的开发和保护，不能过于追求地区经济的提升，应保留宗教、习俗、民居特色，实现历史文明与现代文化的有机融合，将乡村打造成为宜居、宜业、宜游的幸福家园。

3. 强化制度约束，统筹环境治理

党的十九大报告中提到：统筹山水林田湖草的系统治理，实行最严格的生态环境保护制度，这就对未来美丽乡村建设的规划作出了明确的制度约束，要如何将乡村建设做到最严是新时代的第一工作。命脉在田、命脉在水、命脉在山，绿水青山要依靠生态系统的自我调理，落实乡村自然环境的全面改善，保障能源资源，治理环境污染，划出生态保护红线，严格控制好城镇开发边界这条线，实施主体功能区战略，促进资源的集约型利用，发展循环经济，综合治理水、土、气。要让乡村建设做到有理可依、有迹可循、有法可保，严标准、严考核、严处理，才能从源头上防治乡村环境污染问题，为实现美丽这一目标夯实基础。良好的生态环境是最普惠的民生福祉，社会中的每一个人都得益于环保。因此，只有共建才能共享，保护生态环境需要从自身做起，从小的方面出发，努力践行"绿色低碳"的生活方式。作为农业从事者、科研工作者，应以技术创新、理念改革作为推广高效种养模式的前提，为美丽乡村增添"绿能量"，既稳定粮食产量，发展绿色产业，又减少农业面源污染，节约废物处理成本，为自己和他人创造良好的生存环境。让美丽乡村建设与生态文明理念共行，彻底破除经济发展的障碍，让村容秀美，让民生富裕。

(二) 资源合理应用促进美丽乡村建设

1. 树立生态文明理念，加强环境保护

环境问题既是发展问题，又是民生问题，也是我国现代化建设面对的重大挑战。各地区、各部门要牢固树立生态文明理念，大力倡导绿色消费，注重人与自然和谐相处，把资源承载能力、生态环境容量作为经济活动的重要条件，引导公众自觉选择节能环保、低碳排放的消费模式，着力建设资源节约型、环境友好型社会；要按照加快经济发展方式转变的要求，进一步加强环境保护和污染治理工作，探索构建污染源防控体系，为推进生态文明建设、促进经济社会全面协调可持续发展做出新的贡献。

2. 着力构建有利于资源节约和环境保护的长效机制

要建立经济社会发展与生态环境改善相互促进的良性循环机制。要按照"谁开发谁保护、谁破坏谁恢复、谁受益谁补偿"，强化资源有偿使用和污染者付费政策，综合运用价格、财税、金融、产业和贸易等经济手段，改变资源低价和环境无价的现状，形成科学合理的资源环境的补偿机制、投入机制等，从根本上解决经济与环境、发展与保护的矛盾。要充分发挥财政政策在建设生态文明等方面的积极作用，并注重与货币政策、产业政策等内容的协调配合。可考虑改革和完善资源税制度，开征环境税，形成有利于资源节约型、环境友好型社会建设的税收导向。要根据经济运行情况的发展变化，及时完善相关政策措施，提高政策的针对性和灵活性，把握好政策的重点、力度和节奏，增强经济发展的稳定性、协调性和可持续性。

在制定实施财政政策、开展财政的工作过程中，要更加注重推进经济发展方式转变和经济结构调整，增加"三农"投入，加大推动自主创新和培育战略性新兴产业力度，抓紧落实国家重大科技专项，重点扶持突破关键技术，支持发展环保产业、循环经济、绿色经济，切实提高经济发展的质量和效益。

3. 着力构建有利于资源节约和环境保护的产业结构

应在巩固农业、壮大工业的同时，把发展服务业放到更加突出的位置，提高第三产业在国民经济中的比重。应进一步发展高技术产业，特别是要加快发展并做大做强信息产业，加快信息化进程。应加快用高新技术和先进适用技术改造传统产业，促进传统产业升级；加快淘汰落后工艺、技术和设备。应推进企业重组，提高产业集中度和规模效益。应大力发展集约化农业。应调整能源消费结构，提高优质能源比重。应根据资源条件和环境承载力，确定不同区域的发展方向和功能定位，优化区域产业布局。

4. 加快建立资源节约型技术体系和生产体系

要坚持资源开发和节约并重、把节约放在首位的方针，大力加强生态环境保护科学技术，研究开发资源节约集约使用技术。要系统认知环境演变规律，提升生态环境监测、保护、修复能力和应对气候变化能力，提高自然灾害预测预报和防灾减灾能力，发展相关技术、方法、手段，提供系统解决方案，实现典型退化生态系统恢复和污染环境修复，实现环境优美、生态良好。要注重源头治理，切实抓好节能、节水、节地、节材工作，推进矿产资源综合利用、工业废物回收利用、余热余压发电和生活垃圾资源化利用，合理有效使用资源，提高资源利用率和生产率，建立资源节约型、环境友好型技术体系和生产体系。

5. 加快污染防治，提高全民族环保意识

要控制工业污染物排放，加强水污染、大气污染、固体废物污染防治，积极推进重点流域区域环境治理及城镇污水垃圾处理、农业面源污染治理、重金属污染综合治理等工作，加快环境基础设施建设，完善环境监管制度，健全环境监管体系，加大环境执法力度。要推动全社会形成节约能源资源和保护生态环境的生活方式和消费模式。要广泛宣传环保理念，广泛宣传党和国家关于资源节约和保护环境的方针政策、法律法规，普及相关的知识和技术。要大力倡导节能环保、爱护生态、崇尚自然，倡导适度消费、绿色消费，形成"节约环保光荣、浪费污染可耻"的社会风尚，营造有利于生态文明建设的社会氛围。企业要增强社会责任感，把节能环保当作增强核心竞争力和提升企业社会形象的大事要事切实抓紧抓好。

二、农业清洁生产引领农业绿色发展

随着我国各部门对环保工作的重视，环保工作卓有成效，工业污染得到了控制，城市生活污水得到了治理，但农业污染的治理仍相当薄弱。我国是一个农业大国，农业技术相对落后，农民素质有待提高。因此，农业生产中的污染问题相当严重，已经影响到农业的可持续发展，影响到农产品的安全生产，与我国推进现代化建设不相适应。控制农业污染，要引起全社会的重视，政府要将环保工作的重点逐渐转向农业，转向农村。

农业清洁生产是指既可满足农业生产需要，又可合理利用资源并保护环境的实用农业生产技术。其实质是在农业生产全过程中，通过生产和使用对环境友好的"绿色"农用化学品（化肥、农药、地膜等），改善农业生产技术，减少农业污染的产生，减少农业生产及其产品和服务过程对环境和人类的风险。它并不完全排除农用化学品，而是在使用时考虑这些农用化学品的生态安全性，实现社会、经济、生态效益的持续统一。

(一) 农业污染的主要因素

1. 农用化学品污染

我国化肥的施用量已经达到每年 4000 万吨以上，而且主要以单一化肥为主，复合肥较少，单一化肥中以氮肥为主。肥料流失严重，从而造成河流、湖泊污染、近海赤潮频发，蔬菜等农产品硝酸盐超标。由于磷肥过多，磷矿中的放射性物质和镉等重金属在土壤中积累，从而影响农产品安全。农药污染近年虽然有所好转，但仍是一个重要污染源，我国每年施用的农药有 120 万吨，全国平均用量大于 2 千克/公顷，尤其是浙江、上海、福建等地，平均用量在 8~10 千克/公顷。农药不仅是土壤、灌溉水有机污染的主要来源之一，而且造成农产品严重不安全，每年各地都有因食用农药污染的农产品而死亡的事件发生。此外，农用塑料和生长调节剂的污染也十分严重，应予重视。

2. 畜禽水产养殖业污染

随着集约化养殖业的发展，畜禽粪尿已成为不能忽视的重要污染源。据近年统计，我国畜禽粪便每年产生量在 17.3 亿吨以上，进入环境的氮有 1600 万吨，磷有 360 多万吨。由于不合理运用饲料添加剂，畜禽粪中还含有大量的铬、砷等重金属，对农产品安全带来了威胁。水产养殖大量使用人工饲料，不少地方甚至使用化肥，造成水域严重污染、近海赤潮。

3. 农业生产中自身的有机废物污染

秸秆仍是近年一直备受关注的污染物，它的焚烧问题、利用问题还未完全解决。集约化蔬菜生产，大量残菜污染河道，浙江的一个乡镇，发展花椰菜出口，废弃的菜叶每年有 10 多万吨，而且比较集中，都腐烂在田头，造成农田和水域污染。大面积的花卉基地，整枝和采收后的废弃物已经影响了花卉业的进一步发展。

(二) 发展农业清洁生产存在的主要问题

1. 农民群众对农用化学品的严重危害缺乏认识

农民一般只了解和注重化肥农药对农业增产的积极作用，而对它们的负面效应，尤其是过量使用所产生的严重后果，如破坏土壤结构，降低土壤肥力，污染地表、地下水，污染农产品，损害人及动植物健康等了解甚微。因此，在使用中往往忽略了它们的危害，用量越来越大，土地年化肥使用量高达 400 千克/公顷，比一般发达国家高出 175 千克/公顷；农药年使用量达 170 万吨。

2. 农村分散的生产经营影响农业清洁生产技术的普及和推广

我国农村土地分散，农业生产以农民一家一户的分散经营为主。因此，很难逐家逐户地传授、推广清洁生产技术，具体指导、帮助农民实施清洁生产方法，保证农产品各环节的安全可靠。

3. 技术装备的相对短缺制约农业清洁生产的发展进程

我国发展农业清洁生产的时间较短，目前虽然已具备一定的农业清洁生产技术设备，但离全面有效推行、发展农业清洁生产的要求仍有较大差距。

4. 农产品缺乏进入市场的检测机制

目前我国的农产品市场，除猪肉等少数农产品经过检测外，大部分农产品未经任何检验自由进入市场。这就导致进入市场的农产品良莠不齐，消费者无法辨别，使农业清洁生产的发展失去市场动力。

（三）实施农业清洁生产的对策

实施农业清洁生产是一项系统工程，需要各部门多方面合作，需要多学科、多种清洁技术的组合，要以点带面加以推广实施，使农业生产成为一个清洁生产过程。

1. 加大对农业清洁生产的扶持和管理力度

实施农业清洁生产必须要有一定的政策保障。因此，需要制定相关的农业清洁生产条例，明确管理部门。政府在宏观调控方面占主导地位，适时制定一些关于农业清洁生产的政策和法规，对于实现农业清洁生产具有十分重要的作用。政府可以运用财政、金融和税收手段，对农业清洁生产项目进行扶持；同时，对于农业污染物的排放通过法规进行管理，促使农业生产单位重视清洁生产问题。

2. 研究开发实施农业清洁生产的配套技术

实施农业清洁生产一定要有相应的技术保障，国家在技术开发方面要进行投入。建立农业清洁生产的监控体系，使农业生产的各个环节都达到清洁生产要求。

3. 开发和推广有机资源循环利用技术

农业生产和加工中有大量有机废弃物。它既是一种污染物，影响清洁生产，又是一种资源，必须要综合利用。技术上要攻关，政策上要保障，使这些有机资源在农业生态中循环利用，从而减少化学品对农业生态的干扰，使农业清洁生产能稳步实施。

4. 科学地使用化肥、农药、农用薄膜

组织专家学者帮助、指导农民科学施肥。依据土壤条件、气候环境和作物种类以及生长期定量施肥和施药；帮助、指导农民平衡施肥，倡导使用复合肥料，使肥料中的氮、磷、钾等成分比例适当。使用过的或废弃的农膜应收集起来，集中处置。

5. 节约用水、科学灌溉

农业生产是用水大户，灌溉用水应符合农田灌溉水质的标准，重金属含量高的废水不能灌溉。节约用水是农业生产者必须遵循的原则，特别是北方缺水地区，大水漫灌是不可持续的，也不利于提高农作物产量。

6. 开展生态农业建设

大力发展生态农业，通过实施高产稳产基本农田建设、庭院生态经济开发、农业废弃物综合利用、农业面源污染控制等工程和推广适用的生态农业技术模式，建立无公害农产品生产基地，逐步实现农业结构合理化、技术生态化、过程清洁化、产品无害化的目标。同时，加大生态农业的科技攻关力度，进行技术创新，制定颁布生态农业的指标体系、标准体系和认证管理体系，以便大范围调动企业、农民和地方政府发展生态农业的积极性。

三、生态突出问题集中治理带动农业绿色发展

我国的区域和人口重点在农村，农村生态环境建设对于提高农村经济发展水平具有重要意义，尤其是具有旅游资源开发、地质考古、民俗文化建设等潜在发展优势的地区，深入系统分析农村生态环境存在的问题，找准治理难点，是采取有效治理对策的关键。随着改革开放及社会主义经济的快速发展，农村生态环境污染严重，农村生态环境恶化的状况趋向严重，改善农村生态环境是摆在我们面前的紧迫而重要的课题。

(一) 农村生态环境共性问题

近年来，伴随我国现代化进程的加快，在城市环境日益改善的同时，农村的污染问题越来越突出。

1. 耕地资源质量下降态势严重

（1）工业"三废"造成的土壤污染呈蔓延趋势

工业化是伴随农村城镇化必然趋势，在这个过程中不可避免地产生垃圾、废水、废气、废物、粉尘等污染物，有相当部分的土壤受到不同程度的重金属和粉尘的污染是不争的事实。

（2）农业污染令人担忧

农业生产中大量使用化肥、激素、抗生素、农药等，不仅污染农产品，还导致耕地污染。地膜等不可降解的"白色"污染，也严重影响耕地环境质量。按目前的技术能力，土壤污染很难治理，危害将长期持续。

（3）耕地土壤肥力明显下降

尽管有些地区农业规模化、集约化程度不是很高，但同样具有因化肥的失衡使用，有机肥的投入不足，导致土地有机质含量低，养分失调，地力减退，耕地质量下降的现实问题。

2. 农业污染致使水资源质量下降严重

20世纪90年代以来，农业污染问题越来越突出，农业污染已经成为水体富营养化的重要原因之一。农村生活污水绝大部分都未经处理直接排放到水体，生活垃圾露天堆放也随地表径流进入水体。特别是村庄周围浅层地下水大多已经被污染，直接影响了村民的生活。在今后的发展时期内，农村水源污染将成为继工业污染之后的又一项重大环境污染问题。

3. 农村废弃物处理滞后导致卫生状况堪忧

一方面，养殖业发展后，产生的大量畜禽粪便由于得不到及时有效处理，农民居住环境和生产环境污染加剧。畜禽粪便的随意排放导致有害病毒病菌扩散和传播，成为疾病增多和一些传染性疾病流行的重要根源之一，直接威胁广大农民群众的身心健康。另一方面，由于受到经济条件和技术水平的限制，在广大农村环境基础设施滞后，农村生产生活产生的各类污染源直接排放，农村的生活垃圾基本处于无人管理的状态，不少垃圾堆积在道路两旁、田边地头、水塘沟渠，严重影响着农村地区的环境卫生。

（二）农村生态环境治理的难点

1. 如何解决农村居民的环保意识薄弱问题

近年来，我国的社会经济发展速度不断加快，对于进一步提升人们的生活水平和生活质量起到了巨大的推动作用，但是政府及相关环保部门对于农村生态环境保护理念的宣传较少，大部分的农村居民环保意识较差，在生产生活过程中随意丢弃垃圾，对于污染后的生存与发展没有任何危机感，由此导致环境污染，在日常生活和工作过程中也深受环境污染的危害。此外，很多农村居民虽然觉得环境污染影响到自己的生活，希望相关部门能够引起重视，但认为自己有心无力，也就任由污染越发严重，使得农村生态环境越来越难以满足居民的生活需要。

2. 如何解决农村环境基础设施严重滞后问题

由于农村经济的发展要远远落后于城市，因此，城市的各种环境设施也就难以在农村中出现，大量的生活污水随意排放，生活垃圾乱倒，从而导致土质污染、河道堵塞。不仅农村生态环境污染严重，同时也对农村居民的身体健康构成了巨大的威胁。有些农村居民虽然对于环境保护有所认知，也希望减轻农村环境污染，但却由于农村环境设施欠缺，也只能将自家生活垃圾随意丢弃，由此对农村生态环境造成严重污染。

3. 如何解决农村生态环境保护技术革新问题

当前虽然对于农村环境技术发展有所投入，也取得了一定的成就，但仍有缺陷，相关的科研力量较为薄弱，对于农村环境如畜禽养殖、农药化肥应用的现状及基本规律缺乏充分分析，无法采取针对性的措施进行治理。

(三) 加强农村生态环境治理的对策

1. 强化农村居民环保意识

尤其是对生态旅游资源保护开发区，采取有效环境保护措施至关重要。基于农村环境治理难点分析，对于农村居民，首先应当加强其环保教育，强化农村居民的环保意识，政府要定期组织环保工作人员到各个村庄广泛宣传环保教育理念，并张贴环保教育横幅，以强化人们的环保认知。同时，还可以开展定期的环保知识讲座，不断强化人们对于农村垃圾的污染认知，确保对垃圾进行分类，并回收有用的垃圾，从而不断加强农村居民对农村生态环境保护的深入了解。此外，政府还可以组织各种环保知识竞赛及环保科技发明，以鼓励发动广大农村居民积极创新，强化环保意识，积极发明新的环保技术，以最大限度地降低农村环境污染。

2. 加强农村环境基础设施建设

由于农村缺乏基础设施建设的投入资金，从而导致其基础设施建设薄弱，而且严重匮乏的农村环境基础设施也导致一些具有环保理念的居民无法规范自己的行为，只能听之任之。对此，当地政府应当加大农村环保设施建设的投资力度，如设置垃圾回收站、垃圾桶等，号召居民将垃圾倒在垃圾站和垃圾桶中，以逐步改善其乱扔垃圾的坏习惯。

3. 加大对农村环保技术发展投资力度

对于开展农村生态环境保护工作，科学技术发挥着重要作用，只有借助于先进的环保科学技术，才能够弄清楚农村环境的发展规律，以采取针对性的环保措施，也只有依靠科学技术进步，才能够从根本上解决农村经济发展过程中面临的各种问题。农村经济发展较为落后，对于环境污染的治理无论是从成本方面考虑还是技术方面考虑，都难以达到标准要求，因此，对于农村生态环境的治理措施应当确保规模较小，或者采用集中处理方法，以最大限度地降低污染治理成本，确保污染治理技术的可操作性，从而确保农村经济发展的不断进步。

农村经济发展对我国综合经济发展具有重要影响，因此，应加强农村生态环境建设，使其更好地适应经济发展需要，实现农村经济的长久可持续发展，为我国构建环保型社会提供有效帮助。

四、补齐突出短板持续改善农村人居环境

中国是一个传统的农业国家，农村环境给人普遍留下了"脏、乱、差"的印象，与城市形成了鲜明的对比，导致了城乡二元结构的进一步分化。党和政府高度重视农村人居环境治理，先后印发了《农村人居环境整治三年行动方案》《中央农办、农业农村部、国家发展改革委关于深入学习浙江"千村示范、万村整治"工程经验扎实推进农村人居环境整治工作的报告》《农村人居环境整治村庄清洁行动方案》等文件。《中共中央、国务院关于坚持农业农村优先发展做好"三农"工作的若干意见》再次指出，要加快补齐农村人居环境和公共服务短板。因此，全面推进农村人居环境治理，已经成为实现乡村全面振兴的迫切要求。2018年以来，在中央及地方的大力推动下，农村人居治理工作取得了很大进展，农村生活垃圾规范处理、农村改厕工程按计划逐步推进，生活污水处理设施不断健全，农民生活环境有了很大改善，也积累了一些好的典型经验。

（一）推广学习先进经验

浙江"千村示范、万村整治"工程在改善农村人居环境，推进美丽乡村建设

方面提供了宝贵的经验和做法。可以通过宣传推广浙江农村人居环境的先进经验，试点示范，来进一步提升全国农村环境整体水平。要认真学习浙江在实践中的一系列符合本地实际的典范、技术、方法和制度，让基层的干部群众学有榜样、学有途径，加速推动农村环境整治力度，促使农民积极参与到环境整治工作中来。国外这方面做得比较好的是欧美和日本。他们主要是从法制和技术两方面入手。一方面立法先行，通过制定相应的农村土壤、垃圾、废水处理、生态农业发展等方面的法律法规，完善环保法规体系，形成明确的权责分工，来约束污染排放者的行为。同时，政府加大对项目的补贴力度，支持基础设施建设。另一方面，严格管控环境保护标准和从业者的行为，从技术层面上加强农村环境治理工作。学习国外先进经验，一是要针对农村住户居住分散的特点，采取灵活多样的技术工艺，用较少的建设费用和运行费用，实现污染的就地处理和回收利用。二是要制定统一的技术标准，根据各地的具体情况选择合理的环境污染治理方式进行示范和推广。三是要强化管理。改变"重建设、轻维护"的做法，建立专业的运行和维护服务体系，在环境保护基础设施建成后加强后续管理。还要出台配套政策，加强运行维护方面的资金支持，保障环境保护基础设施的长期有效运行。四是要完善相关法律法规。在法律法规的制定上要细致有序，设计考虑到各个方面，针对性和操作性要强，管理对象上要点面结合，管理手段要多样，尽可能使法律法规具有较强的适用性。

(二)加大资金扶持力度

农村人居环境的整治需要资金的支持和保障，在涉农的资金利用方面可以调整思路，创新模式，充分发挥资金在治理农村环境中的作用。通过项目资金的整合，优化配置其用途，实现农村环境整治项目与基本农田改造、新改扩建规模养殖场、农村新能源开发、休闲农业发展相结合，充分发挥资金的集聚效应。同时，探索农村环境污染治理的社会化运营机制，可以采用招商引资、购买服务、PPP等模式，吸引社会力量进入垃圾、生活污水、秸秆、畜禽粪污处理等环境治理和资源化利用市场。通过吸引社会力量，实现农村环境治理由政府主导转变为政府支持、市场化运营、农民投工投劳的新模式。

(三)强化农民主体地位

开展农村人居环境整治，农民群众是主体，通过制订村规民约以及其他方式，让农民群众自发组织起来，提升农民群众建设美好家园的自信心和积极性。

组织村民参与环境整治项目的运行和管理，让村民切身体会环境整治与自身生活质量提高息息相关。开展"环境整治日"活动，组织村民对房前屋后卫生进行打扫，对居住环境干净整洁的村户进行表彰，鼓励先进、影响后进，在农村环境整治中让农民主动加入进来。

（四）优化人居环境布局

目前"三农"最薄弱的环节在农村，最直观的体现就是农村基础设施和公共服务与城市差距大。要解决城乡发展不平衡、农村发展不充分问题，必须从改善农村人居环境入手，加强农村基础设施和公共服务建设，加快补齐乡村建设这块突出短板。因此，要高起点规划农村环境整治目标。改变在二元结构下村庄建设缺乏空间规划，农业生产、农民生活空间布局混杂的局面，从乡村规划的顶层设计出发，对农业生产、农民生活、基础设施、道路交通布局进行优化，实现厕所卫生、人畜分离、交通方便、废弃物及时回收利用，从整体上解决农村人居环境治理存在的顽固性问题，将农村建筑与乡土文化、自然生态、经济发展相协调。

（五）加快产业绿色转型

传统农业对农村生活环境的污染难以避免——秸秆焚烧后对大气产生严重污染，传统的塑料地膜留在土地里难以分解，养殖场户畜禽废弃物不仅味道难闻而且污染水源，尾菜堆积腐烂后造成道路堵塞及环境污染，成为各种尾菜病菌和病虫害繁衍生息的温床。因此，传统的农业产业生产方式已不能适应发展绿色循环农业的新要求。必须大力推广秸秆饲料化和能源化利用、畜禽废弃物资源化利用，"宜气则气、宜肥则肥"，推广可降解地膜，及时回收废旧地膜，尾菜实行堆肥处理、降解利用，新改扩建养殖场，全面配套建设畜禽废弃物处理设施，推进种养殖业规模化发展，从源头上解决农村环境污染问题。

（六）推进生活垃圾治理

农村生活垃圾乱堆乱放是环境"脏、乱、差"最直接的表现，也是当前农村人居环境整治的突出问题。必须继续加大力度，按照分类治理的原则，建立健全垃圾清运机制，保障资金投入，稳定保洁队伍，因地制宜，建立适量的垃圾集中清运点，强化日常监督管理。同时也要引导农民转变生活方式，尽可能实现源头减量和源头分类处理。解决农村垃圾污染问题应推行源头减量，建立村庄保洁制度，推行垃圾就地分类减量和资源回收利用。对垃圾分类处理，可再生资源尽可能回收，有毒有害垃圾单独回收。对于经济效益强的垃圾，可以直接变卖；对于经济性较弱的垃圾，进行强制分类。交通便利且转运距离较近的村庄，生活垃圾可按照"户分类、村收集、镇转运、县处理"的方式处理，其他村庄的生活垃圾可通过适当方式就近处理。推行县域农村垃圾和污水治理的统一规划、建设、管理，有条件的地方可推进城镇垃圾污水处理设施和服务向农村延伸。

（七）发展田园综合体

形成一批集休闲、参观旅游、采摘、生态观赏养殖为一体，实现循环绿色发展，有特色文化和休闲旅游价值的"农家乐"、田园综合体、特色村镇等。合理规划布局，造林绿化，拓展绿色空间，打造休闲娱乐家园。引导城市居民利用节假日来度假，发挥"定制菜园"、生态产品的吸引力，让城市居民吃得放心、玩得开心，助力现代农业发展，使农村经济实现转型。改善农村人居环境，既是高水平全面建成小康社会的一项重要收官之举，更是促进乡村全面振兴的开幕之战。必须深入贯彻习近平总书记关于乡村振兴和改善农村人居环境的重要指示，坚定信心、锐意创新、扎实工作，有效改善和提升农村人居环境，建设生态宜居的美丽乡村。通过加强顶层设计、强化统筹协调、整合多方位资源，强化各项措施，扎实有序地推进农村人居环境治理，不断增强农民群众的获得感和幸福感，为如期实现全面建成小康社会宏伟目标打下坚实的基础。

五、乡村文化繁荣助力乡村振兴战略实施

文化既是乡村得以延续的根基灵魂，也是实现乡村振兴的精神之源。乡村文化体现着一方水土独特的精神创造与审美追求，赋予着乡村社会以特有的秩序与意义而存在，是人们乡土情结、亲和力与自豪感的凭借。新时代的乡村文化振兴作为一项铸魂工程，是乡村振兴宏大战略的重要组成部分与题中应有之义，贯穿于乡村振兴全过程与各领域，它不仅以无形的力量改变着人们的精神风貌，还以有形的力量助推着产业发展与乡村振兴。

"要结合实施农村人居环境整治三年行动计划和乡村振兴战略，建设好生态宜居的美丽乡村，让广大农民在乡村振兴中有更多获得感、幸福感。"因此，如何依托国家和全省乡村振兴发展战略，抢抓机遇，因地制宜，科学规划，扎实稳步推进美丽乡村建设是一项重大民生课题。按照中共中央国务院《关于实施乡村振兴战略的意见》（以下简称《意见》）和《乡村振兴战略规划（2018—2022年）》（以下

简称《规划》），"乡村振兴，生态宜居是关键。良好生态环境是农村最大优势和宝贵财富。必须尊重自然、顺应自然、保护自然，推动乡村自然资本加快增值，实现百姓富、生态美的统一"。

（一）文化创新与特色创新是文化生机活力的根本保证

文化创新是乡村永葆凝聚力与生命力的基石，是推进乡村文化振兴的重要战略支撑，亦是恒远的文化追求与文化魅力之所在，它具有凝聚人心、增进共识、成风化人的重要职能，对于推动社会实践的发展与实现乡村文化的繁荣，满足广大农民多层次多元化的文化精神需求，具有不可言喻的作用。一般说来，每一个乡村，都会彰显着其所处时代的现实需求，是一个时代精神的特定表达，折射出乡村文化对村民的深层熏陶，并随着实践的创新发展而与时俱进。乡村本土特色文化是指人们在乡村的长期劳作与生产过程中，将自己深厚的情感融入山水自然风光之中，历经长期积淀和孕育而成的独具魅力的本土特色文化。正是由于各具特色的本土文化的浸润与滋养，才使长期生活在这里的人们形成了基于规则仪式、民俗节庆等关于本土基因的认同感和归属感，虽历经千百年沧桑巨变却依然古色古香。随着乡村振兴战略的快速发展，城镇化、市场化与现代化的积极推进，乡村本土特色文化面对多元文化的强烈冲击，若任由下去，农民就会对本土文化失去自信，乡村社会将会丧失文化的源力支撑，承载农民美好愿望的乡村振兴也就难以实现。正确认识和处理坚持文化创新与打造特色的关系，应立足本土具体实践，紧紧抓住乡村特色文化资源这个发展根基，积极回应当下乡村社会发展的核心问题与价值诉求，切实推进乡村文化创新。

（二）正确认识和处理文化继承与借鉴外来的关系

任何一种乡村文化都具有历史继承性，没有经过点滴积累、代代承继，乡村文化的发展就会失去根基。从某种意义上看，乡村文化的继承都有其深层次的社会历史背景，这种背景下的乡村文化形成与传承，往往是基于特定地域内人们普遍的心理认可与需求而形成的。乡村文化的继承绝不是孤立的，它应与所处的一定环境与社会需求相适应，是前代文化经过深厚积淀的结果，深刻反映着同时代其他文化及社会现象的重要影响。一般说来，任何一种优秀文化都不是纯粹的单一文化，乡村文化的发展不可能故步自封，应看到不同文化间的优势和长处，善于借鉴外来文化、博采众长，是其自身发展繁荣的必要条件。乡村文化的借鉴是指以乡村本土文化为基础，通过不断吸纳优秀外来文化，拓延本土文化的内涵，促进其健康和谐发展，它有助于相互借鉴、相互补充、取长补短、共同进步，增强乡村文化的凝聚力、认同感与引导力，使其更好地适用于新时代文化的发展需求。在当今日益开放的国内外大背景下，乡村文化的交流与沟通，比以往任何时期都显得更加迫切，乡村文化振兴不能囿于自身传统，应从乡村文化发展的现实需求出发，正确认识和处理坚持文化继承与借鉴外来的关系，择其优而祛其弊，在整合、借鉴与吸纳中实现融合发展，不断增强乡村文化的底蕴和厚度，为本土文化高质量发展提供精神滋养与定向导航作用。

(三) 正确认识和处理文化保护与开发利用的关系

"夫源远者流长，根深者枝茂"。乡村文化深深根植于中华优秀传统文化，承载着生生不息、绵延赓续的厚重基因，蕴含本土文化的丰富内涵与精神意蕴，具有重要的历史价值、教育价值以及社会价值。加强乡土文化的保护有助于留住"乡愁"，增强乡村自身的凝聚力、向心力与归依感，从精神层面增强乡村振兴的内生动力，筑牢乡村社会的自主性与可持续发展的基石。一般地说，唯有高度认同优秀的乡村本土文化，才能真正拥有坚守的从容、奋进的毅力以及创新的活力，增强乡村文化保护的自觉与执着。乡村文化既要薪火相传、代代呵护，又要与时俱进、推陈出新。从长远看，对乡村文化资源的开发利用本身也是对文化资源的一种保护，旨在运用现代高科技手段将古色古香的自然遗产与淳厚的民俗民风呈现给更多的人，使乡村本土文化在开发利用中熠熠闪光，在交流开放中释放出最佳效能，在拓延乡村本土文化育人空间的同时，进一步丰富乡村文化建设的基本内涵，进而实现传统与现代的有机结合。伴随城市化和现代化的快速推进，引发了中国社会结构的深层次变迁，建立在农耕文明之上的乡村社会形态趋于涣散，中国乡村传统文化正面临日益严重的冲击与消解，如何把乡村本土特色文化的保护与开发利用有机结合起来成为亟待解决的重大课题。正确认识和处理坚持文化保护与开发利用的关系，应依据乡村文化振兴的战略目标，结合乡村地域特色，坚持有所为、有所不为，积极推进本土文化的保护与开发利用双向互动，将珍惜保护乡土文化与提升传统文化的优良品质融合起来，让乡村文化成为安顿村民灵魂与期冀的依托，使乡村成为人们安居乐业的精神家园。

(四) 正确认识和处理文化投入与以民为本的关系

文化投入作为乡村文化振兴的重要支撑，是通过深入实施文化惠民工程，优先支持关涉农民切身利益的文化项目，旨在建设结构合理、发展平衡、运行高效、服务优良的乡村文化服务体系。在推进乡村文化振兴的进程中，坚持乡村文化投入是党和政府的重要责任，既是保障广大农民文化权益的基本途径，也是破解我国城乡文化发展不均衡、乡村文化服务不充分的根本方法，对于克服二元结构下文化建设中政府行为"城市偏好"、提升乡村文化产品优质供给、更好满足农民群众日益增长的文化精神需求具有重要的现实意义。新时代的乡村文化振兴，既需要有丰富优质的农村文化投入为基础，也需要彰显"以民为本"的深厚情怀。坚持"以民为本"是民族传承的精神血脉与共同智慧，它秉承着发展依靠人民、发展为了人民、成果人民共享的建设理念，体现着对人们乡土情怀的心灵叩问与精神慰藉，有助于广大农民深刻理解乡村文化的现实价值，从内心深处产生甘愿为文所化的认同感，树立起乡村文化的高度自信，从而自觉投身于乡村文化振兴之中。伴随着城乡二元结构的长期影响，客观上导致城乡之间文化投入极不平衡，引发了城乡文化的发展不协调，加之乡村文化投入的效能低下，形成了各种各样的农村"亚文化群"，使乡村文化常常处于"边缘化"状态，大大阻滞了乡村文化振兴的发展进程。正确认识和处理坚持文化投入与以民为本的关系，应依据乡村文化振兴的战略目标，通过加大乡村文化事业的投入力度，建构适合个性发展的乡村文化体系，完善以农民为主体的乡村文化供给机制，将加大乡村文化投入与提升"以民为本"的科学理念有机融合起来，切实满足人民群众对乡村文化的精神需求，扎实推进乡村文化建设，展现新时代乡村文化新面貌。

第七章
环境污染治理与生态文明

党的十八大报告明确指出，我们正面临"资源约束趋紧、环境污染严重、生态系统退化的严峻形势"。这是党中央立足全国发展态势和全局实况而作出的客观判断，表明党中央有对发展之可持续的忧患意识。党的十八大以来，以习近平同志为核心的党中央，站在全局和战略的高度，对生态文明建设提出了一系列新思想、新论断、新要求。2013 年 11 月，党的十八届三中全会提出加快建立系统完整的生态文明制度体系；此后，党的十八届四中全会要求用严格的法律制度保护生态环境；党的十八届五中全会将绿色发展纳入新发展理念。与此同时，近 40 项改革方案陆续出台，不仅将生态文明制度的四梁八柱搭建起来，而且还以前所未有的速度，构建起最严格的生态环境法律制度。党的十八大以来，中央环保督查启动。截至 2020 年 5 月，中央环保督查已经完成对全国 23 个省（自治区、直辖市）的督查工作，各地累计问责 10 426 人。

"像保护眼睛一样保护生态环境，像对待生命一样对待生态环境"。如今，"绿色发展"理念已经一步步转化为各地各部门切实的行动。在空气质量监测网络方面，全国 338 个地级及以上城市布设 1436 个国控监测站点，全部具备 PM2.5 等六项指标监测能力；在地表水环境质量监测网络方面，国控断面扩展到 2050 个，覆盖全国十大流域 1366 条河流和 139 座重要湖库，基本满足水环境质量评价与考核需求。饮用水源地监测覆盖 338 个地级及以上城市和 2856 个县；在土壤环境监测网络方面，建成由 38 800 多个点位组成的国家土壤环境监测网，基本实现了所有土壤类型、县域和主要农产品产地全覆盖，同时形成了以卫星遥感与地面核查相结合的生态监测体系。

生态环境部发布全国生态环境质量简况显示，2019 年，全国生态环境质量总体改善，环境空气质量改善成果进一步巩固。全国 337 个地级及以上城市 PM2.5 浓度为每立方米 36 微克，同比持平，平均优良天数比例为 82%，环境空气质量达标的城市占全部城市数的 46.6%。按照环境空气质量综合指数评价，全国 168 个重点城市中，环境空气质量相对较好的城市依次是拉萨、海口、舟山、厦门、黄山、福州、丽水、贵阳、深圳、台州。

分析结果显示，全国 469 个监测降水的市（区、县）中，酸雨频率平均为 10.2%，同比下降 0.3 个百分点。酸雨城市比例为 16.8%，同比下降 2.1 个百分点。2019 年，全国生态环境质量一般，同比无明显变化。生态质量优和良的县域面积占国土面积的 44.7%。

新时期将证明：只有坚定不移地走建设生态文明的道路，才能实现中华民族的伟大复兴；生态文明是人类文明的必由之路。我们要认真贯彻落实习近平生态文明思想，真正把生态环境保护当成"功在当代、利在千秋"的事业来做。要清醒认识保护生态环境、治理环境污染的紧迫性和艰巨性，清醒认识加强生态文明建设的重要性和必要性，做好打攻坚战、持久战的准备，用新理念、新思路、新方式去解决我们面临的生态环境问题，努力走向社会主义生态文明新时代。

一、治理大气污染改善空气质量

清洁的空气对生命来说比任何东西都要重要，每个人每时每刻都离不开周围的空气，每时每刻都在吸入和呼出空气。一个成年人每天通过鼻子呼吸空气2万多次，吸入的空气量达15~20立方米，其重量约为每天所需食物和饮水的10倍。如果人们每天吸入大量的被污染空气，那将会对人体健康造成极大的危害，所以控制空气污染，对空气污染进行分析与监测是很重要的。

（一）大气与大气污染

1. 大气及其组成

（1）大气

地球表面上有一层厚厚的大气，通常称为大气层，它是地球上一切生命赖以生存的重要物质。与人类活动关系最密切的是靠近地球表面上空约12千米范围内的对流层（地球大气层由下而上分为对流层、平流层、中间层、暖层、散逸层），这一层大气占整个大气质量的95%左右，特别是贴近地面1~2千米范围内的大气，受人类活动及地形影响最大，对人类和生物生存起着极其重要的作用，因此，这层大气是我们研究大气污染，进行大气监测的主要对象。

对于贴近地面的这一层大气，称为大气或空气。实际上，在自然科学中空气和大气是同义词，二者并无实质性差别。人们通常称室外空气为大气，室内空气为空气；或者将大区域、全球性范围内的空气称为大气，车间、厂区等局部地区的空气称为空气。在国家环境标准中，多用环境空气。本书不做具体区别。

（2）大气的组成

大气的组成很复杂，它是由氮、氧等多种气体组成的混合物，其中还悬浮水滴（云滴、雾滴）、冰晶和固体微粒。干燥清洁大气的化学元素及其化合物的组成见表7-1。这是未受到人类活动影响，在自然条件下空气中各成分充分混合均匀后的自然组成（即背景值）。就其成分来说可以分为恒定的、可变的和不定的三种组分。

表7-1 清洁干燥的大气组成

成分	化学式	体积浓度	成分	化学式	体积浓度
氮	N_2	98.08%±0.004%	氢	H_2	0.05mg/L
氧	O_2	20.948%±0.002%	氧化亚氮	N_2O	0.3mg/L
氩	Ar	0.0943%±0.001%	一氧化碳	CO	0.05~0.2mg/L
二氧化碳	CO_2	325mg/L	臭氧	O_3	0.02~10mg/L
氖	Ne	18mg/L	氨	NH_3	4μg/L
氦	He	5mg/L	二氧化氮	NO_2	1μg/L
氪	Kr	1mg/L	二氧化硫	SO_2	1μg/L
氙	Xe	0.08mg/L	硫化氢	H_2S	0.05μg/L
甲烷	CH_4	2mg/L			

①恒定组分　主要由N_2（78.09%）、O_2（20.94%）、Ar（0.93%）、He、Ne、Kr、Xe、Rn等稀有气体组成，他们占大气总体积的99.96%以上，这一组分的比例在地球上任何地方可以看作是恒定的。

②可变组分　指可以变化的CO_2和H_2O，一般情况下的CO_2含量为0.02%~0.04%，H_2O的含量为0~4%，这些组分在大气中的含量是随季节、气象条件的变化而变化的，也随人们的生产和生活活动的影响而变化。

含有上述恒定和可变组分的大气，我们认为是洁净的空气。干燥大气不包括水蒸气，但在低层空气中水蒸气是一个重要的组成，它的浓度在较大范围内变化，可以用湿度表示。水蒸气在大气中含量的多少取决于地理位置、空气温度和风向等。

③不定组分　这些组分在大气中的含量是不确定的，如尘埃、煤烟、粉尘、SO_x、NO_x、CO及恶臭气体等，其来源有两个方面：

一是自然因素所引起的，如由火山爆发、森林火灾、海啸、地震等自然因素导致的空气中尘埃及恶臭气体含量增加。一般来说，这些组分进入大气，可造成局部暂时性污染。

二是人为因素所造成的，如生产发展、人口增长、城市扩大、工业布局不合理以及战争等导致环境大气中产生大量烟尘、SO_x、NO_x等。这是大气中不定组分的最重要的来源，也是造成大气污染的主要来源。

2. 大气污染

当上述不定组分进入大气，其含量超过环境所能容许的极限或超过环境空气质量标准的限值并持续一段时间后，就会直接或间接影响人体健康和动植物的生长、发育，损坏自然资源、工农业生产物品及材料等，如大气中 NO_2 的浓度达到 0.12 毫克/升时，人能闻到臭味，呼吸系统就会受到影响，严重的则会引起肺气肿、支气管疾病等；SO_2 的年平均浓度超过 0.05 毫克/升时，支气管的发病率比未受污染的地区会高出两倍。简言之，大气污染是指由于人类活动或自然过程引起某些物质介入大气中，呈现出足够的浓度，达到足够的时间，并因此危害了人体的健康、舒适和福利或危害了环境的现象。

3. 大气污染物及其分类

引起大气污染的有害物质称为大气污染物。大气污染物有多种类型，已发现其危害作用并被人们注意的污染物有 100 多种，其中大部分是有机物，通常按污染物的形成过程和存在状态及污染物性质进行分类。

（1）按形成过程分类

根据污染物的形成过程可分为一次污染物和二次污染物。

一次污染物是指由各种污染源直接排放到环境大气中，且未发生化学变化的有害污染物质。如燃煤燃油及化工生产过程排放出的 SO_2、NO_x、CO、碳氢化合物、颗粒物及颗粒物中含有的有毒重金属 Pb、As、Mn、Zn、Sb、Cd，强致癌物苯并芘（BaP）及其多种有机物和无机物等。

二次污染物是指大气中的部分一次污染物相互作用或与大气中的正常组分发生一系列物理化学反应所产生的新的污染物。例如，SO_2 进入大气中，被氧化生成 SO_3，SO_3 与 H_2O 反应生成 H_2SO_4，H_2SO_4 再与大气中的 NH_3 反应生成粒子（NH_4）$_2SO_4$ 等。常见的二次污染物有硫酸与硫酸盐气溶胶、硝酸与硝酸盐气溶胶、臭氧、醛类、过氧乙酰硝酸酯（PAN）以及一些活性中间产物，如过氧化氢基、氢氧基、过氧化氮基和氧原子等。

二次污染物比一次污染物的毒性更强，危害更严重，特别是呈胶体状态的二次污染物，含有各种复杂的金属重金属等有害物质，是雾霾污染的主要危害成分。

（2）按存在状态及污染物的性质分类

由于大气污染物的物理、化学性质不同，产生的工艺过程与环境各异，因此污染物在大气中的存在状态和性质也不相同，大致可以分为两类：分子状态污染物和气溶胶状态污染物。

4. 分子状态污染物概述

分子状态污染物指在环境空气中以气态或蒸汽态存在的污染物，来源广泛，种类极多，物理化学性质差异大，且运动速度快、扩散快，在空气中的分布较均匀，常能传播到很远的地方，并长期存在于空气中，对人体健康及环境危害很大。《2018 中国生态环境状况公报》显示：全国 338 个城市环境空气中气体状态主要污染物 O_3、SO_2、NO_2 和 CO 浓度分别为 151 微克/立方米、14 微克/立方米、29 微克/立方米和 1.5 毫克/立方米，超标天数比例分别为 8.4%、不足 0.1%、1.2% 和 0.1%；京津冀及周边"2+26"城市地区，O_3 和 NO_2 为首要污染物的天数分别占总超标天数的 46.0% 和 0.8%；长三角地区 41 个城市以 O_3 和 NO_2 为首要污染物的天数分别占总超标天数的 49.3% 和 2.2%；汾渭平原 11 个城市以 O_3、NO_2 和 SO_2 为首要污染物的天数分别占总超标天数的 36.4%、0.5% 和 0.2%。因此，分子状态污染物仍然是环境空气质量的重要指标，是进行空气环境监测的重要组成部分。

(1) 分子状态污染物来源

分子状态污染物来源于自然过程和人类活动。前者如火山作用、森林火灾及生长中的植物，后者指人们的生产生活行为，如化工生产过程，燃料燃烧过程及汽车尾气排放等。表 7-2 所列为地球上常见分子状态污染物的来源。

表 7-2　地球上自然过程及人类活动产生的空气污染物

污染物名称	自然排放	人类活动排放
SO_2	火山活动	煤和油的燃烧
H_2S	火山活动、沼泽中的生物作用	化学过程污水处理
CO	森林火灾、海洋、萜烯反应	机动车和其他燃烧过程排气
$NO-NO_2$	土壤中的细菌作用	燃烧过程
NH_3	生物腐烂	废物处理
N_2O	土壤中的生物作用	无
C_mH_n	生物作用	燃烧和化学过程
CO_2	生物腐烂，海洋释放	燃烧过程

由自然过程排放污染物所造成的污染多为暂时的和局部的，人类活动排放污染物是造成污染的主要根源。因此，空气环境监测所针对的主要是人为造成的污染物。

(2) 分子状态污染物分类

① 无机分子状态污染物　也称气态污染物，指在常温常压下以气体分子存在，当这些物质由污染源散发到空气中时，仍以气态分子存在，常见有 CO、

CO_2、SO_2、NO_2、NO、Cl_2、H_2S、HCl、HF、HCN、NH_3、O_3等。

无机分子状态污染物主要来源于煤、石油、天然气等化石燃料以及生物质能源在燃烧过程中(焚化炉、工业锅炉、窑炉)、冶金、石油化工、建材生产(砖瓦、水泥)、生活取暖、烹调等人类活动,见表7-3。

表7-3 无机分子状态污染物的主要来源

类别	污染源	排放无机气态污染物
人为源	燃煤:电厂、锅炉、窑炉	SO_2、NO、NO_2、CO、CO_2
	燃油:机动车、电厂、石油工业	SO_2、NO、NO_2、CO、CO_2
	冶金、化工、化肥	SO_2、H_2S、HCl、NH_3、SO_3、HCN
天然源	火山爆发	SO_2
	森林、草原火灾	SO_2、NO、CO、CO_2
	动植物残体分解	H_2S、NH_3

②有机分子状态污染物 也称蒸汽态污染物,指在常温常压下是液体或固体的物质,由于其沸点和熔点很低,挥发性大,因而能以蒸汽状态挥发到空气中,造成空气污染。

有机分子状态污染物主要来源于化工、轻工及燃料燃烧等过程,见表7-4。

表7-4 有机分子状态污染物的主要来源

分类	具体内容
天然源	森林、草原和海洋中植物等的排放源
人为源	石油、煤炭的燃烧源
	煤化工、石油化工、石油炼制、涂料制造于使用、胶黏剂生产与使用、包装印刷、表面涂装等过程的排放源
	建筑装饰、餐饮油烟等居民日常生活源

进入空气中的有机污染物种类比无机物要多得多。大体上可分为挥发性有机物 VOCs(volatile organic compounds)和半挥发性有机物 SVOCs(semi-volatile organic compounds)。

(3)分子状态污染物危害

分子状态污染物对人体健康、植物、器物和材料及空气能见度和气候皆有重要影响。

①对人体健康的影响　分子状态污染物对人体健康的影响主要表现为引起呼吸道疾病。在突然的高浓度污染物作用下，可造成急性中毒，甚至在短时间内死亡。长期接触低浓度污染物，会引起支气管炎、支气管哮喘、肺气肿和肺癌等病症。

②对植物的伤害　空气污染物对植物的危害有多种形式，如直接伤害、间接伤害、慢性和潜在伤害等。通常发生在植物叶子结构中。常见的毒害植物的气体是：二氧化硫、臭氧、PAN、氟化氢、乙烯、氯化氢、氯、硫化氢和氨。

③对建筑物和文物古迹的危害　空气中的一次污染物如 SO_2、NO，二次污染物如 SO_3、自由基，过氧化物（如 H_2O_2）、O_3 等对金属制品、建筑物、桥梁等有氧化腐蚀作用，能减少这些物品的使用寿命。

此外，这些污染物也使车辆、衣物、家具等受到腐蚀的损害。许多珍贵的古建筑、历史文化遗产被煤烟熏黑，使之面目全非。一些大理石的雕像，由于酸性污染及酸雨的侵蚀而出现百孔千疮，造成严重损失。一些碑刻受到腐蚀后，已难于辨认。

④对气候的影响　分子状态污染物对气候产生大规模影响，是已被证实的全球性问题，其结果是极为严重的。如 CO_2、CH_4 等温室气体引起的温室效应以及 SO_2、NO_x 排放产生的酸雨等，都是当前全球空气环境的主要问题。

5. 颗粒物概述

颗粒态污染物即指气溶胶状态污染物，是指分散在空气中的粒径在 0.002～100 微米的液体、固体粒子或它们在气体介质中的悬浮体，是一个复杂的非均匀体系，我们通常所说的雾、烟和尘都是气溶胶。雾是液态分散型气溶胶和液态凝聚型气溶胶的统称，雾的粒径小于 10 微米；烟是固态凝集型气溶胶，它是燃煤时产生的煤烟和高温冶炼时产生的烟气，烟的粒径一般为 0.01～1 微米；尘是固体分散性微粒，受重力作用能发生沉降，但在一段时间内能保存悬浮状态，包括交通车辆行驶时所引起的扬尘、固体物料在粉碎混合和包装时所产生的粉尘。

颗粒污染物是空气中最重要的污染物之一，在我国大多数地区，空气中首要污染物就是颗粒物。《2018 中国生态环境状况公报》显示：338 个城市发生重度污染 1899 天次，严重污染 822 天次，其中以 PM2.5 为首要污染物的天数占重度及以上污染天数的 60%，以 PM10 为首要污染物的占 37.2%。空气中悬浮颗粒物不仅是严重危害人体健康的主要污染物，而且也是气态、液态污染物的载体，其成分复杂，并具特殊的理化特性及生物活性，是空气环境监测的重要部分，也是目前空气环境评价中通用的重要污染指标。

（1）颗粒污染物来源

颗粒物来源有人为源和自然源之分。人为源主要是燃煤、燃油、工业生产过程等人为活动排放出来的。自然源主要有土壤、扬尘、沙尘经风力的作用输送到空气中而形成的。

①颗粒污染物的自然来源　自然源可起因于地面扬尘（大风或其他自然作用扬起灰尘）；还有火山爆发、地震和森林火灾灰；海浪溅出的浪沫，海盐粒等；宇宙来源的陨星尘及生物界颗粒物如花粉、泡子等。

②颗粒污染物的人为来源　颗粒污染物的人为来源主要是生产、建筑和运输过程以及燃料燃烧过程中产生的。如各种工业生产过程中排放的固体微粒，通常称为粉尘；燃料燃烧过程中产生的固体颗粒物，通常称为固体颗粒物，如煤烟、飞灰等；汽车尾气排出的卤化铅凝聚而形成的颗粒物以及人为排放 SO_2 在一定条件下转化为硫酸盐粒子等的二次颗粒物。

工业粉尘是指能在空气中浮游的固体微粒。在冶金、机械、建材、轻工、电力等许多工业部门的生产中均产生大量粉尘。粉尘的来源主要有以下几个方面：①固体物料的机械粉碎和研磨，例如选矿、耐火材料车间的矿石破碎过程和各种研磨加工过程；②粉状物料的混合、筛分、包装及运输，例如水泥、面粉等的生产和运输过程；③物质的燃烧，例如煤燃烧时产生的烟尘；④物质被加热时产生的蒸汽在空气中的氧化和凝结，例如矿石烧结、金属冶炼等过程产生的锌蒸气，在空气中冷却时会凝结，氧化成氧化锌固体颗粒。

（2）颗粒物的分类

在环境空气监测中，一般将气溶胶状态污染物按其粒径分为以下几种：总悬浮颗粒物（TSP）：系指空气动力学当量粒径≤100 微米的颗粒物。颗粒物（PM10）：也称可吸入颗粒物，指空气动力学当量粒径≤10 微米的颗粒物。这类颗粒物能长期飘浮在空气中，在环境空气中持续的时间很长，因此也可称其为飘尘。可吸入颗粒物对人体健康和大气能见度的影响都很大，被人吸入后，会积累在呼吸系统中，引发许多疾病。可吸入颗粒物通常来自未铺沥青或水泥的路面上行驶的机动车、材料的破碎碾磨处理过程以及被风扬起的尘土等。

细颗粒物（PM2.5）：又称细粒、细颗粒、可入肺颗粒物，指空气动力学当量粒径≤2.5 微米的颗粒物，这类颗粒物由于粒径小，能通过呼吸深入到人体的细支气管和肺泡中，对人体健康造成更严重的危害，特别是细颗粒物粒径小，面积大，活性强，易附带有毒、有害物质（例如重金属、微生物等），且在空气中的停留时间更长、输送距离更远，因而对人体健康和空气环境质量的影响更大。研究表明，细颗粒物的化学成分主要包括有机碳(OC)、元素碳(EC)、硝酸盐、硫酸盐、铵盐、钠盐(Na^+)等。

降尘：指粒径粗大的粒子，一般是直径>10微米的尘粒。由于其质量大，受地心引力较强，因而不能稳定的存在于空气中，而是较快的沉降到地面上，所以称为降尘(静止空气中10微米以下的尘粒也能沉降)。

(3)颗粒污染物的主要危害

环境空气中颗粒物的危害可概括为以下五个方面：

①随呼吸进入肺，可沉积于肺，引起呼吸系统疾病。颗粒物上容易附着多种有害物质，有些有致癌性，有些会诱发花粉过敏症。

②沉积在绿色植物叶面，干扰植物吸收阳光、二氧化碳，放出氧气和水分的过程，从而影响植物的健康和生长。

③厚重的颗粒物浓度会影响动物的呼吸系统。

④杀伤微生物，引起食物链的改变，进而影响整个生态系统。

⑤遮挡阳光而可能改变气候，这也会影响生态系统。

(二)大气监测

大气监测指对存在于大气中的污染物质进行定点、连续或定时的采样和测量。

一般来说，若为了研究一个地区或全国环境空气质量的长期变化趋势，应在相应地区设立常规监测网，开展空气质量监测；如果是为了在城市开展空气质量日报和预报，保证监测数据的代表性和时效性，必须通过空气质量自动监测系统对主要项目及参数进行监测；而要进行污染源调查研究及评估污染源排放浓度的达标情况，则需要进行污染源的监测。

1. 大气监测的基本程序

大气监测就是大气环境信息的捕获—传递—解析—综合—控制的过程，在对大气监测信息进行解析综合的基础上，揭示监测数据的内涵，进而提出控制对策建议，并依法实施监督，从而直接有效地为大气环境管理和大气环境监督服务。其一般工作程序主要包括以下内容：

(1)受领任务

大气监测的任务主要来自环境保护主管部门的指令，单位、组织或个人的委托和申请，监测机构的安排三个方面。大气环境监测是一项政府行为或具有法律效力的技术性、执法性活动，所以必须要有确切的任务来源依据。

（2）明确目的

根据任务下达者的要求和需求，确定有针对性的监测工作具体目的。

（3）现场调查

根据监测目的，进行现场调查研究，摸清主要大气污染源的来源、性质及排放规律，污染受体的性质及污染源的相对位置以及地形、气象等环境条件和历史情况等。

（4）方案设计

根据现场调查情况和有关技术规范要求，认真做好监测方案设计。具体内容包括根据监测目的，在现场调查、收集相关资料的基础上，经过综合分析确定监测项目，明确布点、采样和分析方法，确立采样时间和采样频率，建立质量保证程序和措施，提出监测报告要求及监测进度计划、经费等。

（5）采集样品

按照设计方案和规定的操作程序，实施样品采集，对某些需现场处置的样品，应按规定进行处置包装，并如实记录采样实况和现场实况。

（6）运送保存

按照规范方法需求，将采集的样品和记录及时安全地送往实验室，办好交接手续。

（7）分析测试

按照规定的程序和规定的分析方法，对样品进行分析，如实记录检测信息。

（8）数据处理

对测定数据进行处理和统计检验，并整理入库(数据库)。

（9）综合评价

依据有关规定和标准进行综合分析，并结合现场调查资料对监测结果作出合理解释，编写监测报告，并按规定程序报出。

2. 大气监测项目

大气监测项目要根据监测目的来确定。依据优先监测原则，通常选择危害大，出现频度高，涉及范围广，已有成熟监测方法，而且有标准可以比照的污染物进行监测。我国《环境空气质量监测规范（试行）》中规定的监测项目见表7-5所列，而在《环境空气质量监测点位布设技术规范（试行）》（HJ 664—2013）中，大气监测的项目见表7-6所列。

表 7-5　国家环境空气质量监测网监测项目

必测项目	选测项目
二氧化硫(SO_2)	总悬浮颗粒物(TSP)
二氧化氮(NO_2)	铅(Pb)
颗粒物(PM10、PM10)	氟化物(F)
一氧化碳(CO)	苯并芘(BaP)
臭氧(O_3)	有毒有害有机物

表 7-6　环境空气质量评价区域点、背景点监测项目

监测类型	监测项目
基本项目	二氧化硫(SO_2)、二氧化氮(NO_2)、一氧化碳(CO)、臭氧(O_3)、可吸入颗粒物(PM10)、细颗粒物(PM2.5)
湿沉降	降水量、pH、电导率、氯离子、硝酸根离子、硫酸根离子、钙离子、镁离子、钾离子、钠离子、铵离子等
有机物	挥发性有机物(VOCs)、持久性有机物(POPs)
温室气体	二氧化碳(CO_2)、甲烷(CH_4)、氧化亚氮(N_2O)、六氟化硫(SF_6)、氢氟碳化物(HFCs)、全氟化碳铅(PFCs)
颗粒物主要物理化学特性	颗粒物数浓度谱分布、PM10 或 PM2.5 中的有机碳、元素碳、硫酸盐、硝酸盐、氯盐、钾盐、钙盐、钠盐、镁盐、铵盐等

(三)大气污染治理

大气污染防治的内容非常丰富，具有综合性和系统性，涉及环境规划管理、能源利用、污染防治等许多方面。由于各地区的大气污染特征、条件以及大气污染综合防治的方向和重点不尽相同，难以找到适合所有情况的综合防治措施，因此需要因地制宜地提出相应的对策。

大气污染防治方法是对大气污染物或由它转化成的二次污染物实行预防与综合治理的科学技术方法。大气环境是一个整体，在一定区域内统一规划能源结构、工业发展与城市建设布局，综合运用各种防治技术措施，充分利用环境自净能力，以求改善环境质量，已成为大气污染综合防治的基本途径。

一般采取的规划管理措施主要有：①采用无污染或低污染能源；②对燃料进

行预处理(如脱硫)，减少燃烧时有害物质的产生；③改造燃烧装置和改进燃烧技术；④采用无污染或低污染工艺等。由于大气污染防治的总目标是控制污染物排放总量、降低环境中污染物的浓度，人们还采取一些工程技术措施。例如：①用各种除尘器消除烟尘和工业粉尘；②采用碱性溶液吸收塔处理有害气体 SO_2 和 NO_x；③用催化分解法处理废气；④用超高压静电法抑制盐酸雾。在城镇工业地区扩大绿地，发展植物净化(截留粉尘、吸收有害气体)，也是综合防治中具有长效性和多功能的措施。利用大气环境的物理、化学自净作用(扩散、稀释、氧化、还原、降水洗涤等)，根据不同地区、不同高度、大气层的空气动力学和热力学规律合理确定烟囱高度，都可以起到使大气污染物浓度降低的作用。

(四)雾霾治理

1. 什么是雾霾?

雾霾，是雾和霾的组合词。雾是由大量悬浮在近地面空气中的微小水滴或冰晶组成的气溶胶系统。多出现于秋冬季节，是近地面层空气中水汽凝结(或凝华)的产物。雾看起来呈乳白色或青白色和灰色。霾是由空气中的灰尘、硫酸、硝酸、有机碳氢化合物等粒子组成，也能使大气混浊。雾霾天气是一种大气污染状态，雾霾是对大气中各种悬浮颗粒物含量超标的笼统表述，尤其是 PM2.5(空气动力学当量直径小于等于 2.5 微米的颗粒物)被认为是造成雾霾天气的"元凶"。随着空气质量的恶化，阴霾天气现象出现增多，危害加重。我国不少地区把阴霾天气现象并入雾一起作为灾害性天气预警预报，统称为雾霾天气。

2. 雾霾的危害

雾气看似温和，里面却含有 20 多种对人体有害的细颗粒和有毒物质，包括了酸、碱、盐、胺、酚等，以及尘埃、花粉、螨虫、流感病毒、结核杆菌、肺炎球菌等，其含量是普通大气水滴的几十倍。与雾相比，霾对人的身体健康危害更大。由于霾中细小粉粒状的飘浮颗粒物直径一般在 0.01 微米以下，可直接通过呼吸系统进入支气管，甚至肺部。所以，霾影响最大的就是人的呼吸系统，造成的疾病主要集中在呼吸道疾病、脑血管疾病、鼻腔炎症等病种上。同时，灰霾天气时，气压降低，空气中可吸入颗粒物骤增，空气流动性差，有害细菌和病毒向周围扩散的速度变慢，导致空气中病毒浓度增高，疾病传播的风险很高。

3. 治理雾霾刻不容缓

雾霾常见于城市，雾霾是特定气候条件与人类活动相互作用的结果。高密度人口的经济及社会活动必然会排放大量细颗粒物（PM2.5），一旦排放量超过大气循环能力和承载度，细颗粒物浓度将持续积聚，此时如果受静稳天气等影响，极易出现大范围的雾霾。

2013年，"雾霾"成为年度关键词。这一年的1月，4次雾霾过程笼罩30个省（自治区、直辖市），在北京，仅有5天不是雾霾天。有报告显示，中国最大的500个城市中，只有不到1%的城市达到世界卫生组织推荐的空气质量标准。与此同时，世界上污染最严重的10个城市有7个在中国。2014年1月4日，国家减灾委员会办公室、民政部首次将危害健康的雾霾天气纳入2013年自然灾情进行通报。2014年2月，习近平在北京考察时指出：应对雾霾污染、改善空气质量的首要任务是控制PM2.5，要从压减燃煤、严格控车、调整产业、强化管理、联防联控、依法治理等方面采取重大举措，聚焦重点领域，严格指标考核，加强环境执法监管，认真进行责任追究。2017年的政府工作报告中强调，"环境污染形势依然严峻，特别是一些地区严重雾霾频发，治理措施需要进一步加强"。要全面推进污染源治理、强化机动车尾气治理、有效应对重污染天气、严格环境执法和督查问五大举措，治理雾霾。

4. 雾霾治理措施及成效

治理雾霾最主要的方法是减少排放。各种化石能源的大规模使用是造成雾霾天气的最主要原因。发电需要燃烧煤，而实际上被燃烧的煤只有不到30%被转化成了电能，其余的都被排放了。汽车、轮船等机械需要石油，同样，发动机也只是将不足30%的石油转化成了动力，其余的也都被排放了。也就是说我们使用能源是"大手大脚"的，利用的少，排放的多。减少能源的使用是不现实的，而清洁能源远不能满足需求，且价格昂贵。如果现有能源能利用70%，而排放30%的话，环境问题与能源问题会同时得到解决，人类社会也会得到可持续的发展。

另外，就是植树造林。植树造林对于调节气候、涵养水源、减轻大气污染具有重要意义。因为树木有吸收二氧化碳、放出氧气的作用，而且能抵挡风沙，美化环境。减轻水土流失和风沙对农田的危害，有效提高了森林生态系统的储碳能力。

在党和国家的高度重视下，2013年9月，国务院发布实施《大气污染防治行动计划》，明确了2017年及今后更长一段时间内空气质量改善目标，并确定了中国城市空气质量改善路线图。经过各地各部门的共同努力，全社会积极参与，"大气十条"目标全面实现。监测数据显示：2017年，全国338个地级及以上城市 PM10 平均浓度比 2013 年下降 22.7%；京津冀、长三角、珠三角等重点区域 PM2.5 平均浓度比 2013 年分别下降 39.6%、34.3%、27.7%；北京市 PM2.5 平均浓度从 2013 年的 89.5 微克/立方米降至 58 微克/立方米。2018 年 1 月 1~28 日，全国 338 个地级及以上城市 PM2.5 浓度同比下降 20%。

在全面实现改善目标的同时，全国整体空气质量大幅改善。2017 年，全国 338 个地级及以上城市二氧化硫浓度较 2013 年下降 41.9%，74 个重点城市优良天数比例为 73.4%，比 2013 年提高 7.4 个百分点，重污染天数比 2013 年减少 51.8%。

二、治理水污染保护水质环境

水是生命之源，是万物生存发展之本，遏制水污染，保障水安全，是现阶段环境保护工作的重要任务之一。中国的水污染程度日益加深，已危害到了人民的健康和国民经济，对我国的可持续发展产生了巨大的负面影响。因此水污染应该引起我们每一个人的高度重视。

我国是水资源时空分布严重不均的国家，呈现东多西少、南多北少的状况，虽然我国总体水资源不少，但人口数量多，基数大，人均占有水资源只有世界平均水平的四分之一，是一个严重缺水的国家。改革开放四十多年来，由于经济的持续高速增长，城镇化的快速推进，使我国的水污染问题日益凸显，水污染的恶化使水资源短缺雪上加霜。不但在水量上缺水，现在更加重了在水质上缺水。这些水污染问题主要表现在：污染范围从陆地河流、湖泊蔓延到近海水域，从地表延伸到地下；污染介质也从一般污染物扩展到多种有毒有害污染物。这些变化，无疑使得水污染的防治和治理难度更大。

我国江河流域普遍遭到污染，且呈发展趋势。城市河流污染形势更为严峻。七大水系普遍受到污染。北方的水污染比南方严重。全国的大型淡水湖泊和城市湖泊均达到中度污染和重度污染，滇池、巢湖、太湖的磷和氮污染严重，富营养化问题突出。近岸海域污染也日益加重。近 20 年来城市地下水质普遍观测到恶化趋势。

水污染问题已经成为现阶段制约我国国民经济发展的瓶颈，对我国人民健康和经济发展造成了极大的危害。为了控制我国江河湖海及各种地下水和饮用水的水污染，减少以至于消除水污染造成的灾害，继续走可持续发展道路，则必须采取有效的战略措施防污减灾。

（一）水污染及其等级划分

1. 水污染

水污染指水体因某种物质的介入，而导致其化学、物理、生物或者放射性等方面特征的改变，从而影响水的有效利用，危害人体健康或者破坏生态环境，造成水质恶化的现象。

水的污染有两类：一类是自然污染；另一类是人为污染。

污染物主要有：未经处理而排放的工业废水；未经处理而排放的生活污水；大量使用化肥、农药、除草剂的农田污水；堆放在河边的工业废弃物和生活垃圾；水土流失；矿山污水。

2. 我国水质等级标准的划分

按照《中华人民共和国地表水环境质量标准》，依据地表水水域环境功能和保护目标，我国水质按功能高低依次分为五类：

Ⅰ类主要适用于源头水、国家自然保护区。

Ⅱ类主要适用于集中式生活饮用水地表水源地一级保护区、珍稀水生生物栖息地、鱼虾类产卵场、仔稚幼鱼的索饵场等。

Ⅲ类主要适用于集中式生活饮用水地表水源地二级保护区、鱼虾类越冬场、洄游通道、水产养殖区等渔业水域及游泳区。

Ⅳ类主要适用于一般工业用水区及人体非直接接触的娱乐用水区。

Ⅴ类主要适用于农业用水区及一般景观要求水域。

其中，Ⅰ类水质良好，地下水只需消毒处理，地表水经简易净化处理（如过滤）、消毒即可供生活饮用。

Ⅱ类水质受轻度污染，经常规净化处理（如絮凝、沉淀、过滤、消毒等），可供生活饮用。

Ⅲ类水质经过处理后也能供生活饮用。

Ⅲ类以下水质恶劣，不能作为饮用水源。

（二）我国水污染现状

2019年，全国地表水监测的1931个水质断面（点位）中，Ⅰ～Ⅲ类水质断面（点位）占74.9%；劣Ⅴ类占3.4%。主要污染指标为化学需氧量、总磷和高锰酸盐指数。

1. 我国七大流域水污染现状

2019 年，长江、黄河、珠江、松花江、淮河、海河、辽河七大流域和浙闽片河流、西北诸河、西南诸河监测的 1610 个水质断面中，Ⅰ~Ⅲ类水质断面占 79.1%，劣Ⅴ类占 3.0%，主要污染指标为化学需氧量、高锰酸盐指数和氨氮。

西北诸河、浙闽片河流、西南诸河和长江流域水质为优，珠江流域水质良好，黄河流域、松花江流域、淮河流域、辽河流域和海河流域为轻度污染。

长江流域水质为优。监测的 509 个水质断面中，Ⅰ~Ⅲ类水质断面占 91.7%，劣Ⅴ类占 0.6%，其中，干流和主要支流水质均为优。

黄河流域轻度污染，主要污染指标为氨氮、化学需氧量和总磷。监测的 137 个水质断面中，Ⅰ~Ⅲ类水质断面占 73.0%，劣Ⅴ类占 8.8%。其中，干流水质为优，主要支流为轻度污染。

珠江流域水质良好。监测的 165 个水质断面中，Ⅰ~Ⅲ类水质断面占 86.1%，劣Ⅴ类占 3.0%，其中，海南岛内河流水质为优，干流和主要支流水质良好。

松花江流域轻度污染，主要污染指标为化学需氧量、高锰酸盐指数和氨氮。监测的 107 个水质断面中，Ⅰ~Ⅲ类水质断面占 66.4%，劣Ⅴ类占 2.8%，其中，干流、图们江水系和绥芬河水质良好，主要支流、黑龙江水系和乌苏里江水系为轻度污染。

淮河流域轻度污染，主要污染指标为化学需氧量、高锰酸盐指数和氟化物。监测的 179 个水质断面中，Ⅰ~Ⅲ类水质断面占 63.7%，劣Ⅴ类占 0.6%，其中，干流水质为优，沂沭泗水系水质良好，主要支流和山东半岛独流入海河流为轻度污染。

海河流域轻度污染，主要污染指标为化学需氧量、高锰酸盐指数和五日生化需氧量。监测的 160 个水质断面中，Ⅰ~Ⅲ类水质断面占 51.9%，劣Ⅴ类占 7.5%，其中，干流 2 个断面，三岔口为Ⅱ类水质，海河大闸为Ⅴ类水质；滦河水系水质为优，主要支流、徒骇马颊河水系和冀东沿海诸河水系为轻度污染。

辽河流域轻度污染，主要污染指标为化学需氧量、高锰酸盐指数和五日生化需氧量。监测的 103 个水质断面中，Ⅰ~Ⅲ类水质断面占 56.3%，劣Ⅴ类占 8.7%，其中，鸭绿江水系水质为优，干流、大辽河水系和大凌河水系为轻度污染，主要支流为中度污染。

然而，随着中国人口不断增加，经济不断发展，以及城市化进程加快等因素，生活污水的排放越来越严重，部分工业废水不经处理直接排放，农业生产产生的大量农药和化肥以及城市生活垃圾的堆放使水污染雪上加霜，目前，中国的流域水污染的危害已经远远超过洪涝、干旱等灾害。

2. 湖泊水污染现状

我国大量的湖泊也遭受严重的水污染。其中以水体富营养化和外界污水的大量排入最为严重。

据生态环境部 2021 年 3 月通报显示，监测的 186 个重要湖（库）中，水质优良（Ⅰ～Ⅲ类）湖库个数占比 76.9%，同比下降 4.6 个百分点；劣Ⅴ类水质湖库个数占比 4.3%，同比上升 0.6 个百分点。主要污染指标为总磷、高锰酸盐指数和化学需氧量。179 个监测营养状态的湖（库）中，中度富营养的 6 个，占 3.4%；轻度富营养的 30 个，占 16.8%；其余湖（库）为中营养和贫营养状态。其中，太湖为轻度污染、轻度富营养，主要污染指标为总磷；巢湖为轻度污染、中度富营养，主要污染指标为总磷；滇池为轻度污染、中度富营养，主要污染指标为化学需氧量、总磷和高锰酸盐指数；丹江口水库和洱海水质均为优、中营养；白洋淀水质良好、中营养。与上一年同期相比，白洋淀水质有所好转，巢湖水质有所下降，太湖、滇池、丹江口水库和洱海水质均无明显变化；巢湖和滇池营养状态均有所下降，太湖、丹江口水库、洱海和白洋淀营养状态均无明显变化。

3. 海洋水污染现状

全国近岸海域水质总体为轻度污染。近海大部分海域为清洁海域；远海海域水质保持良好。

2019 年，一类水质海域面积占管辖海域面积的 97.0%，劣Ⅳ类水质海域面积为 28 340 平方千米，主要污染指标为无机氮和活性磷酸盐。四大海区近岸海域中，渤海未达到Ⅰ类海水水质标准的海域面积为 12 740 平方千米，劣Ⅳ类水质海域面积为 1010 平方千米。黄海未达到Ⅰ类海水水质标准的海域面积为 11 550 平方千米，劣Ⅳ类水质海域面积为 760 平方千米。东海未达到Ⅰ类海水水质标准的海域面积为 52 610 平方千米，劣Ⅳ类水质海域面积为 22 240 平方千米。南海未达到Ⅰ类海水水质标准的海域面积为 12 770 平方千米，劣Ⅳ类水质海域面积为 4330 平方千米。

2019 年，全国近岸海域水质总体稳中向好，水质级别为一般，主要污染指标为无机氮和活性磷酸盐。优良（Ⅰ、Ⅱ类）水质海域面积比例为 76.6%，劣Ⅳ类为 11.7%。沿海省份河北、广西和海南近岸海域水质为优，辽宁、山东、江苏和广东近岸海域水质良好，天津和福建近岸海域水质一般，上海和浙江近岸海域水质极差。

海洋污染的原因主要有陆地污染和海洋内部污染两大类。陆地污染主要是入海河流夹带了大量的污染物直接进入海洋，除此之外还有沿海城市生活污水的直接排放和工业农业污水的排放；而海洋内部污染主要是海洋石油的开采和油轮造成的，近海渔业的养殖也会带来一定的污染。

4. 地下水水污染现状

为满足不断增加的用水需求，我国地下水开采量以每年 25 亿立方米的速度递增，由于地下水占到水资源总量的 1/3，全国城市供水中有 30% 的人饮用地下水，北方城市有 59% 的供水源于地下水。北方城市饮用地下水多于南方城市，而在北方地下水开采比较严重，造成了大量的地下水漏斗，由于这块地区比周围地区低，在压力和重力的作用下周围的水流向该区域，这样将更容易遭到污染。目前最容易受到污染的是浅层的地下水，由于地表水的污染比较普遍，自然造成浅层地下水污染也比较普遍。地下水的污染由浅到深、由点到面，由城市向农村扩张，地下水的污染日益加重。

（三）水污染治理基本方法

废水处理的目的是将废水中的污染物以某种方法分离出来，或者将其分解转化为无害稳定物质，从而使污水得到净化。一般要达到防止毒物和病菌的传染，避免有异臭和恶感的可见物，以满足不同用途的要求。

废水处理相当复杂。处理方法的选择，取决于废水中污染物的性质、组成、状态及对水质的要求。同时还要考虑废水处理过程中产生的污泥、残渣的处理利用和可能产生的二次污染问题，以及絮凝剂的回收利用等。

一般废水的处理方法大致可分为物理法、化学法及生物法三大类。

1. 物理法

物理法处理的对象主要是回收废水中的悬浮态和部分的胶体污染物。例如，可用沉淀法除去水中相对密度大于 1 的悬浮颗粒的同时回收这些颗粒物；浮选法（或气浮法）可除去乳状油滴或相对密度近于 1 的悬浮物；过滤法可除去水中的悬浮颗粒；蒸发法用于浓缩废水中不挥发性的可溶性物质等。

2. 化学法

化学法是利用化学反应去除水中的污染物，处理对象主要是无机物质和少数难以降解的有机物质。主要有化学吸附、化学沉淀、氧化还原、水解等过程，使水中污染物浓度降低。

3. 生物法

生物法是用微生物的生化作用处理废水中的有机物。例如，采用生物过滤法和活性污泥法处理生活污水或有机生产废水，使有机物转化降解成无机盐而得到净化。

(四)水污染整治行动

2014年8月19日、9月10日新华社"新华调查"栏目分别播发《环保部门岂能成"黑厂辩护人"？——广东顺德污水直排水源地威胁几十万居民》《环保部严令"督办整改"黑厂仍在"照常生产"——广东顺德污水直排威胁几十万居民事件追踪》报道。

广东省领导第一时间要求对此进行依法严肃查处。佛山市委书记、代市长责成市纪检监察、环保、公安和顺德区委区政府迅速调查处理。顺德区委书记、区长随后作出工作部署，要求进行地毯式执法检查，对涉及问题企业要依法查人查事，决不手软；要求有关部门对"违法企业负责人证据充分的马上予以立案逮捕，对没有证照违法经营的企业，采取断水断电措施"。

当地环保部门的材料显示：2014年8月19日至2014年9月5日，顺德区共发现280多家涉及违法生产企业，其中立案查处61宗。

2014年9月10日，新华社再次披露当地"黑厂仍在照常生产"后，佛山市和顺德区当天又启动联合大排查行动。重点检查报道所涉及的区域。两天时间内共发现78家涉及违法生产企业，其中立案查处36家。

2014年9月11日晚，在勒流镇，当地联合执法行动当场查封了数家非法排污企业。在部分沿江工业区，电解排污黑厂基本关停。

顺德区纪检部门认为，这次"顺德污水直排"事件，暴露了顺德区、容桂街道等两级环保部门在日常环境监管和执法工作中未能正确履行职责，相关领导干部已构成失职违纪行为。

"建设生态文明、美丽中国"不仅被写入中共十八大报告，十八届三中全会也提出，建立系统完整的生态文明制度体系，实行最严格的源头保护制度、损害赔偿制度、责任追究制度，完善环境治理和生态修复制度，用制度保护生态环境。

(五)河长制

1. 什么是"河长制"？

河长制，是以保护水资源、防治水污染、改善水环境、修复水生态为主要任务，全面建立省、市、县、乡四级河长体系，构建责任明确、协调有序、监管严格、保护有力的河湖管理保护机制，为维护河湖健康生命、实现河湖功能永续利用提供制度保障。

其基本原则有四个方面：一是坚持生态优先、绿色发展。牢固树立尊重自然、顺应自然、保护自然的理念，处理好河湖管理保护与开发利用的关系，强化规划约束，促进河湖休养生息、维护河湖生态功能。二是坚持党政领导、部门联动。建立健全以党政领导负责制为核心的责任体系，明确各级河长职责，强化工作措施，协调各方力量，形成一级抓一级、层层抓落实的工作格局。三是坚持问题导向、因地制宜。立足不同地区不同河湖实际，统筹上下游、左右岸，实行一河一策、一湖一策，解决好河湖管理保护的突出问题。四是坚持强化监督、严格考核。依法治水管水，建立健全河湖管理保护监督考核和责任追究制度，拓展公众参与渠道，营造全社会共同关心和保护河湖的良好氛围。

河长制工作的主要任务包括六个方面：一是加强水资源保护，全面落实最严格水资源管理制度，严守"三条红线"；二是加强河湖水域岸线管理保护，严格水域、岸线等水生态空间管控，严禁侵占河道、围垦湖泊；三是加强水污染防治，统筹水上、岸上污染治理，排查入河湖污染源，优化入河排污口布局；四是加强水环境治理，保障饮用水水源安全，加大黑臭水体治理力度，实现河湖环境整洁优美、水清岸绿；五是加强水生态修复，依法划定河湖管理范围，强化山水林田湖系统治理；六是加强执法监管，严厉打击涉河湖违法行为。

2. "河长制"的由来

地处太湖流域的浙江湖州长兴县，境内河网密布，水系发达，有 547 条河流、35 座水库、386 座山塘。得天独厚的水资源禀赋，造就了长兴因水而生、因水而美、因水而兴的文化特质。但在 20 世纪末，这个山水城市在经济快速发展的同时，也给生态环境带来了"不可承受之重"，污水横流、黑河遍布成为长兴人的"心病"。

2003 年，浙江长兴县为创建国家卫生城市，在卫生责任片区、道路、街道推出了片长、路长、里弄长，责任包干制的管理让城区面貌焕然一新。同年 10 月，浙江长兴县委办下发文件，在全国率先对城区河流试行河长制，由时任水利局、环卫处负责人担任河长，对水系开展清淤、保洁等整治行动，水污染治理效果非常明显。2004 年，时任水口乡乡长被任命为包漾河的河长，负责喷水织机整治、河岸绿化、水面保洁和清淤疏浚等任务。河长制经验向农村延伸后，逐步扩展到包漾河周边的渚山港、夹山港、七百亩斗港等支流，由行政村干部担任河长。2008年，长兴县委下发文件，由四位副县长分别担任四条入太湖河道的河长，所有乡镇班子成员担任辖区内的河道河长，由此县、镇、村三级河长制管理体系初步形成。

2007年夏季，由于太湖水质恶化，加上不利的气象条件，导致太湖大面积蓝藻暴发，引发了江苏省无锡市的水危机。痛定思痛，当地政府认识到，水质恶化导致的蓝藻暴发，问题表现在"水里"，根源是在岸上。解决这些问题，不仅要在水上下功夫，更要在岸上下功夫；不仅要本地区治污，更要统筹河流上下游、左右岸联防联治；不仅要靠水利、环保、城建等部门切实履行职责，更需要党政主导、部门联动、社会参与。2007年8月，无锡市开始实行河长制，由各级党政负责人分别担任64条河道的河长，加强污染物源头治理，负责督办河道水质改善工作。河长制实施后效果明显，无锡境内水功能区水质达标率从2007年的7.1%提高到2015年的44.4%，太湖水质也显著改善。

2008年起，浙江其他地区湖州、衢州、嘉兴、温州等地陆续试点推行河长制。2013年，浙江出台了《关于全面实施"河长制"进一步加强水环境治理工作的意见》，明确了各级河长是包干河道的第一责任人，承担河道的"管、治、保"职责。从此，肇始于长兴的河长制，走出湖州，走向浙江全境，逐渐形成了省、市、县、乡、村五级河长架构。

3. 全国推行河长制

根据2011—2013年第一次中国全国水利普查成果，中国流域面积50平方千米以上河流共45 203条，总长度达150.85万千米。常年水面面积1平方千米及以上天然湖泊2865个，湖泊水面总面积7.80万平方千米。其中，淡水湖1594个，咸水湖945个，盐湖166个，其他160个。随着经济社会快速发展，中国河湖管理保护出现了一些新问题，如河道干涸湖泊萎缩，水环境状况恶化，河湖功能退化等，对保障水安全带来严峻挑战。解决这些问题，急需大力推行河长制，推进河湖系统保护和水生态环境整体改善，保障河湖功能永续利用，维护河湖健康生命。

2016年12月13日，国家水利部、环境保护部、发展和改革委、财政部、国土资源部、住建部、交通运输部、农业部、卫计委、林业局十部委在北京召开视频会议，部署全面推行河长制各项工作，确保如期实现到2018年年底前全面建立河长制的目标任务。强化落实河长制，从突击式治水向制度化治水转变。加强后续监管，完善考核机制；加快建章立制，促进河长制体系化；狠抓截污纳管，强化源头治理，堵疏结合，标本兼治。

（1）江西推行

全省 11 个设区市、100 个县（市、区）均明确了由党委、政府主要领导担任市级、县级总河长和副总河长，按流域，共明确市级河长 88 人、县级河长 822 人、乡（镇）级河长 2422 人、村级河长 13 916 人，设巡查员或专管员 19 544 人、保洁员 20 142 人，全省构建了区域和流域相结合的河长制组织体系。江西把河长制工作重点放在保护好河湖优良水质和解决存在的突出问题上，对水质不达标河湖开展调查摸底工作，并根据污染现状制定了治理方案，明确治理措施、治理期限、工作计划及资金筹集等。由省政府统一部署在全省范围集中开展以"清洁河流水质、清除河道违建、清理违法行为"为重点，涉及环保、农业、交通、水利、农工、住建六个责任部门牵头负责的十个专项行动的"清河行动"。

（2）北京推行

北京市委市政府先后出台了《关于加强河湖生态环境建设和管理工作的意见》《北京市实施河湖生态环境管理"河长制"工作方案》。海淀区作为水利部第一批河湖管护体制机制创新试点，于 2015 年起先行探索区-镇两级河长制，落实河长及其工作职责，编制管理考核标准和工作台账，设立专项经费并与考核结果直接挂钩。通过河长制试点，区域监测水体断面水质综合达标率同比提高 22%，水务精细化管理水平明显提高，在防汛工作中发挥了突出作用。

（3）重庆推行

2015 年，重庆市人大常委会修订《重庆市河道管理条例》和《水资源管理条例》，明确水资源管理"三条红线""四项制度"，突出河道保护和责任体系，扩大公众参与权和监督权。2016 年，市政府出台《河道管理范围划定管理办法》《河道采砂管理办法》，有关部门编制完成涉河事项验收、砂石资源开采可行性论证等一系列技术标准，初步形成推行河长制的法规体系。荣昌区作为中国河湖管护体制机制创新试点县，组建河长办，落实人、财、物，实施考核问责等制度，并统筹部门力量，制定"一河一策"整治管护方案，引入社会化服务负责城区河道保洁。合川区和丰都县开展以流域为单元的水生态文明建设试点，将河长制融入供水安全保障、河道岸线保护、村镇控源截污、面源污染防治、水生态保护管理中，河流生态文明建设取得较好效果。

2018 年 7 月 17 日，在北京举行的全面建立河长制新闻发布会上，水利部部长鄂竟平表示，截至 2018 年 6 月底，全国 31 个省（自治区、直辖市）已全面建立河长制，共明确省、市、县、乡四级河长 30 多万名，另有 29 个省份设立村级河长 76 万多名，打通了河长制"最后一公里"。

全面推行河长制是落实绿色发展理念、推进生态文明建设的内在要求，是解决中国复杂水问题、维护河湖健康生命的有效举措，是完善水治理体系、保障国家水安全的制度创新。

三、治理土壤污染改良土壤结构

(一) 土壤的组成

土壤是由固体、液体、气体三相共同组成的复杂的多相体系。土壤固相包括矿物质、有机质和土壤生物；在固相物质之间为形状和大小不同的孔隙。孔隙中存在水分和空气。如图 7-1。

土壤组成 {
　固体部分 {
　　无机体——土壤矿物质
　　有机体——土壤有机质、土壤生物
　}
　孔隙部分 {
　　液相——土壤及其水溶物
　　气相——土壤空气
　}
}

图 7-1　土壤组成

土壤以固体为主，三相共存。三相物质的相对含量，因土壤种类和环境条件而异。图 7-2 显示土壤组分的大致比例。三相物质互相联系、制约，并且上与大气，下与地下水相连，构成一个完整的多介质多界面体系。

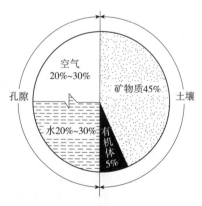

图 7-2　土壤的组分比例

1. 土壤矿物质

土壤矿物质是岩石经过物理风化和化学风化形成的。按其成因可将土壤矿物质分为两类：一类是原生矿物，它们是各种岩石 (主要是岩浆岩) 受到程度不同的物理风化而未经化学风化而形成，其原来的化学组成和结晶构造都没有改变，仅改变其形状为沙粒和粉沙粒;另一类是次生矿物,它们大多数是由原生矿物经化学风化后形成的新矿物质,其化学组成和晶体结构都有所改变。在土壤形成过程中,原生矿物以不同的数量与次生矿物混合成为土壤矿物质。

(1)原生矿物

原生矿物主要有石英、长石类、云母类、辉石、角闪石、橄榄石、赤铁矿、磁铁矿、磷灰石、黄铁矿等。其中前五种最常见。土壤中原生矿物的种类和含量,随母质的类型、风化强度和成土过程的不同而异。在原生矿物中,石英最难风化,长石次之,辉石、角闪石、黑云母易风化。因而石英常成为较粗的颗粒,遗留在土壤中,构成土壤的沙粒部分;辉石、角闪石和黑云母在土壤中残留较少,一般都被风化为次生矿物。岩石化学风化主要分为三个历程,即氧化、水解和酸性水解。

风化反应释放出来的 Fe^{2+}、Mg^{2+} 等离子,一部分被植物吸收;一部分则随水迁移,最后进入海洋。$Fe_2O_3 \cdot 3H_2O$ 形成新矿物质;SiO_4^{4-} 也可与某些阳离子形成新矿物质。土壤中最主要的原生矿物有四类:硅酸盐类矿物、氧化物类矿物、硫化物类矿物和磷酸盐类矿物。其中硅酸盐类矿物占岩浆岩重量的 80%以上。

原生矿物粒径比较大,土壤中粒径 0.001~1 毫米的沙粒和粉粒几乎全部是原生矿物。原生矿物对土壤肥力的贡献,一是构成土壤的骨架,二是提供无机营养物质,除碳、氮外,原生矿物中蕴藏着植物所需要的一切元素。

(2)次生矿物

土壤中次生矿物的种类很多,不同的土壤所含的次生矿物的种类和数量也不尽相同。通常根据性质与结构分为三类:简单盐类、三氧化物和次生铝硅酸盐类。

次生矿物中的简单盐类属水溶性盐,易淋溶流失。一般土壤中较少,多存在于盐渍土中。三氧化物和次生铝硅酸盐是土壤矿物质中最细小的部分,粒径小于 0.25 微米,一般称为次生黏土矿物。土壤很多重要物理、化学过程和性质都和土壤所含的黏土矿物,特别是次生铝硅酸盐的种类和数量有关。

①简单盐类 如方解石($CaCO_3$)、白云石[Ca、$Mg(CO_3)_2$]、石膏($CaSO_4 \cdot 2H_2O$)、泻盐($MgSO_4 \cdot 7H_2O$)、岩盐($NaCl$)、芒硝($Na_2SO_4 \cdot 10H_2O$)、水氯镁石($MgCl_2 \cdot 6H_2O$)等。它们都是原生矿物经化学风化后的最终产物,结晶构造也较简单,常见于干旱和半干旱地区的土壤中。

②三氧化物类 如针铁矿($Fe_2O_3 \cdot H_2O$)、褐铁矿($2Fe_2O_3 \cdot 3H_2O$)、三水铝

石($Al_2O_3 \cdot 3H_2O$)等，它们是硅酸盐矿物彻底风化后的产物，结晶构造较简单，常见于湿热的热带和亚热带地区土壤中，特别是基性岩(玄武岩、安山岩、石灰岩)上发育的土壤中含量较多。

③次生硅酸盐类 这类矿物在土壤中普遍存在，种类很多，是由长石等原生硅酸盐矿物风化后形成。它们是构成土壤的主要成分，故又称为黏土矿物或黏粒物。由于母岩和环境条件的不同，使岩石风化处在不同的阶段，在不同的风化阶段所形成的次生黏土矿物的种类和数量也不同。但其最终产物都是铁铝氧化物。例如，在干旱、半干旱的气候条件下，风化程度较低，处于脱盐基初期阶段，主要形成伊利石；在温暖湿润或半湿润的气候条件下，脱盐基作用增强，多形成蒙脱石和蛭石；在湿热气候条件下，原生矿物迅速脱盐基、脱硅，主要形成高岭石。再进一步脱硅的结果，矿物质彻底分解，造成铁铝氧化物的富集(即红土化作用)。所以土壤中次生硅酸盐可分为三大类，即伊利石、蒙脱石和高岭石。

次生矿物多数颗粒细小(粒径小于0.001毫米)，具有胶体特性，是土壤固相物质中最活跃的部分，它影响着土壤许多重要的物理、化学性质，如土壤的颜色、吸收性、膨胀收缩性、黏性、可塑性、吸附能力和化学活性。

2. 土壤有机体

土壤有机体是土壤中含碳有机物的总称。由进入土壤的植物、动物及微生物残体经分解转化逐渐形成。通常可分为两大类：一类是非腐殖物质，包括糖类化合物(淀粉、纤维素、半纤维素、果胶质等)、树脂、脂肪、单宁、蜡质、蛋白质和其他含氮化合物，它们都是组成有机体的各种有机化合物，一般占土壤有机质总量的10%~15%；另一类是腐殖物质，是由植物残体中稳定性较大的木质素及其类似物，在微生物作用下，部分地被氧化而增强反应活性形成的一类特殊的有机物，它不属于有机化学中现有的任何一类。根据它们在酸和碱溶液中的行为分为富里酸(既溶于碱又溶于酸，相对分子质量低，色浅)、腐殖酸(溶于碱，不溶于酸，相对分子质量较大，色较深)和腐黑物(酸碱均不溶，相对分子质量最大，色最深)三个组分，它们都属于高分子聚合物，都具有芳环结构，苯环周围连有多种官能团，如羧基、羟基、甲氧基、酚羟基和醇羟基以及氨基等，它们具有许多共同的理化特性，如较大的比表面、较高的阳离子代换量等。

土壤有机体一般占土壤固相总质量的5%左右，含量虽不高，却是土壤的重要组成部分，土壤有机体因其具有的多种官能团，对土壤的理化性质和土壤中的化学反应均有较大影响。

3. 土壤水分

土壤水分是土壤的重要组成部分，主要来自大气降水和灌溉。在地下水位接近地面(2~3米)的情况下，地下水也是上层土壤水分的重要来源。此外，空气中水蒸气遇冷凝成土壤水分。

水进入土壤以后，由于土壤颗粒表面的吸附力和微细孔隙的毛细管力，可将一部分水保持住。但不同土壤保持水分能力不同，砂土由于土质疏松，孔隙大，水分容易渗漏流失；黏土土质细密，孔隙小，水分不容易渗漏流失。气候条件对土壤水分含量影响也很大。

土壤水分并非纯水，实际上是土壤中各种成分和污染物溶解形成的溶液，即土壤溶液。因此土壤水分既是植物养分的主要来源，也是进入土壤的各种污染物向其他环境圈层(如水圈、生物圈等)迁移的媒介。

4. 土壤空气

土壤空气存在于未被水分占据的土壤空隙中。土壤空气组成与大气基本相似，主要成分都是 N_2、O_2、CO_2。其差异是：①土壤空气存在于相互隔离的土壤孔隙中，是一个不连续的体系；②在 O_2、CO_2 含量上有很大差异。土壤空气中 CO_2 含量比大气中高得多。大气中 CO_2 含量为 0.02%~0.03%，而土壤空气中 CO_2 含量一般为 0.15%~0.65%，甚至高达5%，这主要由于生物呼吸作用和有机物分解产生。O_2 的含量低于大气。土壤空气中水蒸气的含量比大气高得多。土壤空气中还含有少量的还原性气体，如 CH_4、H_2、H_2S、NH_3 等。如果是被污染的土壤，其空气中还可能存在污染物。

土壤空气是土壤肥力的要素之一，土壤的状况(含量、组成)直接影响着土壤中潜在养分的释放，也影响着土壤性质及污染物在土壤中的迁移转化和归宿。

(二)土壤的污染与自净

1. 土壤的污染

(1)土壤污染与污染判定

土壤污染是指进入土壤的污染物超过土壤的自净能力，而且对土壤、植物和动物造成损害时的状况。土壤污染物是指使土壤遭受污染的物质。其来源极其广泛，主要包括来自工业和城市的废水和固体废弃物、农药和化肥、牲畜排泄物、生物残体以及大气沉降物等，另外在自然界某些矿床或元素和化合物的高集中心周围，由于矿物的自然分解与风化，往往形成自然扩散带，使附近土壤中某元素的含量超出一般土壤含量。事实上，土壤原有的物质中，已包括了多种有毒物质，如汞、砷、铅、镉等，只是含量极少不曾表现危害。

土壤环境中污染物的输入、积累和土壤环境的自净作用是两个相反而又同时进行的对立、统一的过程，在正常情况下，土壤环境是不会发生污染的。但是，如果人类的各种活动产生的污染物质，通过各种途径输入土壤(包括施入土壤的肥料、农药)，其数量和速度超过了土壤环境的自净作用的速度，打破了污染物在土壤环境中的自然动态平衡，使污染物的积累过程占据优势，可导致土壤环境正常功能的失调和土壤质量的下降；或者土壤生态发生明显变异，导致土壤微生物区系(种类、数量和活性)的变化，土壤酶活性的减少；同时，由于土壤环境中污染物的迁移转化，从而引起大气、水体和生物的污染，并通过食物链，最终影响到人类的健康，这种现象属于土壤环境污染。因此，当土壤环境中所含污染物的数量超过土壤自净能力或当污染物在土壤环境中的积累量超过土壤环境基准或土壤环境标准时，即为土壤环境污染。

从土壤污染概念来看，判断土壤发生污染的指标：一是土壤自净能力，二是动植物直接、间接吸收而受害的临界浓度。

(2)土壤污染的特点

土壤污染的第一个特点是不像大气、水体污染那样容易被人们发现。因为各种有害物质在土壤中总是与土壤相结合，有的有害物质被土壤生物分解或者吸收，从而改变了其本来面目，被隐藏在土壤里，或者从土壤中排出而不被发现。当土壤将有害物质输送给农作物，再通过食物链而损害人畜健康时，土壤本身可能还会继续保持其生产能力而经久不衰，即土壤污染具有隐蔽性。

土壤污染的第二个特点是土壤对污染物的富集作用。土壤对污染物进行吸附、固定，其中也包括植物吸收，从而使污染物聚集于土壤中。在进入土壤的污染物中，多数是无机污染物，特别是重金属和放射性元素，都能与土壤有机物质或者矿物质相结合，并且长久地保存在土壤中，无论它们如何转化，也无法使其重新离开土壤，成为一种最顽固的环境污染问题。而有机污染物在土壤中可能受到微生物分解而逐渐失去毒性，其中有些成分还可能成为微生物营养来源。药物类的成分也会毒害有益的微生物，成为破坏土壤生态系统的祸源，然而庆幸的是，这些药物类污染物迟早会被分解并从土壤中消失。

第三个特点就是土壤污染主要是通过它的产品——植物表现其危害性。植物从土壤中除吸取它所必需的营养物质以外，同时也被动地吸收土壤中释放出来的有害物质，使有害物质在植物体内富集，有时能够达到危害生物自身或人、畜的水平。即使没有达到有害水平的含毒植物性食物，只要对人畜使用，当它们在动物体内排出率较低时，也可以日积月累，最后引起动物病变。

（3）土壤环境污染的主要发生途径

土壤环境污染物质可以通过多种途径进入土壤，其主要发生类型可归纳为以下四种。

①水体污染型　工矿企业废水和城市生活污水未经处理，不实行清污分流就直接排放，使水系和农田遭到污染。尤其是缺水地区，引用污水灌溉，使土壤受到重金属、无机盐、有机物和病原体的污染。污水灌溉的土壤，污染物质一般集中于土壤表层，但随着污灌时间的延长，污染物质也可由上部土体向下部土体扩散和迁移，以致达到地下水深度。水体污染型的污染特点是沿河流或干支渠呈枝形片状分布。

②大气污染型　大气污染型的污染物质来源于被污染的大气，其特点是以大气污染源为中心呈环状或带状分布，长轴沿主风向伸长。其污染的面积、程度和扩散的距离，取决于污染物质的种类、性质、排放量、排放形式及风力大小等。由大气污染造成的土壤污染的特征是：其污染物质主要集中在土壤表层，主要污染物是大气中的二氧化硫、氮氧化物和颗粒物等，它们通过沉降和降水而降落地面。大气中的酸性氧化物如 SO_2、NO_x 形成的酸沉降可引起土壤酸化，破坏土壤的肥力与生态系统的平衡；各种大气颗粒物，包括重金属、非金属有毒有害物质及放射性散落物等多种物质，可造成土壤的多种污染。

③农业污染型　污染物主要来自施入土壤的化学农药和化肥，其污染程度与化肥、农药的数量、种类、利用方式及耕作制度等有关。有些农药如有机氯杀虫剂 DDT、六六六等在土壤中长期停留，并在生物体内富集。氮、磷等化学肥料，凡未被植物吸收利用和未被根层土壤吸收吸附固定的养分都在根层以下积累或转入地下水，成为潜在的污染物。残留在土壤中的农药和氮、磷等化合物在地面径流或土壤风化时，会向其他环境转移，扩大污染范围。

④固体废物污染型　工矿企业排出的尾矿废渣、污泥和城市垃圾在地表堆放或处置过程中通过扩散、降水淋滤等直接或间接地影响土壤，使土壤受到不同程度的污染。

（4）土壤监测的目的与意义

土壤同水和空气一样，是生态环境系统中重要的组成部分，也日益受到人类工农业活动的影响。仅有水和空气的监测已不足以全面反映整个环境的真实状况，因此土壤监测是十分必要的。土壤环境监测的主要目的是了解土壤是否受到污染及程度，分析土壤污染与粮食污染、地下水污染及对生长其上及周边的生物，尤其是对人体的危害关系。土壤监测的最终目的同其他环境要素是相同的，即真实地反映环境质量状况，为土壤污染防治和保障人体生命安全提供科学的依据。

①土壤环境质量的现状调查　主要摸清土壤中污染物的种类、含量水平以及污染物的空间分布，以考察对人体和动植物危害的调查。

②区域土壤环境背景值的调查　掌握土壤的自然本底值，为环境保护、环境规划、环境影响评价及制定土壤环境质量标准等提供依据。

③土壤污染事故调查　废气、废水、废渣、污泥以及农药、除草剂等有毒有害化学品对土壤造成的污染事故，使土壤结构和性质发生变化，造成植物的危害，必须分析它的主要污染物的种类、污染的来源、污染的依据。

④污染物土地处理的动态观测　我国已普遍开展污水灌溉、污泥土地利用及固体废弃物的土地处理，使许多污染物残留在土壤中，其含量是否会对作物和人类造成危害，只有进行长期的跟踪监测才能了解其状况。

2. 土壤的自净

(1) 土壤自净的类型

土壤的自净作用，或称土壤的自然净化作用，是指土壤利用自身的物理、化学及生物学特征，通过吸附、分解、迁移、转化等作用，使污染物在土壤中的数量、浓度或毒性、活性降低的过程。按其作用机理的不同，土壤的自净作用包括物理净化作用、物理化学净化作用、化学净化作用和生物净化作用四个方面。

①物理净化作用　是指土壤通过机械阻留、水分稀释、固相表面物理吸附、水迁移、挥发、扩散等方式使污染物被固定或使其浓度降低的过程。

土壤的物理净化能力与土壤孔隙、土壤质地、结构、土壤含水量、土壤温度等因素有关。例如，砂性土壤的空气迁移、水迁移速率都较快，但表面吸附能力较弱。增加砂性土壤中黏粒和有机胶体的含量，可以增强土壤的表面吸附能力，以及增强土壤对固体难溶污染物的机械阻留作用；但是，土壤孔隙度减小，则空气迁移、水迁移速率下降。此外，增加土壤水分，或用清水淋洗土壤，可使污染物浓度降低，减小毒性；提高土温可使污染物挥发、解吸、扩散速度增大等。但是，物理净化作用只能使污染物在土壤中的浓度降低，而不能从整个自然环境中消除，其实质只是污染物的迁移。土壤中的农药向大气的迁移，是大气中农药污染的重要来源。如果污染物大量迁移入地表水或地下水层，将造成水源的污染。

同时，难溶性固体污染物在土壤中被机械阻留，是污染物在土壤中的累积过程，将产生潜在的威胁。

②物理化学净化作用　主要是通过土壤胶体对污染物的阳离子、阴离子进行的离子交换吸附作用。例如：

$$\boxed{土壤胶体}\ Ca^{2+}+Cd^{2+} \Longrightarrow \boxed{土壤胶体}\ Cd^{2+}+Ca^{2+}$$

$$\boxed{土壤胶体}\ PO_4^{3-}+AsO_4^{3-} \Longrightarrow \boxed{土壤胶体}\ AsO_4^{3-}+PO_4^{3-}$$

污染物的阳、阴离子被交换吸附到土壤胶体上，降低了土壤溶液中这些离子的浓(活)度，相对减轻了有害离子对植物生长的不利影响。此种净化作用为可逆的离子交换反应，且服从质量作用定律。其净化能力的大小可用土壤阳离子交换量或阴离子交换量的大小来衡量。增加土壤中胶体的含量，特别是有机胶体的含量，可以相应提高土壤的物理化学净化能力。但是，物理化学净化作用也只能使污染物在土壤溶液中的离子浓(活)度降低，相对地减轻危害，而并没有从根本上将污染物从土壤环境中消除。如果利用城市污水灌溉，只是污染物从水体迁移入土体，对水体起到了很好的净化作用。然而经交换吸附到土壤胶体上的污染物离子，还可以被其他相对交换能力更大的，或浓度较大的其他离子交换下来，重新转移到土壤溶液中去，恢复原来的毒性、活性。所以说物理化学净化作用只是暂时性的、不稳定的。同时，对土壤本身来说，则是污染物在土壤环境中的积累过程，将产生严重的潜在威胁。

③化学净化作用　是指污染物进入土壤以后，可经过一系列的化学反应，例如，凝聚与沉淀反应、氧化还原反应、络合-螯合反应、酸碱中和反应、同晶置换反应、水解、分解和化合反应，或者发生由太阳辐射能和紫外线等能流而引起的光化学降解作用等化学反应，而使污染物转化成难溶性、难解离性物质，使危害程度和毒性减小，或者分解为无毒物或营养物质为植物利用的过程。

土壤的化学净化作用反应机理很复杂，影响因素也较多，不同的污染物有着不同的反应过程。其中特别重要的是化学降解和光化学降解作用，因为这些降解作用可以将污染物分解为无毒物，从土壤环境中消除。而其他的化学净化作用，如凝聚与沉淀反应、氧化还原反应、络合-螯合反应等，只是暂时降低污染物在土壤溶液中的浓(活)度，或暂时减小活性和毒性，起到了一定的缓冲作用，但并没有从土壤环境中消除。当土壤 pH 值或氧化还原电位(Eh)发生改变时，沉淀了的污染物可能又重新溶解，或氧化还原状态发生改变，恢复原来的毒性、活性。

土壤环境的化学净化能力的大小与土壤的物质组成、性质以及污染物本身的组成、性质有密切关系，同时也与土壤环境条件有关。调节适宜的土壤 pH 值、Eh 值，增施有机胶体，以及其他化学抑制剂，如石灰、碳酸盐、磷酸盐等，可相应提高土壤环境的化学净化能力。当土壤遭受轻度污染时，可以采取上述措施以减轻其危害。

④生物净化作用　土壤中有种类繁多、数量巨大的土壤微生物存在，如细菌、真菌、放线菌等，还有蚯蚓、线虫、蚁类等土壤动物的存在。它们起着对进入土壤的有机物质消费消耗的作用。它们有氧化分解有机物的巨大能力，当污染物进入土体后，土壤动物首先将其破碎，再在微生物体内酶或分泌酶的催化作用下，发生各种各样的分解反应，统称为生物降解作用。这是土壤环境自净作用中最重要的净化途径之一。其净化机制主要有氧化还原反应、水解、脱烃、脱卤、芳环羧基化和异构化、环破裂等过程，并最终转变为对生物无毒性的残留物和 CO_2。一些无机污染物也可以在土壤微生物的参与下发生一系列化学变化，以降低活性和毒性。但是，微生物不能净化重金属，甚至能使重金属在土壤中富集，这是重金属成为土壤环境的最危险污染物的根本原因。

土壤的生物降解净化能力的大小与土壤微生物的种群、数量、活性以及土壤水分、土壤温度、土壤通气性、pH 值、Eh 值、适宜的 C/N 比等因素有关。例如，土壤水分适宜、土温 30℃左右，土壤通气良好，Eh 值较高，土壤 pH 值偏中性或弱碱性，C/N 比在 20∶1 左右，则有利于天然有机物的生物降解。相反，有机物分解不彻底，可产生大量的有毒害作用的有机酸等，这是在具体工作中必须引起注意的。土壤的生物降解作用还与污染物本身的化学性质有关，性质稳定的有机物，如有机氯农药和具有芳环结构的有机物，生物降解的速率一般较慢。

（2）影响土壤自净作用的因素

①土壤环境的物质组成

土壤矿质部分的质地：土壤中黏土矿物的种类与数量，铁铝氧化物含量等影响着土壤的比表面积、电荷的性质及阳离子交换量（CEC）等，因而是影响吸附与解吸的重要因素。

土壤有机质的种类与数量：土壤有机质的种类与数量影响土壤的 CEC，并易与重金属形成各种有机络（螯）和物，对重金属吸附与解吸、溶解与沉淀有较大影响。

土壤的化学组成：土壤中所含的碳酸盐的重金属易形成沉淀化合物，影响土壤的化学净化能力。

②土壤环境条件

土壤的 pH、Eh 条件：土壤 pH 与 Eh 的变化是直接或间接影响污染物迁移转化的重要环境条件，如影响微生物的活动和有机污染物的降解、重金属的吸附与解吸、沉淀与溶解等。

土壤的水、热条件：这是影响污染物迁移转化过程的速度与强度的重要因素。土壤水分的影响是多方面的，如水分作为极性分子可与农药分子竞争表面吸附点；对矿物来说，含水量低时，其表面上水的解离度就大，表面酸性就强；有机胶体能促使有机质与农药的增水部分增强，所以对农药的吸附能力增强。含水量的多少还影响农药分子向土壤固相表面扩散。

③土壤环境的生物学特征　指植被与土壤生物（微生物和动物）区系的种属与数量变化。它们是土壤环境中污染物的吸收固定、生物降解、迁移转化的主力，是土壤生物净化的决定性因素。

④人类活动的影响　人类活动也是影响土壤净化的因素，如长期施用化肥可引起土壤酸化而降低土壤的净化性能；施石灰可提高对重金属的净化性能；施有机肥可增加土壤有机质含量，提高土壤净化能力。

总之，对土壤环境净化性能的内涵与外延及其机理机制、实质内容的研究仍在不断发展中，尚待做全面、系统而深入的探讨与阐述。

（三）土壤污染防治措施

我国土壤污染问题的防治措施包括两个方面：一是"防"，就是采取对策防止土壤污染；一是"治"，就是对已经污染的土壤进行改良、治理。

1. 预防措施

（1）科学地利用污水灌溉农田

废水种类繁多，成分复杂，有些工业废水可能是无毒的，但与其他废水混合后，即变成了有毒废水。因此，利用污水灌溉农田时，必须符合《不同灌溉水质标准》，否则，必须进行处理符合标准要求后方可用于灌溉农田。

（2）合理使用农药，积极发展高效低残留农药

科学地使用农药能够有效地消灭农作物病虫害，发挥农药的积极作用。合理使用农药包括：严格按《农药管理条例》的各项规定进行保存、运输和使用。使用农药的工作人员必须了解农药的有关知识，以合理选择不同农药的使用范围、喷施次数、施药时间以及用量等，使之尽可能减轻农药对土壤的污染。禁止使用残留时间长的农药，如六六六、滴滴涕等有机氯农药。发展高效低残留农药，如

拟除虫菊酯类农药,这将有利于减轻农药对土壤的污染。

(3)积极推广生物防治病虫害

为了既能有效地防治农业病虫害又能减轻化学农药的污染,需要积极推广生物防治方法,利用益鸟、益虫和某些病原微生物来防治农林病虫害。例如,保护各种以虫为食的益鸟;利用赤眼蜂、七星瓢虫、蜘蛛等益虫来防治各种粮食、棉花、蔬菜、油料作物以及林业病虫害;利用杀螟杆菌、青虫菌等微生物来防治玉米螟、松毛虫等。利用生物方法防止农林病虫害具有经济、安全、有效和不污染的特点。

(4)提高公众的土壤保护意识

土壤保护意识是指特定主体对土壤保护的思想、观点、知识和心理,包括特定主体对土壤本质、作用、价值的看法,对土壤的评价和理解,对利用土壤的理解和衡量,对自己土壤保护权利和义务的认识,以及特定主体的观念。在开发和利用土壤的时候,应进一步加强舆论宣传工作,使广大干部群众都知道,土壤问题是关系到国泰民安的大事。让农民和基层干部充分了解当前严峻的土壤形势,唤起他们的忧患感、紧迫感和历史使命感。

2. 治理措施

(1)污染土壤的生物修复方法

土壤污染物质可以通过生物降解或植物吸收而被净化。蚯蚓是一种能提高土壤自净能力的动物,利用它还能处理城市垃圾和工业废弃物以及农药、重金属等有害物质。因此,蚯蚓被人们誉为"生态学的大力士"和"净化器"等。应积极推广使用农药污染的微生物降解菌剂,以减少农药残留量,还可利用植物吸收去除污染。严重污染的土壤可改种某些非食用的植物如花卉、林木、纤维作物等,也可种植一些非食用的吸收重金属能力强的植物,如羊齿类铁角蕨属植物对土壤重金属有较强的吸收聚集能力,对镉的吸收率可达到10%,连续种植多年则能有效降低土壤含镉量。

(2)污染土壤治理的化学方法

对于重金属轻度污染的土壤,使用化学改良剂可使重金属转为难溶性物质,减少植物对它们的吸收。酸性土壤施用石灰,可提高土壤 pH 值,使镉、锌、铜、汞等形成氢氧化物沉淀,从而降低它们在土壤中的浓度,减少对植物的危害。对于硝态氮积累过多并已流入地下水体的土壤,一则大幅度减少氮肥施用量,二则配施脲酶抑制剂、硝化抑制剂等化学抑制剂,以控制硝酸盐和亚硝酸盐的大量累积。

（3）增施有机肥料

增施有机肥料可增加土壤有机质和养分含量，既能改善土壤理化性质特别是土壤胶体性质，又能增大土壤容量，提高土壤净化能力。受到重金属和农药污染的土壤，增施有机肥料可增加土壤胶体对其的吸附能力，同时土壤腐殖质可络合污染物质，显著提高土壤钝化污染物的能力，从而减弱其对植物的毒害。

（4）调控土壤氧化还原条件

调节土壤氧化还原状况在很大程度上影响重金属变价元素在土壤中的行为，能使某些重金属污染物转化为难溶态沉淀物，控制其迁移和转化，从而降低污染物危害程度。调节土壤氧化还原电位即 Eh 值，主要通过调节土壤水、气比例来实现。在生产实践中往往通过土壤水分管理和耕作措施来实施，如水田淹灌，Eh 值可降至 160 毫伏时，许多重金属都可生成难溶性的硫化物而降低其毒性。

（5）改变轮作制度

改变耕作制度会引起土壤条件的变化，可消除某些污染物的毒害。据研究，实行水旱轮作是减轻和消除农药污染的有效措施。如 DDT、六六六农药在棉田中的降解速度很慢，残留量大，而棉田改水后，可大大加速 DDT 和六六六的降解。

（6）换土和翻土

对于轻度污染的土壤，可采取深翻土或换无污染的客土的方法。对于污染严重的土壤，可采取铲除表土或换客土的方法。这些方法的优点是改良较彻底，适用于小面积改良。但对于大面积污染土壤的改良，难以推行。

（7）实施针对性措施

对于重金属污染土壤的治理，主要通过生物修复、使用石灰、增施有机肥、灌水调节土壤 Eh 值、换客土等措施，降低或消除污染。对于有机污染物的防治，通过增施有机肥料、使用微生物降解菌剂、调控土壤 pH 值和 Eh 值等措施，加速污染物的降解，从而消除污染。总之，按照"预防为主"的环保方针，防治土壤污染的首要任务是控制和消除土壤污染源，防止新的土壤污染；对已污染的土壤，要采取一切有效措施，清除土壤中的污染物，改良土壤，防止污染物在土壤中的迁移转化。

（四）土壤污染治理行动

"民以食为天，食以土为本。"土壤是农业的基础，是最基本的农业生产资料。党的十九大报告明确提出，要强化土壤污染管控和修复。2018 年，在全国生态环境保护大会上，习近平总书记强调，要全面落实土壤污染防治行动计划，强化土壤污染管控和修复，有效防范风险，让老百姓吃得放心、住得安心。习近平生态文明思想和习近平总书记关于土壤污染防治的一系列重要指示，为做好新时代土壤生态环境保护工作提供了强大的思想指引和根本遵循。但由于我国土壤污染防治工作起步较晚，各项工作基础较弱，部分重有色金属矿区周边耕地土壤重金属污染问题依然突出，污染地块再开发利用环境风险依然存在，土壤污染防治任务仍然很艰巨。

习近平总书记在参加十二届全国人大四次会议青海代表团审议时强调，一定要生态保护优先，扎扎实实推进生态环境保护，像保护眼睛一样保护生态环境，像对待生命一样对待生态环境，推动形成绿色发展方式和生活方式。

生态环境建设一直是习近平总书记关心的大事。近年来，总书记多次对一些地方出现的破坏生态环境事件作出批示，要求坚决抓住不放，一抓到底，不彻底解决绝不松手。

1. 祁连山系列环境污染案

祁连山系列环境污染案是指近年来在祁连山保护区内，因为违规审批、未批先建，导致局部生态环境遭到严重破坏的系列案件。

祁连山的生态环境有多重要？

——河西走廊"生命线"和"母亲山"

在中央的通报中，祁连山生态环境的重要性被这样表述："祁连山是我国西部重要生态安全屏障，是黄河流域重要水源产流地，是我国生物多样性保护优先区域。"

地处甘肃、青海交界的祁连山是黑河、石羊河和疏勒河三大水系56条内陆河的主要水源涵养地和集水区，它在维护中国西部生态安全方面有着举足轻重和不可替代的地位，是西北地区重要的生态安全屏障，被誉为河西走廊"生命线"和"母亲山"。

1988年，国务院批准成立甘肃祁连山国家级自然保护区，设置于张掖市的甘肃省祁连山国家级自然保护区管理局职能是以管护为主，积极造林，封山育林，不断扩大森林面积，提高水源涵养能力。

2015年9月，在媒体对于祁连山自然保护区的探访报道中，专家表示，祁连山蕴含着河西走廊80%的水量，仅全球变暖的因素，就可以导致祁连山大多数的小型冰川在2050年前消融殆尽。而人类活动将加速冻土退化，届时，河西走廊及下游地区的500多万人口将失去水源补给。

祁连山生态有哪些问题？

——违法违规开矿，水电设施违建，偷排偷放，整改不力

甘肃祁连山国家级自然保护区生态环境破坏问题突出。主要有：

一是违法违规开发矿产资源问题严重。保护区设置的 144 宗探矿权、采矿权中，有 14 宗是在 2014 年 10 月国务院明确保护区划界后违法违规审批延续的，涉及保护区核心区 3 宗、缓冲区 4 宗。长期以来大规模的探矿、采矿活动，造成保护区局部植被破坏、水土流失、地表塌陷。

二是部分水电设施违法建设、违规运行。当地在祁连山区域黑河、石羊河、疏勒河等流域高强度开发水电项目，共建有水电站 150 余座，其中 42 座位于保护区内，存在违规审批、未批先建、手续不全等问题。由于在设计、建设、运行中对生态流量考虑不足，导致下游河段出现减水甚至断流现象，水生态系统遭到严重破坏。

三是周边企业偷排偷放问题突出。部分企业环保投入严重不足，污染治理设施缺乏，偷排偷放现象屡禁不止。巨龙铁合金公司毗邻保护区，大气污染物排放长期无法稳定达标，当地环保部门多次对其执法，但均未得到执行。石庙二级水电站将废机油、污泥等污染物倾倒河道，造成河道水环境污染。

四是生态环境突出问题整改不力。2015 年 9 月，环境保护部会同国家林业局就保护区生态环境问题，对甘肃省林业厅、张掖市政府进行公开约谈。甘肃省没有引起足够重视，约谈整治方案瞒报、漏报 31 个探采矿项目，生态修复和整治工作进展缓慢，截至 2016 年底仍有 72 处生产设施未按要求清理到位。

2017 年 1 月至 10 月，甘肃省检察机关经审查，共批准逮捕祁连山破坏环境资源犯罪案件 8 件 16 人；建议行政执法机关移送破坏环境资源犯罪案件 23 件 30 人，监督公安机关立案侦查破坏环境资源犯罪案件 14 件 15 人。

2017 年 11 月，最高人民检察院侦查监督厅派出督导调研组赴甘肃省对祁连山系列环境污染案进行督导调研，提出具体督导意见。

2. 祁连山非法采煤事件

祁连山非法采煤事件是指青海省兴青工贸工程集团有限公司历经 14 年在木里矿区聚乎更煤矿，涉嫌无证非法采煤 2600 多万吨，获利超百亿元。

2020 年 8 月，据《经济参考报》报道，祁连山生态环境保护问题三年前被中央通报，声势和力度空前的问责风暴，开启了祁连山史上最大规模的生态保卫战。但南麓腹地的青海省木里煤田聚乎更矿区非法开采并未根绝。大规模、破坏性的煤矿露天非法开采，正给这片原生态的高寒草原湿地增加新的巨大创伤，黄

河上游源头、青海湖和祁连山水源涵养地局部生态面临破坏。

8月4日，新闻媒体报道兴青公司在木里矿区非法采煤问题后，青海省立即成立调查组赶赴现场核查调查。目前，木里矿区一切生产经营活动停止，实行全封闭管理。

8月9日下午，青海省召开新闻发布会，发布关于媒体报道木里矿区非法开采问题专项调查工作进展情况和下一步工作部署。调查组初步认定涉事企业涉嫌违法违规，两名厅级干部被免职并接受组织调查。涉事企业负责人已被公安机关依法采取强制措施。

青海省委主要负责人要求各级党员干部清醒认识到环保的严峻性，扎扎实实推进生态环境保护，面对提出的问题要整改落实到位。聚焦生态环境重点领域、关键问题和薄弱环节，以钉钉子精神一项一项抓落实，一件一件抓整改，确保党中央决策部署在青海落地落效。谁破坏了生态基础，谁就要为此付出沉重的代价，不论涉及哪一级干部，一经查实，要依法依规依纪严肃处理，绝不姑息。

3. 秦岭违建别墅

秦岭素有"国家中央公园"之称，是重要的生态屏障。然而，一些人把秦岭当成自家的后花园。陕西省纪委查明，这些人在秦岭北麓违法占用大量林地、耕地和基本农田，违规修建别墅200多栋。

几年来，西安市大力实施了违建拆除、植被修复、河道整治、峪口综合治理等一系列专项行动，并专门出台了秦岭保护的地方性法规，初步建立了秦岭生态保护的长效机制。

目前，西安市秦岭北麓违法建筑全部依法拆除、没收。继前期处理一批违纪违规人员后，在中央纪委督导下，有关部门深入对违纪违规人员进行查处，137名干部被追责，处分人员中县处级以上56人，3名厅局级干部被立案查处。

习近平总书记指出，绿水青山本身就是金山银山，我们种的常青树就是摇钱树。生态环境保护是新发展理念的重要内容，是功在当代、利在千秋的大事，要尽最大努力制止一切破坏生态环境的行为，用实际行动给子孙后代留下美丽的生存发展环境。要让生态保护的"红线"成为"高压线"，建立更强有力的生态环境执法队伍，严肃处理破坏生态的行为，提高群众保护生态的自觉性、积极性，真正像对待生命一样对待生态环境。协同推进人民富裕、国家富强、中国美丽。

第八章
生态文明建设的生态法治保障

　　党的十九大报告提出，"生态文明建设功在当代、利在千秋"，要"推动形成人与自然和谐发展现代化建设新格局"。生态法治是生态文明建设的重要环节，不仅有利于缓解当下的生态环境危机，更能够福泽后代，促进我国社会的可持续发展。推进生态法治也是当前全面依法治国的现实需要和关键环节，是通过法治手段调节人、社会与自然关系的必然过程。全面依法治国是适应中国特色社会主义建设事业发展需求的重大战略举措，构建了新时代法治社会建设的美好图景。全面依法治国覆盖范围广泛，与生态法治建设之间是整体与局部、包含与被包含的关系。推进生态法治是贯彻全面依法治国的主要途径。建设美丽中国需要依靠全面依法治国引领下的生态法治，包括科学完善的生态立法，严格高效的生态执法以及覆盖广泛的全面守法。

　　生态文明是一场涉及生产方式、生活方式、思维方式和价值观念的深刻变革。实现这样的根本性变革，必须依靠制度和法治。我国生态环境保护中存在的一些突出问题，大多与体制不完善、机制不健全、法治不完备有关。习近平总书记指出："只有实行最严格的制度、最严密的法治，才能为生态文明建设提供可靠保障。"推动绿色发展，建设生态文明，重在建章立制，用最严格的制度、最严密的法治保护生态环境，健全自然资源资产管理体制，加强自然资源和生态环境监管，推进环境保护督察，落实生态环境损害赔偿制度，完善环境保护公众参与制度。我们应当高度重视制度、法治建设在生态文明建设中的硬约束作用，以改革创新的精神，以更大的政治勇气和智慧，不失时机地深化生态文明体制和制度改革，坚决破除一切妨碍生态文明建设的思想观念和体制机制弊端；必须建立系统完整的制度体系，用制度保护生态环境；必须实现科学立法、严格执法、公正司法、全民守法，促进国家治理体系和治理能力现代化。

一、生态法治的内涵

　　法治是一个国家发展的重要保障，是治国理政的基本方式。党的十八届四中全会首次以全会的形式专题研究部署全面推进依法治国，要求贯彻中国特色社会主义法治理论，形成完备的法律规范体系、高效的法治实施体系、严密的法治监督体系、有力的法治保障体系。全会决定提出："用严格的法律制度保护生态环境，加快建立有效约束开发行为和促进绿色发展、循环发展、低碳发展的生态文明法律制度，强化生产者环境保护的法律责任，大幅度提高违法成本。建立健全自然资源产权法律制度，完善国土空间开发保护方面的法律制度，制定完善生态补偿和土壤、水、大气污染防治及海洋生态环境保护等法律法规，促进生态文明建设。"法治是以民主为前提和基础，以严格依法办事为核心，以制约权力为关键的社会管理机制、社会活动方式和社会秩序状态，是人类政治文明发展到特定阶段的产物，是与人治相对立的一种治国理念和方略。公正是法治最普遍的价值表述，限制公权力是法治的基本精神，尊重和保障人权是法治的价值实质。法治的核心在于宪法和法律的尊严高于一切，具体体现是：在法律面前人人平等；一切组织和机构都要在宪法和法律的范围内活动；立法要遵循民主程序；有法可依、有法必依、执法必严、违法必究等。

生态文明也必须依靠法治实现国家治理体系和治理能力的现代化。生态法治是以国家强制力为后盾，通过生态立法、生态执法以及生态司法的共同实施和作用，调整和规范人与人之间的社会关系，使人类活动，特别是经济活动符合自然规律，从而协调人类与自然之间关系的过程。作为一个结构系统，生态法治的运行涵盖了从环境立法、环境执法、环境司法、环境守法到环境法律监督的各个方面，是国家机关在立法、司法和执法以及民众的环境守法过程中，充分考虑到保护环境、防治污染、合理利用和保护自然资源的生态要求，通过相应法律规范的制定和实施，实现环境治理和生态建设各个环节的法治化和生态化，以法律手段对社会关系进行调整，最终实现人与自然的和谐共生。生态法治的目标是协调人与自然的关系，维护和实现自然生态平衡，依法治理和预防环境污染和生态破坏。生态法治建设的根本宗旨是谋求真正的可持续发展，使生态文明建设走上法治轨道。

生态法治是生态理念与法治理念在新时代背景下的有机结合。一方面，生态法治意味着生态学和生态主义价值观对法律体系的影响和渗透，是生态理念在法治建设领域的具体实现；另一方面，生态法治意味着法治理念在环境保护领域的贯彻与应用，是借助法治手段调节生态利益、生态关系的过程。可以说，生态法治是法治趋向生态化和生态保护趋于法治化的一个双向过程。

（一）立法的生态化是生态法治建设的前提

随着生态文明建设的不断深入，我国现行的生态保护法律法规不能完全适应我国生态环境保护和建设的迫切需要，尤其是国际经济形势复杂多变，给生态法制建设提出了一系列新任务、新课题。加强立法已经是生态文明法治建设的头等大事。按照尊重自然、保护自然和顺应自然的生态文明理念，生态立法必须受生态规律的约束，只能在自然法则许可的范围内编制。立法者应当学会让自己的意志服从自然规律，自觉地把生态规律当作制定法律的准则，注意用自然法则检查通过立法程序产生的规范和制度的正确与错误。以党的十九大指出的"社会主义生态文明观"为指导，促进环境法向生态法的方向发展，逐步实现中国环境法的生态化。实现将立法重心由现行的"经济优先"向"生态与经济相协调"转变。倡导人口与生态相适应，经济与生态相适应。环境基本法下的各单行法在立法目的、立法原则和立法的内容诸方面均应体现这一精神，使生态学原理和生态保护要求渗透到各有关法律中，通过法律对人的行为进行约束和调节，用整个法律体系来保护自然环境。生态文明的理念还应纳入刑事法律、民商法律、行政法律、经济法律、诉讼法律和其他相关法律，科学立法，促进相关法律的生态化。

(二) 执法的生态化是生态法治建设的关键

全面推进依法治国的重点应该是保证法律严格实施，做到"法立，有犯而必施；令出，唯行而不返"。执法生态化是生态学向行政法学延伸、扩展和渗透的综合性产物。具体是指执法主体在执法理念、执法机构、执法行为与执法技术等执法的各个环节都贯彻生态文明思想、遵循生态理性、坚持生态原则的指向性活动。环境执法是保障生态环境安全的重要手段。

由于历史和现实的各方面原因，我国环境保护行政执法目前仍存在种种问题和困难，一些地方对环境保护监管不力，甚至存在地方保护主义。部分地方领导环境意识、法制观念不强，对保护环境缺乏紧迫感，甚至把保护环境与发展经济对立起来，强调"先发展后治理""先上车后买票""特事特办"；一些地方以政府名义出台"土政策""土规定"，明文限制环保部门依法行政，明目张胆地保护违法行为，给环境执法和监督管理设置障碍，导致不少"特殊"企业长期游离于环境监管之外，所管辖的地区环境污染久治不愈，环境纠纷持续不断。有的地方不执行环境标准，违法违规批准严重污染环境的建设项目；有的地方对应该关闭的污染企业下不了决心，动不了手，甚至视而不见，放任自流；还有的地方环境执法受到阻碍，使一些园区和企业环境监管处于失控状态；一些企业甚至暴力阻法、抗法。

(三) 司法的生态化是生态法治建设的核心

司法的生态化是生态文明建设的司法权威保障，包括司法人员组成结构的生态化、法官知识结构的生态化以及司法机制的生态化。司法机制的生态化体现在设置环境资源专门的审判机构，建立健全与行政区划适当分离的司法管辖制度，确立有利弱者的司法原则和完善环境公益诉讼制度等方面。在生态法治社会里，无论是政府、企业还是个人，都要严格遵守生态法律，依生态法律法规办事。生态司法面临的普遍性问题突出表现在四个方面：一是涉及生态保护案件取证难，诉讼时效认定难，法律适用难，裁决执行难。涉及生态保护案件一般具有跨区域、跨部门的特点，加之发生危害结果滞后和相关法律依据的缺失，导致了上述困难。二是涉及环境保护案件的鉴定机构、鉴定资质、鉴定程序急需规范。三是主管环境资源的各部门与司法部门缺乏有效配合，司法手段与行政手段的衔接难，致使大量破坏环境资源的案件未进入司法程序。四是人民法院对加强环境司法保护的意识有待增强，涉及环境案件的审判力量不足，相关案件的立案、管辖以及司法统计等有待规范。

(四) 全民守法的生态化是生态法治建设的基础

习近平总书记指出："法律的权威源自人民的内心拥护和真诚信仰。人民权益要靠法律保障，法律权威要靠人民维护。"必须弘扬社会主义法治精神，使全体人民成为社会主义法治的忠实崇尚者、自觉遵守者、坚定捍卫者。孔子提出："道之以政，齐之以刑，民免而无耻；道之以德，齐之以礼，有耻且格"，生态环境是最公平的公共产品，是最普惠的民生福祉。每一个生活在地球上的人，其生存、发展和最后融入自然莫不与环境相关。从中华文化的角度看，生态文化始终是传统文化的核心，体现了中华文明的主流精神，中国儒家提出"天人合一"，中国道家提出"道法自然"，历朝历代，皆有对环境保护的明确法规与禁令；中华民族始终把生态意识作为内心守护中国几千年传统文化的主流意识。从这个意义上讲，全民守法与全民建设生态文明，两者是一致的。

二、我国生态法治建设的探索与发展

我国自古有通过法律约束人们行为从而达到环境保护目的的传统。我国历史上第一部有关环境保护的法律是秦朝制订的《田律》，这一法律文本对农田水利建设以及山林保护等问题都有所涉及，是我国历史上第一部涉及环境保护的成文法典。《田律》不但有保护植物林木、鸟兽鱼鳖的具体规定，还有让水道不堵塞的严格措施，是我们国家第一部环保法，也是世界第一部环保法。中华民国时期曾颁布过《渔业法》(1929年)、《森林法》(1932年)、《狩猎法》(1932年)等与环境保护相关的法律法规。但在很长时间里，环境保护并未纳入法治轨道。中华人民共和国成立后的若干时间内，环境问题仍未引起充分重视，乱砍滥伐现象甚至十分严重。

中华人民共和国成立 70 多年来，我国生态法治建设饱经艰难，历久弥新。在我国生态法治建设进程中，党和国家对生态文明的价值取向经历了"既要金山银山，又要绿水青山"—"宁要绿水青山，不要金山银山"—"绿水青山就是金山银山"—"人与自然生命共同体"的转变历程。从时间序列来看，我国生态法治建设也经历了国际同步期—国情出发期—转型期—新时期。

(一) 在生态立法方面，生态法律体系建设取得显著成就

生态立法方面，从我国生态立法实践成果的角度分析，中华人民共和国成立初期，政府尚未重视环境保护，仅有农业、工业等相关部门颁布环境保护的政策性法规。1973 年，《关于保护和改善环境的若干规定》出台，表明我国生态法治建设正式启动。1978 年，国家首次将生态环境相关问题写入宪法，标志着生态保护已被提至法律层面，不过仍侧重自然资源的保护，尚缺乏成熟的立法技术和专门的环境立法。1989 年，颁布了《中华人民共和国环境保护法》(以下简称《环境保护法》)，确立环境保护行政职责和法律治理环境模式，是中国生态立法踏入正轨的标志性里程碑。1993 年，我国环境保护委员会成立，其针对围绕环境、资源等问题制定了一系列法律法规，初步形成符合中国国情的环保法律法规体系。在该环境法律体系下，污染防治的立法覆盖领域逐步拓展，资源保护的立法中心偏向可持续利用层面，生态保护的立法正趋向健全。1994 年，我国制定了《中国 21 世纪议程》，该议程涉及了我国可持续发展的战略目标、战略重点以及可持续发展的立法和实施等问题，是中国环境保护事业发展的里程碑。

依法治国方略的树立开启了我国生态法治建设的进程。1997 年，中国共产党第十五次全国代表大会通过议案将"依法治国"确立为我国治国的一项基本方略，将"建设社会主义法治国家"确定为社会主义现代化的重要奋斗目标之一，并规定了我国建设社会主义法治国家的主要任务：以提高立法质量为中心，全面加强立法；以依法行政为标准，严格执法；以维护司法公正为目标，推进司法改革；以增强法治观念为基础，加强法律教育，建设社会主义法治国家。"依法治国，建设社会主义法治国家"是我国总结历史经验后确立的重要治国方略，是中国共产党在新时代背景下执政方式的根本转变。可以说，依法治国方略使我国的环境保护事业逐渐走上了法治化轨道，成为我国生态法治建设的起点。

2014 年 4 月 24 日，十二届全国人大常委会第八次会议表决通过了《中华人

民共和国环保法修订案》，新法已经于 2015 年 1 月 1 日施行。至此，这部中国环境领域的"基本法"，完成了 25 年来的首次修订。

2014 年 10 月，十八届四中全会审议通过了《中共中央关于全面推进依法治国若干重大问题的决定》，强调要"用严格的法律制度保护生态环境"，将我国的生态法治建设提高到一个新的高度。当前，良好的生态法治运行机制正在逐步形成，体现在生态环境立法步稳蹄急、生态环境执法步伐矫健、生态环境司法步履如飞、生态法治社会起步参与等多个方面。

我国新环保法规定了五项基本原则，即保护优先、预防为主、综合治理、公众参与、损害担责，体现了我国环保工作的基本方针和在立法、执法和司法中应遵循的基本准则。新环保法的特点是环保法具有基础性法律地位；体现理念和制度的创新；实现了对环保主体的全覆盖；加大了政府的环保责任；规定了重点区域、流域的联合防治协调机制；大幅提高环境违法成本，加大行政执法力度。

在《环境保护法》的基础上，我国陆续制定和颁布了百余部保护环境的法律法规，包括环境保护现行法、相关法以及行政法规、地方行政法规等，目前已经形成了一个多层次的涵盖广泛的行政、法律体系，包括《中华人民共和国海洋环境保护法》(1982 年)、《中华人民共和国水污染防治法》(1984 年)、《中华人民共和国环境噪声污染防治法》(1997 年)、《中华人民共和国环境影响评价法》(2003 年)、《中华人民共和国海岛保护法》(2010 年)、《中华人民共和国水土保持法》(2011 年)、《中华人民共和国大气污染防治法》(2016 年)、《中华人民共和国环境保护税法》(2016 年)、《中华人民共和国土壤污染防治法》(2018 年)等专门性法律，也包括行政法规层次的《中华人民共和国自然保护区条例》《建设项目环境保护管理条例》《规划环境影响评价条例》以及《中国生物多样性行动计划》《渤海碧海行动计划》《中国环境保护 21 世纪议程》和《中国应对气候变化国家方案》《环境保护违法违纪行为处分暂行规定》《环境保护督察方案(试行)》《环境信息公开办法(试行)》等政府规划和行动计划。

2018 年，十三届全国人大第一次会议表决通过《中华人民共和国宪法修正案》，将生态文明写入了宪法，这在我国宪政史上尚属首次。在宪法中写入美丽中国和生态文明，是对十九大报告中关于生态文明建设创新性成果的确认，是我国生态法治建设中的里程碑式进展。

(二)在生态执法方面，环境行政执法能力逐步增强

1973 年，为响应联合国的"我们只有一个地球"号召，我国召开第一次全国

环境保护会议，审议并通过了《国务院关于保护和改善环境的若干规定》，这是我国首个环境保护工作方针和文件，是生态执法的里程碑。1983年，第二次全国环境保护会议上，确定了保护环境、节约资源的基本国策，从国家方针层面为生态执法保驾护航。1992年，中央9号文件发布"环境与发展十大对策"，主要针对当时的生态环境关键问题展开剖析。整体而言，改革开放前后的环境政策还较为宽松，生态执法条件与能力尚未成熟。1998年，"一退三还"（退耕、还林、还草、还湖）的实施，成为我国生态环境政策史上一个重要转折点。在此期间，党中央国务院陆续出台了系列政策和文件，基本搭建生态保护的框架雏形。其中，《关于加快推进生态文明建设的意见》《生态文明体制改革总体方案》《生态文明建设考核目标体系》等，都为生态法治建设提供了制度保障。同时，为保证法律法规顺利实施，环保部出台了50多部配套规章、规范性文件，在执法权责、执法程序、执法机制、公民权利义务等方面做了明确规定和说明。

随着我国生态法治建设的不断推进，环境行政执法与环保督查逐步强化。在行政执法领域，环保法确立的按日计罚、移送拘留、查封扣押等严格制度得到了有效执行，对环境污染和生态破坏等违法行为起到了极大的震慑作用。在环保督查领域，通过强有力的上级部门监督和人员问责，让环保法规定的政府责任能够得到真正落地实施。

（三）在生态司法方面，环境司法专门化水平不断提高

生态司法是生态法治建设的中心环节，作为保障生态执法合理性的重要内容，促进了生态法治的标准化建设。从我国生态司法实践成果角度分析，在过去很长一段时间内，我国都将生态法治建设重心投放到立法、执法上，并没有专门设立关注生态环境问题的司法部门。2007年以来，全国各地环境法庭纷纷成立，但仅开展了环境司法专门化的试点。2014年，我国环境资源审判庭成立，开启了生态保护司法化的大门，启动了环境司法专门化的"快捷键"。2015年，生态环境监督问题备受关注，起初检察机关试点开展公益诉讼，随后发布《关于审理环境民事公益诉讼案件适用法律若干问题的解释》，实现环境公益诉讼制度的正规化。截至2019年，我国共设立类似环境资源审判庭超千个。同时，为保证"绿色司法"之路的顺畅，司法机关出台了相关司法解释和示范法政策，并及时发布典型案例，显示司法在资源和环境保护中的重要地位，为国家生态文明建设筑起法治高墙。我国生态保护相关部门的联动协作，在生态问题恶化时，变得强劲有力。司法与审计对接试点，法院试点开展生态修复工作时引入保险机制，生态司

法能力不断提升。我国审判机关近年来审结的环境类案件不断增加，不仅设立了专门的环境审判庭，而且实现环境资源类案件的"三合一"审理。随着公众环境意识和维权意识的提高，环境诉讼开始成为解决环境纠纷的重要途径之一。在习近平新时代中国特色社会主义思想的指导下，推进生态司法建设的根本行动指南就是习近平生态文明思想，具体表现为坚持司法为民、公正司法，实现为建设美丽中国提供更加坚强有力的司法服务和保障。目前我国已初步构筑起支撑生态法治建设的生态司法体系，且逐步朝着规范化方向发展，通过关注中国社会转型的现实需求，打造生态司法专业队伍，实现生态司法的专业化。

（四）在生态守法方面，民众的生态自觉保护意识逐渐增强

从我国生态守法实践成果的角度分析，20 世纪末，我国公民参与环境保护的途径极其有限。据记载，1993 年，我国广大人民群众初次发起了有规模的生态环境保护民间活动——中华环保世纪行。随着时代的进步，我国民众的生态保护意识逐渐增强，乃至发展为全民自觉意识，绿色生活方式广受推崇。生态保护的相关活动也越来越多，诸如"光盘行动""地球熄灯一小时""垃圾分类回收""节能家电推广""节能减排推广""绿色出行"等，如雨后春笋般出现在人们的视野中，公民的环保参与呈现倒逼之势，自觉守法成为生态法治建设中的新常态。除了自觉守法，公民参与决策也成为守法常态，2005 年，圆明园湖底防渗工程是公民参与环保决策的里程碑式事件。2014 年，《中华人民共和国环境保护法》的修订，2015 年《中华人民共和国大气污染防治法》的修订，都征求了大量的公众意见，体现了公众参与国家法制建设的历史性进展。

从我国生态守法的理论研究成果角度分析，法治实现的根本途径在于公民对法律的遵守与信仰，而非对违法的制裁、对公民的规训。这一点同样适用于生态法治建设中生态守法的发展诉求。提高全民法制意识是建设生态文明的重要步骤，加强执法环境规则的文化建设，营造良好的生态环保氛围，广泛推进生态文明建设宣传，建立完善的群众监督机制，才能更好地提高公众参与生态守法效果。总的来看，我国公民在生态法治体系中，从强制性被动守法发展为自觉守法，由告知参与走向合作和授权参与。生态守法体系中逐渐融入完善的公民参与体制机制，通过将公民个体的利益及权利与国家利益及权利紧紧联系，才能实现生态法律的良好社会认知，更能提升民众的生态守法能力与效果。

生态法治是我国全面依法治国战略的重要环节，也是我国生态文明建设的核心内容。在全面依法治国格局中，我国生态法治建设需要统筹从科学生态立法、

严格生态执法、公正生态司法到全面生态守法的全方位体系。经过 30 多年的发展，我国在法治建设过程中以及在应对和处理环境问题的过程中逐步走上了生态法治化道路，生态法治框架已初步形成，生态法治建设稳步推进，初具立法、执法、司法、守法的系统化体系，并在保障生态文明建设方面取得了一定的进展，对我国经济建设过程中出现的环境污染和生态破坏的治理和预防工作起到了积极的保障作用。

立足中国特色生态法治建设实践经验，顺应我国依法治国战略思想，深刻剖析我国生态法治建设的构成要素、话语体系、实现路径，是生态法治建设进步的基准。严格把控生态立法的专业严谨度，系统监督生态执法的效率效果，逐步提升生态司法的落实地位，稳步建立民众的生态法治本土化自信，是我国坚持可持续发展道路的四大基石，有助于打造生态美好中国乃至实现中国特色生态法治建设引领全球生态法治的变革与发展。

三、我国生态法治建设中存在的问题及原因

法治作为推进人类文明进步的手段和工具，其发展变迁与人类文明的演进是密切联系的。农耕文明中，法律和制度适应君主政体，生态和环境问题并不是法律调节的重点内容，人们面临的主要生态环境问题以自然灾害为主。工业文明崛起后，法律和制度逐渐完善，形成与当时生产方式相适应的法治理念，并出现了一系列工业文明的"副产品"。我国生态环境问题开始展现出几乎所有的工业化国家都经历过的一些阶段特征：重化工业的发展，导致我国生态环境有大规模、高强度的损伤，其表现形式有各类污染和各类自然资源的减少。改革开放以后，我国生态环境问题表现得更加明显。

2001 年中国加入世界贸易组织（WTO），开始承担国外发达国家的产业转移，同时国内各类高耗能、高污染的民营企业开始落地开花。此外，消费污染问题叠加也给我国生态环境带来了沉重负担。在改革开放早期，政府和人民的注意力聚焦在经济增长和国力提升方面，国内生产总值（GDP）高速增长代替了生态破坏的阵痛，生态环境问题成为"奢侈"的议题。在环境污染、生态破坏等问题日益严重的时代背景下，党和国家开始重新审视人与自然的关系，对生态环境的观察视角逐渐回归技术理性。从现实层面考量，我国是全世界发展最快的发展中国家，人口众多，环境复杂。生态文明作为人类社会最新型的文明形态，是实现自然与人类和谐共处的关键力量，然而生态文明需要法律保障，才能真正实现生态保护

的良好效应，进而实现人类可持续发展。目前，我国处在决胜全面建成小康社会、开启全面建设社会主义现代化国家的关键时期，尽管生态法治体系基本形成，但仍然存在立法、执法、司法、守法方面的缺陷，体现为立法缺乏整体性、管理体制缺乏系统性、调整手段缺乏协调性等，不同程度阻碍经济与环境互利的持续发展。

（一）生态法治理念没有受到应有的重视

部分地区政府、企业以及个人在行动上仍坚持经济利益至上原则，没有树立起生态法治理念，影响着环境治理工作的顺利进行。部分地区仍坚持旧的发展模式，仍然将发展等同于单纯的经济增长，在走"先污染，后治理"的老路，以牺牲环境和群众健康为代价追求经济增长，放松了对部分企业的监督和管理。在进行重大经济发展规划和生产力布局时没有进行环境影响评价，个别地方政府和部门甚至知法犯法，做出明显违反环境法律规范的经济发展决策。环境违法成本低的状况使得很多企业为了利润漠视法律。环境污染以及生态破坏现象不能被有效遏止。

（二）现行生态环境法律体系仍不完善

1. 生态文明立法滞后

改革开放以来，虽然我国生态环境立法取得了长足的进步，但因持久缺乏顶层布局、全面协调，致使我国事关生态文明建设的立法滞后，目前，我国仍未建立一部效力高、覆盖面广的生态文明的基本法——生态文明建设法。虽然我国已出台《环境保护法》以及相应的单行法，但在内容上对生态文明的考量显然不足，且尚未针对绿色发展中出现的新问题，及时做出有效调整与修改。

2. 生态立法碎片化

生态系统具有联系性、循环性的本质属性，生态文明建设是一项相互联系、紧密结合的系统工程。而我国现行生态立法缺乏整体性、系统性。存在结构性弊端，配套的法规、规章、实施细则不足。在环境立法方面，我国环境保护的法律法规仍不适应经济与社会发展的现状，多数环境资源法律条文的规定过于笼统，可操作性差。有些领域还存在着无法可依的法律空白情况，而有的领域则存在着立法相对滞后或者立法标准超前的现象，被列入刑事打击范围的破坏生态行为过少，不利于有效遏制破坏行为的蔓延。在立法体系上，环保单行法在数量、保护范围、实施细则等方面仍需要进一步扩充、完善。按照环境资源要素进行单项立法的模式，难以克服法律间的相互重叠与冲突、修改滞后问题等。环境资源方面的法律分属于行政法、经济法等不同的法律部门，难免带来管理上的冲突和法律制度上的不协调。因此，现有的环境法律体系、法律规范和地方立法均有待进一步完善。

3. 生态文明司法制度不健全

根据最高院颁布的《中国环境资源审判（2017—2018）》白皮书统计，2018 年全国法院共受理生态环境资源刑事一审案件 26 481 件，民事一审案件 192 008 件，行政一审案件 42 235 件，同比 2017 年受理数分别上升 16.51%、8.17%、7.35%。根据以上数据可知，我国环境资源案件受理数量庞大且呈现出较快的增长趋势。虽然截至 2018 年年底，我国法院系统成立了生态资源审判庭、巡回法庭等生态资源审判的专门机构高达 1271 个，但至今却仍未成立专门的环境法院，无法满足环保案件的审理数量及司法专业化需求。而且上述审判机构的设立以地方"确有需要"为原则，立足于解决地方生态案件，难以解决跨行政区域的生态环境案件。此外，生态环境案件缺少相应的程序法。

（三）环境执法效率低，执法力度不强

"天下之事，不难于立法，而难于法之必行"，法律制度的生命力取决于执行。根据各地方生态执法的实践来看，目前主要存在以下问题：

1. 执法不严

真抓、严管是法律规范执行到位的关键，而执法不严是我国在生态执法方面最突出的问题。在执法实践中，地方政府为征收高额污染税，采用"地方保护主义"；以情代法、以罚代法；为追求经济红利，非法干预、有法不依、执法滞后等现象普遍存在。执法不严致使环境污染、生态破坏的违法主体妄视法律的权威性，使行政执法严重受阻。

2. 执法机构职能分散，权力交叉

生态环境系统是一个有机联系的整体，而我国在行政管理体制上将其划分到大气、土地、海洋、水利、林业等近 40 个产业部门。根据生态环境治理目标，环保管理职能被分割为污染防治、资源保护等多个范畴。因此，我国生态环境的执法主体分散于不同的生态管理部门，执法机构职能呈现为横向分散、纵向分离的状态。在具体实践中，生态环境执法主体多元且各自为政，加之环境执法权的不合理分配，以致执法部门出现职权的重叠、交叉的现象，这就使得在环境执法

的过程中出现"都管、都不管"的现状，造成执法效率低下。

3. 环境诉讼时间长，举证难，费用高，执行难

环境司法过程中存在的环境诉讼时间长、举证难、费用高、执行难等问题，导致许多生态环境问题和环境纠纷难以快速、有效地解决。环境行政处罚权容许的处罚裁量数额对某些污染企业简直微不足道，起不到迅速、有效地惩戒环境违法的作用，某些地区甚至出现了"违法成本低，守法成本高"的现象。有些政府部门和领导环境意识和环境法制观念极其淡薄，干预、阻碍了环境主管部门的行政执法，使得环境民事案件判决执行起来会遇到很多困难。当企业的经济利益、当地的财税收入与环境利益发生矛盾时，由于环境意识不强，环境判决的执行就会遇到阻碍。

4. 生态司法人才专业性不足

生态环境司法建设与民事、刑事等案件具有很大差异性，其专业程度更高，司法人员不仅要充分了解生态环境的相关理论，同时要具备足够的司法能力。而由于环境法在近几年才开始兴起，目前我国的司法审判队伍缺乏对环境相关法律法规的深度剖析，对于专业知识、环境发展、生态保护的统筹协调能力普遍较低，且具有生态环境专业素质的法官数量有限。

(四) 环境法律监督机制不够完善

经过多年的发展，在环境法律监督方面，我国初步形成了包括立法监督、行政监督、司法监督、舆论监督、政党和社会团体监督、公众监督在内的较为完整的环境法律监督体系。但环境法律监督机制仍存在问题，其中最主要的问题是公众缺乏适当的机会、手段和途径参与环境立法、司法和执法监督，从而影响了公众参与制度的制定和实施。当然，我国环境法律监督机制的不完善也与我国民主法治的不完善密切相关。

(五) 公民环境法律意识不强

1. 公民的生态文明意识薄弱

环境法主要以人与自然之间社会关系为调整对象，以保护和改善生态环境为主。与民法、刑法等其他仅调整人与人之间的社会关系的法律部门不同，环境法不会直接触及自然人的切身利益。此外，我国作为一个以公有制为主体的国家，生态环境资源属于公共资源，生态资源权利主体抽象，加之《环境保护法》严格

限定了诉讼主体资格，普通主体无权对破坏环境资源的行为主张权利。以致环境法在调整人与自然的法律关系中，公民作为生态环境权益主体意识不强，生态文明观念薄弱。有些地方政府领导人的环境意识也不强，很多人并未将某些破坏生态环境的行为视为违法行为。由于公众的环境法律意识仍比较淡薄，因此，依靠法律手段来解决环境纠纷的方式并未被广泛采纳，很多环境纠纷采用了行政手段的解决方式，进入司法环节的环境诉讼案件比例并不高。公众在解决环境纠纷问题时，多不愿意选择通过法律程序来解决环境纠纷，而是选择向媒体反映或者交给行政机关处理，甚至宁愿选择信访投诉的方式。由于公众环境法律意识薄弱，因而对自身合法环境权益仍然认识不足。环境守法工作也难以真正落实。部分公众仍为了获取自身利益而不惜牺牲生态利益。

2. 公众参与不足

生态环境法治建设是一项关乎每位自然人的切身利益的全民事业，是一项功在当代、利在千秋的伟大工程，仅依靠政府单方面的努力必将孤木难支，还需人民群众的广泛积极参与。当前，由于参与渠道少，缺乏公众参与激励机制，公众参与的法律保障制度不完善，加之社会公众对生态保护的相关法律缺乏深刻认识，致使公众对参与生态保护活动缺乏积极性、自觉性。

四、加强生态法治建设的途径

生态法治建设既是一个复杂的系统工程，又是一个历史的过程。针对我国生态法治建设存在的问题，我国应以生态文明为方向，以维护环境正义为宗旨，不断发挥环境法律调整人与自然关系的作用，在完善生态立法、加强生态执法力度、优化司法程序、提高公民环境守法意识、完善公众参与制度和加强监督管理体制等方面加强有中国特色的生态法治建设，使环境法律成为建设环境友好型、资源节约型社会和生态文明的法律保障。通过法律手段塑造全社会绿色、低碳、循环的生产生活方式，是我国生态文明法治建设的终极目标。为进一步加强生态法治建设，我们必须做到以下几点：

(一) 坚持全面贯彻依法治国，推进生态法治建设

全面依法治国是适应中国特色社会主义建设事业发展需求的重大战略举措，是推进生态法治的总引领。依法治国贯穿于生态法治的立法、执法及守法三个层面，对生态法治建设的各个环节发挥作用。在依法治国的语境下构建生态文明体

系，需要用法治的思维思考生态问题，用法治的手段解决生态问题。立法、执法、司法、守法四个环节并非孤立存在，也没有严格的先后顺序，它们相互依存、相互影响。

(二) 加快推进环境管理战略转型，深化改革助推职能转变

1. 加快推进环境管理战略转型

这是推进国家生态环境治理体系和治理能力现代化的着力点。要制定实施基于环境质量改善目标的政策措施，统筹协调污染治理、总量减排、环境风险防范和环境质量改善的关系，形成以环境质量改善倒逼总量减排、污染治理，进而倒逼转方式调结构的联合驱动机制。不断创新环境管理方式，从以约束为主转变为约束与激励并举，更多地利用市场机制和手段来引导企业环境行为。推进多元共治，完善社会监督机制，强化环境信息公开，促进环保社会组织健康发展，构建全民参与的社会行动体系。加强高科技手段在环保领域的应用，提高环境管理的智能化、精细化水平。

2. 深化改革助推职能转变

继续推进环保行政审批制度改革，取消和下放已研究确定的审批事项，严格规范和控制新增行政审批。将行政审批制度改革与推进向社会力量购买服务结合起来，拓宽政府环境公共服务供给渠道，提高政府公共服务能力，带动环保产业尤其是环境服务业发展壮大。积极推进建设项目环评验收、环境质量监测、污染源排污监测、环境质量改善和管理技术、污水和生活垃圾收集处理等领域的政府购买服务，探索环保服务业新的发展路径，推动部分省份开展环保服务业试点，指导地方政府开放环保服务业发展。

(三) 创新生态立法，使美丽中国建设有法可依

1. 及时立法以满足不断变化的生态建设需求

人类对客观世界的主动改造将改变自然的运行轨迹，但人类对自然界的认识和改造也要受到自然条件和自然规律的制约。因此，建设美丽中国应遵循客观自然法则，实现人与自然界的合理互动。从我国市场经济建设的历史进程来看，以往对生态资源的过度攫取造成了人与自然的深刻矛盾。《韩非子·有度》中记载："国无常强，无常弱。奉法者强则国强，奉法者弱则国弱。"在当前生态危机背景下，必须要及时推进生态立法，明确科技创新、资源利用、经济发展与生态保护

之间的关系，以健全的立法保护美丽中国的绿水青山。

2. 明确法律地位，推进生态立法的精细化发展

良法善治，立法先行。当前，我国在生态立法方面与现实的生态治理需求还存在一定差距，存在立法过于原则化、立法空白以及法律规定不合理等问题。党的十九大报告提出"完善以宪法为核心的中国特色社会主义法律体系"，要求立法不能只看重数量，更应结合实际提升立法的质量。明确生态立法在宪法中的应有地位，将美丽中国建设的总目标、总要求以及政府职责等内容纳入法律体系，依法明确政府向社会提供公共生态服务的基本义务以及公民维护生态健康的社会责任。努力推进生态立法法典化工作，加强对当前生态立法的体系化顶层设计，形成结构优化、制度合理的生态立法体系。

（四）推进严格执法，增强生态法治的公信力

党的十九大报告提出："推进依法行政，严格规范公正文明执法。"在中国特色社会主义新时代，生态执法应形成标准的范式，坚决杜绝执法不规范、执法能力弱化、执法态度不端正的问题。

1. 加强环境执法力度，确保生态文明行为规范的实施

对严重污染环境、造成环境污染事故、违反环保法律法规等行为必须加大行政处罚力度，处罚金额必须起到震慑作用，解决违法成本低、守法成本高的问题。对严重危害环境生态安全和严重侵害环境权益的环境违法犯罪行为进行责任和刑事追究，解决对环境犯罪行为约束性不强的问题。

2. 妥善处理环保机构重叠和职能交叉问题，提高环境执法效率

通过明确划分有关部门和地区的职权，避免利益冲突和"权力寻租"，确保环境行政权的公正行使。尽快给予环保部门强制执行权，弥补现有法规操作性不强和权威性不足问题，解决环保部门行政处罚执行难、到位难、问责难的问题。

3. 加强行政执法队伍建设，提升环境执法水平

坚持依法行政，规范执法行为，提高执法效率；促进执法程序化、规范化；加大行政执法力度，提高行政执法权威；加强行政管理能力建设，实行政务公开，加强廉政建设，提高行政管理水平。提高执法、司法人员的生态保护意识和法律意识，增强他们执法的责任感、使命感。以提高生态法律保护的效率。执法人员在工作的过程中要严格按照规章制度进行作业，保证符合合理性原则，当出现违法行为的时候，要采取合理合法的手段进行处理，在执法过程中不能对执法

对象造成任何损害，同时也不能将问题的严重性扩大。执法人员在进行执法的过程中，可能出现执法消极的情况，因为有些时候在进行执法时会受到上级领导的干预或是受到其他方面的影响等。针对这一类问题的处理，首先要提升执法人员的观念，执法人员要树立坚定的生态文明治理观念；其次，采取责任制度，执法人员在进行执法的过程中要确保公平公正，并且要对所处理的案件负全责。

（五）完善管理体制机制，加强环保能力建设

要从恢复和维持生态系统整体性与可持续性的系统理念出发，建立和完善职能有机统一、运转协调高效的生态环保综合管理体制，实现国家生态环境治理制度化、规范化、程序化。

建立和完善严格的污染防治监管体制、生态保护监管体制、核与辐射安全监管体制、环境影响评价体制、环境执法体制、环境监测预警体制，通过体制创新，建立统一监管所有污染物排放的环境保护管理制度，独立进行环境监管和行政执法。

加强环境资源审判制度建设，着力推进环境资源司法专门化，完善环境资源审判专门化与传统审判方式的协调与协同机制，统一裁判尺度。

大力推进环境公益诉讼制度，推进纠纷多元化解决方式并加强对接，不断探索具有中国特色的生态环境公共利益保护的司法模式。以构建先进的环境监测预警体系、完备的环境执法监督体系、高效的环境信息化支撑体系为重点，进一步提高环保部门的履职能力。

完善国家环境监测网络，提高农村地区环境监测覆盖率。探索推进区域联合执法，加强环保与公安、法院等执法联动，严肃查处环境违法行为，提高环保执法震慑力。实施国家生态环境保护信息化工程，推进环境信息公开和资源共享。

（六）强化和完善生态法律监督体系建设

监督监管是环境行政管理中的一个重要的环节。如果执法不严，监管不力，环境政策和法律将不会得到有效的实施。完善生态法律监督机制，需要制定更加合理和完善的环境行政监督机制来保障环境法律法规的施行。加强生态法治的法律监督，需要充分发挥生态法律的监督，包括司法监督、社会团体监督和舆论监督的作用。首先是检察机关的监督，应当在制度设计时明确监督的范围、方式、程序，不断地细化监督环节，既要做到能够有效监督又要做到监督权不被滥用干预司法活动。同时要不断加大监督力度、提高监督的水平，司法机关也应当积极

配合检察机关的监督工作，共同维护生态文明法治建设司法活动的公平公正和权威性。其次要完善人民监督、社会舆论监督制度。及时回应社会各界和舆论关心的热点问题，通过媒体这一媒介对处理结果进行公布，使得人民群众能够及时了解案件进程；同时也要给舆论监督划定红线，防止舆论干预司法的情况出现，避免造成司法机关被舆论所左右的后果。再次，加强司法机关内部自身的监督。司法机关工作人员应当严格要求自己，在对外交往时注意自己的身份，严格按照相关的规范和职业道德约束自身的言行，坚决杜绝司法腐败行为，加强作风建设。

通过建立和实施生态环境违法违规责任追究制度，激发和强化各级领导干部、环保执法人员、环保产业单位及其从业人员和广大人民群众的生态文明建设责任意识，规范和完善环境污染听证制度，使公众能够通过适当的机会、手段和途径参与环境法律监督，这样既能提高公民的守法自觉性，又能提高他们监督环境执法的责任感。为了加大环境法律的监督力度，还需要建立健全环境信息披露机制。

(七) 倡导全民守法，自觉践行生态法治要求

公民自觉守法是推进生态法治建设的关键。建设新时代的美丽中国是每一位公民的共同愿望，实现这一目标不仅需要健全生态立法、推进严格执法，同时也需要全体公民增强生态守法意识，自觉遵守生态环境建设的法律法规。当前，全面依法治国的稳定推进使我们距离中华民族伟大复兴的中国梦更加接近。加强公民对生态法律制度的遵循，将使我国公民秉持法治理念自觉践行生态绿色理念，主动为保护身边的环境、珍惜绿色生态资源而积极努力。只有人人守法、崇尚守法，才能真正建立生态法治理念下的美丽中国。为此，要在全面依法治国的进程中加强公民生态守法教育，进一步提高全民的生态法治素养。

1. 生态法治的核心是普遍守法

对于人民群众而言，要想有效加强他们的法律意识，首先要培养他们的守法意识，进行积极的教育宣传和法律普及。通过宣传教育，增强公众的环境权利意识，使公众在环境知情权、环境监督权、环境事务参与权、环境结社权、环境改善权、环境请求权等程序上的环境权得到尊重和保护。提高公众的环境法律意识，提高公民的环境守法意识，营造全民环保的氛围，调动人民群众主动自觉地进行生态环境保护、参与生态环境保护监督管理的积极性，明确保护生态环境的职责、权利和义务，学会运用生态环境保护法律法规来维护自身的生态环境权益，并敢于对污染和破坏生态环境的行为进行检举和控告，为生态法治建设提供牢固的群众基础。

2. 加强生态普法宣传教育，扩大生态法治的社会影响力

（1）要增强生态普法工作的独立性，在普法工作计划中加强生态普法设计

结合不同的普法对象进行有针对性的高效普法工作，促进习近平新时代中国特色社会主义思想的大众化传播。培养全体公民的生态文明观与生态法治观，增强公民的生态法治自觉，形成以尊重生态法治为荣，以违背生态法治为耻的良好社会风气。生态文明更是一种习惯，习惯应该从娃娃抓起。因此，将生态法治思想融入学前教育到高等教育的各个环节，形成生态宣传教育体系，构建全面参与的社会行动体系势在必行。对于中小学生而言，在教学过程中可采取生动的方式或在组织课外活动时融入教育，要保证知识的直观性及丰富性，自觉引导，使生态文明法治在他们心中萌芽，为未来的教育奠定基础。对于大学生而言，要把握学生的特点，选择合适的方式进行生态文明建设宣传，在进行教学过程中应把握好方式和课程内容，要将生态文明建设贯穿到整个过程中。

（2）要发挥出榜样人物的引领作用

全体公职人员、公众人物、道德模范等要带头遵守生态法律法规，引领全民尊重生态立法，提高公民在生态法治方面的知识储备。

（3）采取多元化的教育措施

包括社区教育、新媒体教育以及学校教育等，重点利用多元媒体平台加强生态法治宣传，传递生态法治的知识理论与发展成果，全面提高公民的生态守法意识和能力。从而依靠全民守法，维护生态法治的社会地位和公信力，使生态法治为建设美丽中国提供坚实的保障。

3. 生态文明建设是一项全民事业，需要公众参与和支持

思想的培养离不开社会环境的教育，在进行生态文明法制观念建设过程中，要确保所有公民都能切实地感受到人与自然和谐的魅力，明确生态环境的重要性，观察生态环境的感觉和法律保护环境，造福人类。

总之，推进生态法治是在新时代建设美丽中国的必由之路和筑基之举，也是促进人们形成生态保护自觉意识的重要条件。生态法治的发展将为美丽中国建设创造积极的环境，促进生态立法的完善化、执法的严格化以及守法的全面化。在新时代中，需进一步加强生态法治建设，依法加快生态文明体制改革，使生态文明建设拥有健全的法制保障，从而推动形成人与自然和谐发展的现代化、法治化建设新格局。进一步加强生态法治建设，真正做到有法可依、有法必依、执法必严、违法必究，才能使生态法治成为建设生态文明的可靠而坚实的法律支持和保障。

第九章
生态文明建设的伟大成就

植树造林、保护森林、改善生态是中国的一项基本国策。1949 年《中国人民政治协商会议共同纲领》提出"保护森林，并有计划地发展林业"的方针，据此制定了一系列林业政策。1961 年，中共中央发布《关于确定林权、保护山林、发展林业的若干政策规定（试行草案）》。1981 年中共中央、国务院公布《关于保护森林、发展林业若干问题的决定》。1984 年第六届全国人民代表大会第七次会议通过《中华人民共和国森林法》，确定了"以营林为基础，普遍护林，大力造林，采育结合，永续利用"的方针。党的十一届三中全会后进行经济体制改革，确认全民所有制、集体所有制、个体所有制和几种所有制的联合经营都是社会主义林业经济不可缺少的组成部分。

大规模造林是在建国初期，主要是在东北西部、河北西部、河南东部等自然灾害严重的地区营造农田防护林；同时在全国各地开展封山育林。第一个五年计划期间，开始大规模造林，着重营造用材林，并着手绿化西北黄土高原。20 世纪 70 年代，华北、中原地区开展平原绿化，并在条件适宜的地方试行飞机播种造林。1978 年开始建立西北、华北、东北防护林（以下称三北防护林）体系，并在全国范围内开展全民义务植树、绿化祖国的活动，至 80 年代已涌现一批人工用材林基地，防护林也已发挥效益，并有了近亿亩的经济林。

陆续开展的全民义务植树活动、三北防护林建设、长江防护林建设、天然林保护、退耕还林工程、自然保护局建设、湿地保护工程、野生动植物保护、蓝天工程、国家公园建设、生态文明试验区建设、乡村振兴以及正在推行构建的林长制管理体系等，都为我国推进生态文明建设发挥了基础性作用，取得了生态文明建设的伟大成就。

一、全民义务植树运动有力推动了中国生态状况的改善

从 20 世纪 80 年代起，中国持续 40 多年开展全民义务植树运动，实施了三北防护林等重点生态工程，制订了《中华人民共和国森林法》《中华人民共和国野生动物保护法》《中华人民共和国防沙治沙法》《中华人民共和国野生植物保护条例》《中国 21 世纪议程林业行动计划》《全国生态环境建设规划》等一系列法律、法规和政策、措施，使林业保持了较快发展。

全民义务植树运动启动之前的 1981 年，中国森林面积为 17.29 亿亩，活立木蓄积量为 102.6 亿立方米，森林覆盖率为 12%。启动之后，中国实现森林资源的持续增长，森林植被状况的改善，不仅美化了家园，减轻了水土流失和风沙对

农田的危害，还有效提高了森林生态系统的有机调适能力。

第九次全国森林资源清查成果——《中国森林资源报告（2014—2018）》公布，中国森林覆盖率为22.96%，这个数据比第八次全国森林资源清查的森林覆盖率21.63%提高了1.33个百分点。这意味着全国森林面积净增1266.14万公顷，净增森林面积超过了福建省的面积。全国现有森林面积2.2亿公顷，森林蓄积量175.6亿立方米，实现了30年来连续保持面积、蓄积量的"双增长"。我国森林生态主要服务功能显著增强，年涵养水源量达6289.5亿立方米，年固土量达87.48亿吨，年保肥量达4.62亿吨，年吸收大气污染物量达4000万吨，年滞尘量达61.58亿吨，年释氧量达10.29亿吨，年固碳量达4.34亿吨。

2020年12月17日，国务院新闻办公室举行新闻发布会，介绍我国生态修复有关情况："十三五"以来，我国完成国土绿化面积6.89亿亩，完成森林抚育6.38亿亩，落实草原禁牧面积12亿亩，草畜平衡面积26亿亩。全国森林覆盖率达到23.04%，森林蓄积量超过175亿立方米，草原综合植被覆盖度达到56%。如期完成国土绿化"十三五"规划任务。

"十三五"期间，国土绿化呈现两个突出亮点。一是国土绿化与国家重大发展战略实现了更紧密的结合。国土绿化工作围绕国家重大发展战略进行谋划和布局，2018年以来，围绕脱贫攻坚，全国2/3以上的造林绿化任务安排到贫困地区，优先安排建档立卡贫困人口参与造林绿化，获得劳务性收入。5年来，在贫困地区累计选聘生态护林员110万名，安排中央资金205亿元，结合其他帮扶措施，精准带动300多万贫困人口脱贫增收。二是扩面增绿与提质增效相结合。"十三五"期间，森林质量精准提升、提质增效被提到了更高位置，与推进大规模国土绿化有机结合，每年营造林面积在1亿亩以上，同时，加强草原保护修复，实施林草质量精准提升工程，每年森林抚育在1.2亿亩以上。我国成为全球森林资源增长最多、最快的国家，生态状况得到了明显改善，森林资源保护和发展步入了良性发展的轨道。

"十四五"国土绿化目标基本确定，力争到2025年全国森林覆盖率达到24.1%，森林蓄积量达到190亿立方米，草原综合植被盖度达到57%，湿地保护率达到55%，60%可治理沙化土地得到治理。未来，林草系统将把科学绿化、高质量发展贯穿到国土绿化的全过程和各环节，把国土绿化与国土空间生态修复规划、重要生态系统保护和修复重大工程规划以及耕地保护制度等规划制度有机衔接，把国土绿化与应对气候变化有机结合起来。

二、六大林业重点工程为改善生态奠定了基础

六大林业重点工程是天然林资源保护工程、退耕还林工程、京津风沙源治理工程、三北和长江中下游地区等重点防护林建设工程、野生动植物保护和自然保护区建设工程、重点地区速生丰产用材林基地建设工程。这六大工程的实施，不仅对中国改善生态环境、实现可持续发展发挥重要作用，也是对维护全球生态安全的重大贡献。

(一) 天然林资源保护工程

天然林资源保护工程主要解决天然林的休养生息和恢复发展问题。

天然林资源保护工程实施范围包括：长江上游、黄河上中游地区和东北、内蒙古等重点国有林区的 17 个省区市的 734 个县和 167 个森工局。

2000—2010 年天然林资源保护工程建设主要实现三大目标：一是切实保护好现有森林资源。长江上游、黄河上中游地区全面停止天然林的商品性采伐，东北、内蒙古等重点国有林区，按计划调减木材产量 1990.5 万立方米，对 9420 万公顷森林严加保护。二是加快森林资源培育步伐。长江上游、黄河上中游地区，新增林草面积 1466 万公顷，其中新增森林面积 866 万公顷，森林覆盖率增加 3.72 个百分点。三是妥善分流安置工程区内富余职工 74.1 万人。

天然林资源保护工程的实施，使天然林保护工程区 9266 万公顷森林得到有效管护，这个面积占全国森林总面积的 60%，新增森林面积 633 万公顷，净增蓄积量 1.86 亿立米。使长江上游、黄河上中游 13 个省(自治区、直辖市)全面停止了天然林商品性采伐，东北、内蒙古等国有林区调减木材产量 763 万立方米，53 万林区职工顺利实现转岗分流。

(二) 退耕还林工程

退耕还林工程主要解决重点地区的水土流失问题。

退耕还林工程覆盖了 24 个省(自治区、直辖市)。规划在 2001—2010 年间，完成退耕还林 1466 万公顷，宜林荒山荒地造林 1733 万公顷。工程建成后工程区将增加林草覆盖率 5 个百分点，水土流失控制面积 8666 万公顷，防风固沙控制面积 1.03 亿公顷。

自 1999 年启动实施两轮退耕还林工程以来，退耕还林工程取得了巨大成效，

全国实施退耕还林还草 5 亿多亩，其中，两轮退耕还林还草增加林地面积 5.02 亿亩，占人工林面积 11.8 亿亩的 42.5%；增加人工草地面积 502.61 万亩，占人工草地面积 2.25 亿亩的 2.2%。退耕还林工程总投入超过 5000 亿元，相当于两个半三峡工程的投资规模。

在党中央、国务院的高度重视下，在社会各界的广泛关注下，2014 年，为加强生态文明和美丽中国建设，国家做出了实施新一轮退耕还林还草的决定，共安排新一轮退耕还林还草任务 5989.49 万亩，其中还林 5486.88 万亩，还草 502.61 万亩，涉及河北、山西、内蒙古等 22 个省（自治区、直辖市）和新疆生产建设兵团。新一轮退耕还林还草中央已投入 687.6 亿元。工程实施规模由《新一轮退耕还林还草总体方案》时的 4240 万亩扩大到目前的近 8000 万亩，工程实施省份由 2014 年的 14 个省（自治区、直辖市）扩大到 22 个省（自治区、直辖市）和新疆生产建设兵团。2017 年起，退耕还草的补助标准由 800 元/亩，提高到 1000 元/亩；退耕还林种苗造林费补助由每亩 300 元提高到 400 元，使新一轮退耕还林总的补助标准达到每亩 1600 元。

我国退耕还林还草工程是人与自然和谐共生的绿色实践，自 1999 年启动实施退耕还林还草工程以来，我国加快了国土绿化进程，对改善生态环境、维护国土生态安全发挥了重要作用。退下来的田还以林草，带来的不仅是绿水青山，更是金山银山。

1999 年以来，全国累计实施退耕还林还草 5.08 亿亩，其中退耕地还林还草 1.99 亿亩、荒山荒地造林 2.63 亿亩、封山育林 0.46 亿亩。20 年来，退耕还林还草工程造林面积占我国重点工程造林总面积的 40%，目前成林面积近 4 亿亩，超过全国人工林保存面积的三分之一。

通过一"退"一"还"，工程区生态修复明显加快，林草植被大幅度增加，森林覆盖率平均提高 4 个多百分点，一些地区提高十几个甚至几十个百分点，生态面貌大为改观。

在复杂的生态系统中，林业在维护国土安全和统筹山水林田湖草综合治理中占有基础地位。习近平总书记指出："我们要认识到，山水林田湖是一个生命共同体，人的命脉在田，田的命脉在水，水的命脉在山，山的命脉在土，土的命脉在树。"

国家林业和草原局提供的数据显示，退耕还林还草每年在保水固土、防风固沙、固碳释氧等方面产生的生态效益总价值达 1.38 万亿元，涵养的水源相当于三峡水库的最大蓄水量，减少的土壤氮、磷、钾和有机质流失量相当于我国年化肥施用量的四成多。第三次全国石漠化监测结果显示，2011—2016 年，我国石漠化面积年均缩减 3.45%，以退耕还林还草为主的人工造林种草和植被保护贡献率达 65%。

通过实施退耕还林还草工程，把生态承受力弱、不适宜耕种的地退下来，种上树和草，是从源头上防治水土流失、减少自然灾害、固碳增汇和应对气候变化的重要措施，有利于推动山水林田湖草生态系统健康发展。农民群众是退耕还林还草工程的建设者，也是最直接的受益者。退耕还林还草工程区大多是贫困地区，工程的扶贫作用日益显现。退耕还林还草工程的实施，也极大促进了农村产业结构调整，为实现农业可持续发展开辟了新途径。通过优化土地利用结构，促进农业结构由以粮为主向多种经营转变，粮食生产由广种薄收向精耕细作转变，实现了地减粮增、林茂粮丰。依托退耕还林还草培育的绿色资源，森林旅游、乡村旅游、休闲采摘等新型业态大力发展，退耕还林还草这个绿色实践进一步证实绿水青山就是金山银山。

(三) 京津风沙源治理工程

京津风沙源治理工程主要解决首都周围地区的风沙危害问题。

京津风沙源治理工程建设范围包括北京、天津、河北、山西、内蒙古 5 省 (自治区、直辖市) 的 75 个县，总面积为 46 万平方千米。计划在 2001—2010 年间，完成退耕还林 263 万公顷，营林造林 494 万公顷，治理草地面积 1063 万公顷，修建水利配套设施 11.38 万处，小流域综合治理 2.3 万平方千米，生态移民 18 万人。工程建成后，森林覆盖率将达到 19.44%，增加 8.27 个百分点，完成治理任务 90 万公顷，实现京津地区生态好转。

(四) 三北和长江中下游地区等重点防护林建设工程

三北和长江中下游地区等重点防护林建设工程主要解决三北地区的防沙治沙问题和其他地区各不相同的生态问题。

具体包括三北防护林第四期工程，长江、沿海、珠江防护林二期工程和太行山、平原绿化二期工程。三北防护林第四期工程已全面启动，重点是防沙治沙，范围包括我国三北地区 13 个省 (自治区、直辖市) 的 590 个县。计划在 2001—2010 年间，完成造林 946 万公顷，治理沙化土地 130 万公顷。工程建成后，将使工程区内的森林覆盖率净增 1.84 个百分点，使近 1133 万公顷农田得到庇护，1266 万公顷沙化、盐渍化、退化草场得到保护和恢复。长江中下游地区等重点防护林建设工程，范围涉及我国 31 个省 (自治区、直辖市) 的有关地区。计划在 2001—2010 年间，完成造林 1800 万公顷，改造低效防护林 733 万公顷，管护好现有森林 3733 万公顷，完成沙化土地治理面积 158 万公顷。全国荒漠化和沙化面积呈现"双减少"、程度呈现"双减轻"的明显成效。

(五) 野生动植物保护及自然保护区建设工程

野生动植物保护及自然保护区建设工程主要解决物种保护、自然保护、湿地保护等问题。

野生动植物保护及自然保护区建设工程在 2001—2010 年间实施，一是建成大熊猫、金丝猴、藏羚羊、兰科植物等 15 个野生动植物保护项目；二是建成 200 个典型的森林、湿地和荒漠生态系统类型自然保护区项目，32 个湿地保护和合理利用示范项目，5 万个自然保护小区；三是建成国家野生动植物种质资源基因库、野生动植物国家科研体系和有关监测网络。到 2010 年，使全国自然保护区总数达到 1800 个，其中国家级 220 个，自然保护区面积占国土面积的比例达到 16.14%。

经野生动植物保护和自然保护区建设工程的实施，新建自然保护区 167 处，使森林和野生动植物类型自然保护区总数达到 1156 处，总面积 1.16 亿公顷，占国土面积的 12.09%。

(六) 重点地区速生丰产用材林基地建设工程

重点地区速生丰产用材林基地建设工程主要解决木材供应问题。

工程布局于我国 400 毫米等雨量线以东的 18 个省(自治区)的 886 个县、114 个林业局、场，计划在 2001—2015 年间，分三期建立速生丰产用材林基地近 1333 万公顷。工程建成后，每年能提供木材 1.3 亿立方米，约占我国当时商品材消费量的 40%，使我国木材供需基本趋于平衡。重点地区速生丰产用材林基地建设工程在主要解决木材供应问题的同时，一定程度上减轻了木材需求对森林资源的压力。

六大工程规划范围覆盖了全国 97% 以上的县，规划造林任务达 7600 万公顷，工程范围之广、规模之大、投资之巨为历史罕见，其中四项工程的规模都超过了苏联的改造大自然计划、美国的大草原林业工程和北非五国的绿色坝工程。

以六大工程实施为标志，中国林业建设进入了新的发展阶段。这一阶段的林业建设，以贯彻生态效益优先和生态效益、经济效益和社会效益兼顾的指导思想加快发展，实现了五个历史性转变。一是由以产业为主向以公益事业为主的转变。过去中国林业曾经被定位为国民经济的基础产业，进入 21 世纪，森林在生态建设中的主体地位和在可持续发展中的基础地位受到空前关注，国务院批准的六大林业重点工程完全纳入了社会公共工程范畴，这标志着林业定位从以产业为主转向以公益事业为主。二是由无偿使用森林生态效益向有偿使用森林生态效益的转变。2001年，国家林业局和财政部决定，在11个省（自治区）的660个县级单位和24个国家级自然保护区先行试点有偿使用森林生态效益，面积为1333万公顷。这一制度的推行，标志着中国无偿使用森林生态价值的历史宣告结束，开始进入有偿使用森林生态价值的新阶段。三是由毁林开荒向退耕还林的转变。过去，毁林开荒对解决粮食问题曾经发挥了重要作用，但同时也成为生态恶化的重要原因。为治理水土流失，在1999年启动退耕还林工程后，实现了从毁林开荒到退耕还林、从以粮为纲到以粮换林的大转变，这是中国林业发展史上一个重大转变。四是由采伐天然林为主逐步向采伐人工林为主的转变。天然林一直是中国最主要的木材生产基地。随着六大工程的实施，天然林将受到严格保护。不仅如此，为了培育更多的天然林资源，造林方式也正在由以人工造林为主向以封山育林为主，封山育林、飞播造林、人工造林相结合转变。同时，天然林采伐量大幅度下降，人工林采伐量比重增加，经过一段时间的努力，将逐步过渡到以采伐人工林为主的新阶段。五是由部门办林业向社会办林业的转变。

六大工程受到全社会的高度重视和积极参与，地方各级政府制订了实施方案，落实具体措施，六大工程建设成就是全社会的共同行动结果。但这一系列工程的实施，并没有使生态恶化的趋势得到根本扭转，生态文明建设任重道远。森林资源总量不足、质量低下、分布不均；中国森林面积仅占世界的4.1%，森林蓄积量仅占世界的2.9%，远不能满足占世界22%人口生产和生活的需要，特别是人口、经济高增长对森林资源造成巨大消耗必将形成更大的压力；过去五十年，全国共消耗森林资源100亿立方米，今后五十年，如果仅按现在年均森林消耗量3.7亿立方米计，森林资源消耗量至少需要185亿立方米，为现有森林总量的1.6倍；由于森林植被稀少，全国沙漠化土地达1.7亿公顷，占国土面积的18.2%，受沙漠化影响的人口达4亿人，水土流失面积达3.6亿公顷，占国土面积的38.2%，每年流失土壤50亿吨。

三、国家生态文明示范区建设是探索生态文明建设的有效模式

面对资源约束趋紧、环境污染严重、生态系统退化的严峻形势，必须树立尊重自然、顺应自然、保护自然的生态文明理念，走可持续发展道路。

党的十八大将"生态文明建设"已提升到与经济建设、政治建设、文化建设和社会建设同等重要的高度。把生态文明建设纳入中国特色社会主义事业"五位一体"总体布局，党中央、国务院就加快、推进生态文明建设作出一系列决策部署，先后印发了《关于加快推进生态文明建设的意见》和《生态文明体制改革总体方案》。党的十八届五中全会提出，设立统一规范的国家生态文明试验区，重在开展生态文明体制改革综合试验，规范各类试点示范，为完善生态文明制度体系探索路径、积累经验。开展国家生态文明试验区建设，对于凝聚改革合力、增添绿色发展动能、探索生态文明建设有效模式，具有十分重要的意义。

（一）生态示范区建设

生态示范区是以生态经济学原理为指导，以协调经济、社会、环境建设为主要对象，在一定行政区域内，以生态良性循环为基础，实现经济社会全面健康的持续发展。生态示范区是一个相对独立，又对外开放的社会、经济、自然的复合生态系统。

其根本目标是按照可持续发展的要求和生态经济学原理，合理组织、积极推进区域社会经济和环境保护的协调发展，建立良性循环的经济、社会和自然复合生态系统，确保在经济、社会发展，满足广大人民群众不断提高的物质文化生活需要的同时，实现自然资源的合理开发和生态环境的改善。

生态示范区建设是实施可持续发展战略的最基本的经济社会形式，是可持续发展思想的集中体现。中国要发展，必须正视人口众多，资源匮乏的国情，必须走可持续发展的道路。与传统的高投入、高消耗的发展模式相反，可持续发展强调，既要满足当代人的需要，又不对后代人满足其需要的能力构成危害。在这种模式中，环境保护是发展的目标，是经济发展不可或缺的因素之一。因此生态示范区是实施可持续发展的最基本的社会经济形式，也是落实基本国策的重要保证。

生态示范区建设是在一个市、县区域内，由政府牵头组织，以社会—经济—自然复合生态系统为对象，以区域可持续发展为最终目标的一种工作组织方式。生态示范区建设的目的是按照可持续发展的要求和生态经济学原理，调整区域内经济发展与自然环境的关系，努力建立起人与自然和谐相处的社会，促进经济、社会和自然环境的可持续发展。

环境保护是世界性潮流，20 世纪 80 年代中期国际上提出了可持续发展的重要思想。1992 年联合国环境与发展大会中可持续发展的思想取得了世界各国的共识。各国都积极贯彻落实可持续发展思想，努力探索适宜的模式，生态示范区建设成为实现可持续发展首选的重要措施。

改革开放以来，我国经济社会得到了长足的发展。但随着社会经济活动强度的不断增大，生物多样性减少、资源衰退、水土流失、自然灾害频繁等一系列生态问题日益突出，生存环境污染以及乡镇企业和农业的粗放式经营带来的农村生态环境问题也日趋严重。生态环境问题已成为制约经济和社会可持续发展的重要因素。基于实施可持续发展战略的需要和适应全国环境保护形势，特别是农村环境保护形势的需要，我国于1995年启动生态示范区建设试点工作。浙江省从20世纪80年代初开始进行以生态村、镇为中心内容的生态农村建设，1995年绍兴县、磐安县和临安县（1996年撤县设市）被列为首批国家级生态示范区建设试点。

1. 生态示范区建设的指导思想

根据国民经济和社会发展的总目标，以保护和改善生态环境、实现资源的合理开发和永续利用为重点，通过统一规划，有组织、有步骤地开展生态示范区的建设，促进区域生态环境的改善，推动国民经济和社会持续、健康、快速地发展，逐步走上可持续发展的道路。

2. 生态示范区建设的基本原则

（1）环境效益、经济效益、社会效益相统一原则

生态示范区建设应与农村脱贫致富、地区经济发展结合起来，与当地的社会发展、城乡建设结合起来。

（2）因地制宜的原则

生态示范区建设应从当地的实际情况出发，以当地的生态环境和自然资源条件、社会经济和科技文化发展水平为基础，科学合理地组织建设。

（3）资源永续利用原则

提倡资源的合理开发利用，积极开展资源的综合利用和循环利用，能源的高效利用，实现废物的最小化；可更新资源和开发利用与保护增殖相并重，实现自然资源的开发利用与生态环境的保护和改善相协调。

（4）政府宏观指导与社会共同参与相结合原则

生态示范区建设作为一项政府行为，强调政府对生态示范区建设的宏观管理和扶持作用。同时，应充分调动社会力量共同参与。

（5）国家倡导、地方为主的原则

充分发挥地方政府的作用，遵循地方自主建设、自愿参与的原则。

（6）统一规划、突出重点、分步实施原则

生态示范区建设规划应当是生态环境建设与社会经济发展相结合的统一规划，应体现出生态系统与社会经济系统的有机联系。同时，规划应明确近、中、远期目标，并将建设任务加以分解落实，分阶段、分部门组织实施，突出阶段、部门的建设重点，组成重点建设项目。

3. 生态示范区建设的阶段目标

为使生态示范区建设规划与我国国民经济和社会发展规划、全国生态环境建设规格纲要相协调，生态示范区建设分为三个阶段进行。

第一阶段：近期目标，1996—2000 年，试点建设阶段，在全国建立生态示范区 50 个。

第二阶段：中期目标，2001—2010 年，重点推广阶段，在全国选取 300 个区域进行重点推广，建成各种类型，各具特色的生态示范区 350 个。

第三阶段：远期目标，2011—2050 年，普遍推广阶段，在全国广大地区推广生态示范区建设，使示范区的总面积达到国土面积的 50% 左右。

4. 生态示范区建设的指标

生态示范区可根据全国不同地区经济发展与生态环境状况，分为三类地区：

第一类：经济落后、群众生活贫困（人均收入少于或等于 400 元）和生态环境质量较差的地区；

第二类：中等经济水平（人均收入在 400~1000 元）和生态环境质量一般的地区；

第三类：经济发达（人均收入大于 1000 元）和生态环境质量较好的地区。

各生态示范区也可根据本地经济发展和生态环境的实际情况交叉利用上述目标。

生态示范区建设是推动区域社会经济可持续发展的一场重大革命，目前，我国已建成七个批次的国家级生态示范区。生态示范区建设的高标准和严要求，有力推动了生态文明建设的高质量发展。

（二）国家生态文明先行示范区建设

2013 年 12 月，六部委联合下发了《关于印发国家生态文明先行示范区建设方案（试行）的通知》，启动了生态文明先行示范区建设。《国家生态文明先行示范区建设方案（试行）》提出，通过五年左右的努力，使先行示范地区节能减排和碳强度指标下降幅度超过上级政府下达的约束性指标，森林、草原、湖泊、湿地等面积逐步增加、质量逐步提高，水土流失和沙化、荒漠化、石漠化土地面积明显减少，耕地质量稳步提高，形成可复制、可推广的生态文明建设典型模式。

2014 年 8 月，国家发展改革委、财政部、国土资源部、水利部、农业部、国家林业局六个部门联合印发《关于开展生态文明先行示范区建设（第一批）的通知》。六部委组织专家通过对申报地区的《生态文明先行示范区建设实施方案》进行了集中论证、复核把关，并向社会公示，最终确定北京市密云县等 57 个地区纳入第一批生态文明先行示范区建设，同时明确了 57 个地区的制度创新重点。

首批生态文明先行示范区建设将体现生态文明要求的领导干部评价考核体系、资源环境承载能力监测预警、生态补偿机制、污染第三方治理、国家公园体系、探索健全国有林区经营管理体制等 30 多项创新性制度纳入各地方实践探索重点。

《关于开展生态文明先行示范区建设（第一批）的通知》要求，先行示范地区要按照《生态文明先行示范区建设实施方案》确定的建设定位、主要目标和重点任务，建立工作机制，落实工作责任，明确工作分工和时间要求。要以制度创新为核心任务，以可复制、可推广为基本要求，围绕破解本地区生态文明建设的瓶颈制约，大力推进制度创新，为本地区乃至全国生态文明建设积累经验。国务院有关部门要结合工作职能，在规划编制、政策实施、项目安排、体制创新等方面对先行示范建设地区予以支持，强化调研指导、跟踪检查和督促落实，及时总结有效做法和成功经验。同时，六部委相关部门要定期组织专家对先行示范区开展监督检查和评估评价，建设期满后做好考核验收工作。

（三）国家生态文明试验区建设

党的十八大报告生态文明建设需要一套综合解决方案，2016 年 8 月 22 日，中共中央办公厅、国务院办公厅印发了《关于设立统一规范的国家生态文明试验区的意见》及《国家生态文明试验区（福建）实施方案》，要求各地区各部门结合实际认真贯彻落实。标志着国家生态文明试验区建设正式启动。

党中央、国务院高度重视生态文明建设，持续推进生态文明顶层设计和制度体系建设。设立统一规范的国家生态文明试验区，正是中央的重要战略部署之一。自 2016 年以来，中央先后在福建、江西、贵州和海南四省开展试验区建设，旨在通过开展生态文明体制改革的综合性试验，探索可复制、可推广的制度成果和有效模式，引领带动全国生态文明建设和体制改革。

试验区围绕生态文明体制改革大胆探索、先行先试，形成一批改革经验和制度成果。试验区率先构建了生态文明制度框架，建立起一批基础性制度，对推进生态文明体制改革发挥了重要的示范引领作用，"用制度保护生态环境"作用得到了初步发挥。

2020年12月国家发展改革委印发《国家生态文明试验区改革举措和经验做法推广清单》，此举标志着国家生态文明试验区已取得阶段性成果，将极大地促进各地区进一步深化生态文明体制改革，对"十四五"时期加快推进生态文明建设发挥重要示范和借鉴作用。

四、国家公园建设是生态文明建设的重要举措

自党的十八届三中全会提出"建立国家公园体制"以来，我国相继启动了若干国家公园体制试点，初步探索管理体制改革。依托国家林业和草原局驻地专员办，成立了东北虎豹、祁连山、大熊猫国家公园管理局，实现了跨省区的统一管理，同时与有关省分别成立了协调工作领导小组，共同推进试点工作。国家公园体制试点进展顺利，对国家公园体制试点区任务完成情况评估验收后，将正式设立为国家公园。在试点的过程中也持续加大生态保护力度。

2019年8月19日，习近平总书记致信祝贺第一届国家公园论坛开幕强调："中国实行国家公园体制，目的是保持自然生态系统的原真性和完整性，保护生物多样性，保护生态安全屏障，给子孙后代留下珍贵的自然资产。这是中国推进自然生态保护、建设美丽中国、促进人与自然和谐共生的一项重要举措。"

(一)东北虎豹国家公园建设

东北虎豹国家公园将珲春、汪清、老爷岭等多个自然保护区连成一个大区域，自然保护地破碎化问题得到较好解决，自然生态系统原真性和完整性进一步提升，野生动物数量稳步增长。

(二)祁连山国家公园建设

祁连山国家公园总面积为5.02万平方千米，其中甘肃省有3.44万平方千米，涉及肃北、肃南、阿克塞、中农发山丹马场等八县(区、场)和甘肃祁连山、盐池湾两个国家级自然保护区及十处保护地。祁连山国家公园青海片区面积1.58万平方千米，占总面积的31.5%，涉及德令哈市、祁连县、天峻县和门源县4县

（市）19个乡镇57个村4.1万人，包括青海省祁连山省级自然保护区、仙米国家森林公园、祁连黑河源国家湿地公园等。

2017年9月以来，按照中共中央办公厅、国务院办公厅印发的《关于建立以国家公园为主体的自然保护地体系的指导意见》，以及国家林业和草原局《祁连山国家公园体制试点实施方案》，甘肃省委、省政府先后制定下发了相关实施方案和任务，确定祁连山国家公园体制试点任务54项。甘肃省加强祁连山等自然保护区生态保护与建设综合治理，2018年年底保护区内违法违规建设项目得到彻底清理，自然保护区综合监管得到加强，生态保护与修复全面启动，理顺了管理体制，理清了自然资源资产权属，合理划定功能范围，增强了生态功能和生态产品供给能力。

以祁连山国家公园建设等为契机，2018年兰州大学建立了"祁连山研究院"，并获批"祁连山及其影响区生态系统修复技术研究与示范"省级科技重大专项项目，项目研究成果将为祁连山国家公园建设提供科学依据和支撑。同时，积极争取国家对祁连山国家公园建设科技创新工作的支持。2018年，由同济大学、兰州大学等单位申报的国家重点研发计划项目"甘肃祁连山等地区多源固废安全处置集成示范"项目，获拨中央财政经费2305万元。2019年，由中国科学院西北研究院申报的"祁连山自然保护区生态环境评估、预警与监控关键技术研究"国家重点研发计划项目，获拨中央财政经费2064万元。项目将预估气候变化对保护区的影响，并确定可允许的利用程度，构建保护区监控、评估、预警技术体系，提出管理办法，为保护区和国家公园管理运行提供技术支撑。为进一步加强自然生态空间保护，推进自然资源管理体制改革，甘肃省编制完成了《甘肃省自然生态空间用途管制试点技术指南》。同时，在张掖市率先打造"天空地"一体化生态监管网络体系，实现了对祁连山自然保护区内179个生态环境问题点位卫星遥感定位和对比监测。

为确保祁连山国家公园青海片区各项试点工作有力有序推进，自2017年试点以来，祁连山国家公园青海省管理局紧紧围绕《祁连山国家公园体制试点方案》《祁连山国家公园体制试点（青海片区）实施方案》目标任务，积极与青海省发展改革委、青海省财政厅对接，加强与国家林业和草原局相关司局沟通，先后争取落实中央、省级投资3.69亿元，安排实施了34个项目，为试点工作提供了有力的资金保障。

祁连山国家公园保护管理体制初步建立，山水林田湖草系统保护综合治理机制、资源开发管控和有序退出制度得到进一步完善健全，生态保护与民生改善协调发展新模式得以探索，积极构建生态保护长效机制。

(三) 大熊猫国家公园建设

2017 年，中共中央办公厅、国务院办公厅印发的《大熊猫国家公园体制试点方案》，全面启动大熊猫国家公园体制试点工作。试点区总面积 2.7 万平方千米，涉及四川、陕西、甘肃 3 省 12 市 (州) 30 县 (市、区)，纵横秦岭、岷山、邛崃山和大小相岭山系，包括各类保护地 77 个、水利风景区 10 个、森工企业 16 个、林场 53 个，开展加强以大熊猫为核心的生物多样性保护，创新生态保护管理体制，探索可持续的社区发展机制，构建生态保护运行机制以及开展生态体验和科普宣教等任务，大熊猫国家公园体制试点从多个维度出发，实时掌握保护区核心区域内主要物种和种群信息变化、生态旅游流量统计、重要道路卡口监测、行政执法取证、野外设备设施等数据情况，实现保护区管理现代化、管理规范化、保护专业化、应用科学化，为大熊猫及其生存环境保护提供了体制机制和技术支撑，大熊猫国家公园体制试点工作已取得初步成效。

随着国家公园保护管理体制初步建立，促进了自然生态系统的原真性和完整性、生物多样性，生态安全屏障得到有效保护，山水林田湖草系统保护综合治理机制也得以进一步完善。

五、国家乡村振兴战略推动生态文明建设向纵深发展

(一) 乡村振兴战略的重大意义

党的十九大作出中国特色社会主义进入新时代的科学论断，提出实施乡村振兴战略的重大历史任务，在我国"三农"发展进程中具有划时代的里程碑意义，必须深入贯彻习近平新时代中国特色社会主义思想和党的十九大精神，在认真总结农业农村发展历史性成就和历史性变革的基础上，准确研判经济社会发展趋势和乡村演变发展态势，切实抓住历史机遇，增强责任感、使命感、紧迫感，把乡村振兴战略实施好。

乡村是具有自然、社会、经济特征的地域综合体，兼具生产、生活、生态、文化等多重功能，与城镇互促互进、共生共存，共同构成人类活动的主要空间。我国人民日益增长的美好生活需要和不平衡不充分的发展之间的矛盾在乡村最为突出，我国仍处于并将长期处于社会主义初级阶段的特征很大程度上表现于乡村。全面建成小康社会和全面建设社会主义现代化强国，最艰巨最繁重的任务在

农村，最广泛最深厚的基础在农村，最大的潜力和后劲也在农村。实施乡村振兴战略，是解决新时代我国社会主要矛盾、实现"两个一百年"奋斗目标和中华民族伟大复兴中国梦的必然要求，具有重大现实意义和深远历史意义。

(二) 乡村振兴大力推进农村生态文明建设步伐

以习近平总书记关于"三农"工作的重要论述为指导，按照产业兴旺、生态宜居、乡风文明、治理有效、生活富裕的总要求，对实施乡村振兴战略作出阶段性谋划，分别明确至 2020 年全面建成小康社会和 2022 年召开党的二十大时的目标任务，细化实化工作重点和政策措施，部署重大工程、重大计划、重大行动，确保乡村振兴战略落实落地，是指导各地区各部门分类有序推进乡村振兴的重要依据。

实施乡村振兴战略是建设美丽中国的关键举措。农业是生态产品的重要供给者，乡村是生态涵养的主体区，生态是乡村最大的发展优势。乡村振兴，生态宜居是关键。实施乡村振兴战略，统筹山水林田湖草系统治理，加快推行乡村绿色发展方式，加强农村人居环境整治，有利于构建人与自然和谐共生的乡村发展新格局，实现百姓富、生态美的统一。

实施乡村振兴战略是实现全体人民共同富裕的必然选择。农业强不强、农村美不美、农民富不富，关乎亿万农民的获得感、幸福感、安全感，关乎全面建成小康社会全局。

党的十九大以来，乡村振兴战略在我国广袤农村地区如火如荼地实践，为新时代农村生态文明建设提供了难能可贵的历史机遇。生态文明建设是乡村振兴战略的主要内容和重要实现手段，乡村振兴战略的实施，有利于引起社会各界对农村生态文明建设的重视，有利于促进农村生态文明建设的整体推进，有利于保障农村生态文明建设的顺利开展。

生态振兴是乡村振兴的重措之举，打造优美宜居的生态环境是其目标的必然构成要素。乡村振兴是农村生态文明建设得以顺利开展的坚强后盾，农村生态文明建设作为乡村振兴的题中应有之义，是不可分割的重要部分，实现乡村振兴目标，全面发展和繁荣农村经济社会，必然充分重视农村生态文明建设，并付诸实践，将"生态宜居"作为农村生态文明建设的关键突破口，切实改善和优化农村人居环境，促进产业绿色兴旺，培育乡风生态文明，推动生态治理有效，解决人与自然、人与人、人与社会和谐共生的问题，促进农村绿色繁荣。推动乡村生态振兴，就是要以绿色发展为引领，严守生态保护红线，推进农业农村绿色发展，加快农村人居环境整治，让良好生态成为乡村振兴支撑点，打造农民安居乐业的美丽家园。良好生态环境是农村的最大优势和宝贵财富，因而乡村振兴必然需要以农村生态文明建设作为推动点，进一步完成"绿水青山"和"金山银山"的互通、互促，实现生态富裕，乡村振兴与农村生态文明建设毫无疑问是紧密融合、携同发展的共同体，乡村振兴与农村生态文明建设相互包含、相互促进、不可或缺、相得益彰、形成合力，必将实现乡村振兴与农村生态文明建设的双丰收。

六、全面推行林长制是建设生态文明的制度创新

2021 年 1 月，中共中央办公厅、国务院办公厅印发《关于全面推行林长制的意见》，决定全面推行林长制。这是以习近平同志为核心的党中央站在民族永续、国家发展、民生福祉的战略高度，就加强林草资源管理保护作出的一项重大决策部署，是我国生态文明领域的又一重大制度创新。

林长制是由省委书记、省长担任省级总林长，市、县、乡等各级党政主要领导担任各级林长，保护和发展林草资源的一项制度设计。推行林长制最为核心的是，进一步压实地方各级党委和政府保护发展林草资源的主体责任和主导作用，通过抓住"关键少数"形成"头雁效应"，构建党政同责、属地负责、部门协同、源头治理、全域覆盖的林草资源保护发展长效机制。

1. 林长制是发轫于基层、发展于实践的制度创新

通过实施林长制，显著增强了党政领导重视，推动林草事业发展的责任和意识，极大推动了相关部门和社会各界深度参与林草各项工作，明显强化了林草基层基础能力建设。

2. 全面推行林长制是推进生态文明建设的重大制度安排

林长制是继河长制、湖长制全面实施后，建设生态文明领域的又一改革创新。全面推行林长制是提高林草治理体系和治理能力的重要抓手。林长制通过强化党政领导主体责任，分解压实目标任务，建立考核问责机制，实现上有省委书记省长整体谋划、下有基层林长护林员责任到人的良好局面。

3. 全面推行林长制是促进林草事业高质量发展的战略机遇

林长制以党委领导、部门联动为着力点，以问题导向、因地制宜为关键点，构建党政统筹负责、部门齐抓共管、社会广泛参与的林草发展大格局，将有效解决制约林草事业发展的重大问题、历史难题，推动林草事业高质量发展。森林和

草原是重要的自然生态系统，对维护国家生态安全、推进生态文明建设具有基础性、战略性作用。我国已进入高质量发展阶段，对良好生态环境的需求加速升级。党的十九届五中全会提出要守住自然生态安全边界、提升生态系统质量和稳定性等新任务，也为林草工作提出了新要求。必须把握林草发展新机遇，开启林草建设新征程。

2012 年，党的十八大将生态文明建设摆到中国特色社会主义事业"五位一体"总体布局的战略位置。2018 年，中国将生态文明建设写入宪法。"绿水青山就是金山银山"已成为全民共识。

按照全国生态环境建设规划，到 2035 年，通过大力实施重要生态系统保护和修复重大工程，全面加强生态保护和修复工作，全国森林、草原、荒漠、河湖、湿地、海洋等自然生态系统状况实现根本好转，生态系统质量明显改善，生态服务功能显著提高，生态稳定性明显增强，自然生态系统基本实现良性循环，国家生态安全屏障体系基本建成，优质生态产品供给能力基本满足人民群众需求，人与自然和谐共生的美丽画卷基本绘就。森林覆盖率达到 26%，森林蓄积量达到 210 亿立方米，天然林面积保有量稳定在 2 亿公顷左右，草原综合植被盖度达到 60%；确保湿地面积不减少，湿地保护率提高到 60%；新增水土流失综合治理面积 5640 万公顷，75% 以上的可治理沙化土地得到治理；海洋生态恶化的状况得到全面扭转，自然海岸线保有率不低于 35%；以国家公园为主体的自然保护地占陆域国土面积 18% 以上，濒危野生动植物及其栖息地得到全面保护。

在二〇二〇年十月二十九日中国共产党第十九届中央委员会第五次全体会议通过的《中共中央关于制定国民经济和社会发展第十四个五年规划和二〇三五年远景目标的建议》中，将"生态文明建设实现新进步"作为"十四五"时期经济社会发展六项主要目标之一，引起全社会的高度重视，这也只是阶段性目标，虽然我国目前已取得生态文明建设的雄伟业绩，但建设生态文明是一项长期的艰巨的历史任务，不可能一蹴而就，生态文明建设利在当代、功在千秋、任重而道远，要以坚忍不拔的意志和无私无畏的勇气担当使命，战胜前进道路上的一切艰难险阻，为生态文明建设、美丽中国建设不懈奋斗，为人类文明发展进步作出更大贡献。

参 考 文 献

包存宽，2019. 当代中国生态发展的逻辑[M]. 上海：上海人民出版社.

包庆德，2010. 生态休闲：构建人类健康的精神家园——生态休闲方式与人的全面发展[J]. 内蒙古师范大学学报(哲学社会科学版)，39(02)：51-56.

陈凤芝，2014. 生态法治建设若干问题研究[J]. 学术论坛(4)：13-140.

陈戈，夏正楷，俞晖，2011. 森林公园的概念、类型与功能[J]. 林业资源管理(3)：41-45.

陈灵芝，1994. 中国的生物多样性现状及其保护对策[M]. 北京：科学出版社.

陈秋华，2018. 生态旅游[M]. 2版. 北京：中国农业出版社.

陈士勋，李利人，2012. 生态文明概念内涵解析[J]. 中共铜仁市委党校学报(3)：44-49.

成金华，尤喆，2019. "山水林田湖草是生命共同体"原则的科学内涵与实践路径[J]. 中国人口·资源与环境，29(2)：1-6.

邓益群，彭凤仙，周敏，2006. 固体废物及土壤监测[M]. 北京：化学工业出版社.

丁桂馨，2019. 论高校思政课马克思主义生态文明思想教学的"五课联动"机制构建[J]. 教书育人(12)：74-77.

钭晓东，杜寅，2017. 中国特色生态法治体系建设论纲[J]. 法制与社会发展(6)：21-38.

杜昌建，杨彩菊，2018. 中国生态文明教育研究[M]. 北京：中国社会科学出版社.

杜一萌，2020. 习近平生态文明思想研究[D]. 杨凌：西北农林科技大学.

方碧真，禹奇才，2013. 美丽中国之保护生物多样性[M]. 广东：广东科技出版社.

郭红，2019. 乡村振兴背景下的农村人居环境治理现状及建议[J]. 甘肃广播电视大学学报，29(04)：74-76.

郭金丰，2019. 新中国成立以来党的生态文明建设思想演进及价值[J]. 中共山西省委党校学报，42(5)：3-6.

国家林业和草原局，2019年中国国土绿化状况公报［EB/OL］．［2020-3-11］．http：//www. forestry. gov. cn /main/63/20200312/101503103980273. html.

胡孔发，曹幸穗，2010. 民国时期的植树造林运动研究［J］．农业考古（01）：296-300.

黄寰，2012. 区际生态补偿论［M］．北京：中国人民大学出版社.

吉登星，2016. 生态文明教育［M］．北京：中国林业出版社.

贾可忍，2020. 新中国70年生态文明建设思想演进研究［D］．通辽：内蒙古民族大学.

江明辉，王笑，2019. 习近平生态文明观视域下农类院校特色校园生态文化建设的探索——以福建农业职业技术学院为例［J］．太原城市职业技术学院学报（05）：100-102.

江曙光，2010. 中国水污染现状及防治对策［J］．水产科技情报，37（04）：177-181.

蒋泓峰，2018. 森林康养［M］．北京：中国林业出版社.

解振华，潘家华，2018. 中国的绿色发展之路［M］．北京：外文出版社.

靳媛媛，2019. 美丽中国建设的产业哲学研究［D］．长沙：湖南大学.

孔登魁，马萧，2018. 构建"山水林田湖草"生态保护与修复的内生机制［J］．国土资源情报（5）：22-29.

雷巍峨，2016. 森林康养概论［M］．北京：中国林业出版社.

黎国阳，闵江红，2017. 心怀绿色梦想 追寻生态文明——林业职业院校生态文明社团建设的实践与探究［J］．新疆林业（02）：11-13.

李晓西，2017. 绿色抉择：中国环保体制改革与绿色发展40年［M］．广州：广东经济出版社.

李妍欣，2021. 习近平生态文明思想的逻辑生成与科学内涵［J］．南方论刊（02）：21-23.

李政，2020. 新时代高职院校生态文明教育创新研究［J］．绿色科技（21）：266-268.

梁天驰，2019. 新时代我国生态文明法治建设问题研究［D］．锦州：渤海大学.

梁伟，2020. 新时代大学生生态文明教育研究［D］．太原：中北大学.

廖福霖，2019. 生态文明学［M］．北京：中国林业出版社.

林文雄，2019. 撑起美丽中国梦［M］．北京：高等教育出版社.

刘涵，2019. 习近平生态文明思想研究［D］．长沙：湖南师范大学.

刘湘溶，2012. 我国生态文明发展战略研究[M]. 北京：人民出版社.

刘向南，刘天昊，2020. 中国自然保护地体系建设现状、问题及对策研究[J]. 城乡建设与发展，31(11)：314-316.

刘歆，张新，苏百义，2021. 习近平生态文明思想的五重来源探赜[J]. 天水行政学院学报，22(01)：16-22.

刘玉新，2020. 习近平生态文明思想的演进[D]. 上海：上海师范大学.

卢风，2019. 生态文明：文明的超越[M]. 北京：中国科学技术出版社.

卢俊鸿，2010. 现代林业的内涵及发展背景[J]. 热带林业，38(1)：72-75.

卢育英，2019. 生态文明教育融于新时代高职院校人才培养的研究[J]. 天津职业院校联合学报，21(2)：8-12.

吕忠梅，2021. 习近平法治思想的生态文明法治理论[J]. 中国法学(01)：48-64.

马永欢，黄宝荣，林慧，等，2019. 对我国自然保护地管理体系建设的思考[J]. 生态经济，35(9)：182-186.

毛芳芳，2015. 森林环境[M]. 2版. 北京：中国林业出版社.

梅雪芹，2014，直面危机：社会发展与环境保护[M]. 北京：中国科学出版社.

门献敏，2020. 关于推进乡村文化振兴的若干关系研究[J]. 理论探讨(02)：46-51.

牛翠娟，娄安如，孙儒泳，等，2015. 基础生态学[M]. 3版. 北京：高等教育出版社.

潘家华，2019. 生态文明理论构建与实践探索[M]. 北京：中国社会科学出版社.

潘竟虎，徐柏翠，2018. 中国国家级自然保护地的空间分布特征与可达性[J]. 长江流域资源与环境，27(2)：353-362.

潘敬萍，2018. 生态文明视域下雾霾治理对策研究[J]. 学理论(08)：99-100.

潘岳，2013. 生态文明知识读本[M]. 北京：中国环境出版社.

彭广艳，2020. 生态环境保护的源头治理研究[J]. 资源节约与环保(12)：34-35.

彭娟莹，方晖，欧阳彬，2015. 空气环境监测[M]. 北京：化学工业出版社.

秦安臣，任士福，马建波，等，2001. 森林生态旅游概念的界定及其产业的正面效益[J]. 河北林果研究(03)：256-261.

任倩，2019. 生态文明概念解析[D]. 呼和浩特：内蒙古大学.

沙之杰，2011. 低碳经济背景下的中国节能减排发展研究[D]. 成都：西南财经大学.

邵光学，2019. 新中国成立70年中国共产党生态文明建设思想发展历程[J]. 云南行政学院学报(5)：137-141.

邵海荣，贺庆棠，2000. 森林与空气负离子[J]. 世界林业研究，13(5)：19-22.

石伟宏，林树德，2017. 农村生态环境治理的难点与对策[J]. 中国西部(008)：136.

史芳宁，刘世梁，安毅，等，2019. 基于生态网络的山水林田湖草生物多样性保护研究——以广西左右江为例[J]. 生态学报，39(23)：8930-8938.

宋秀兰，2008. 论农业清洁生产[J]. 现代农业科技(24)：361-362.

宋言奇，2008. 生态文明建设的内涵、意义及其路径[J]. 南通大学学报(社会科学版)，24(4)：103-106.

宋政梅，2011. 浅谈林业在国民经济建设中的地位和作用[J]. 吐鲁番科技(2)：10-13.

孙红香，2020. 城市雾霾天气分析及治理对策探讨[J]. 资源节约与环保(02)：29.

孙静静，2020. 自然保护地生态旅游管理与可持续发展思考[J]. 山西农经(22)：74-75.

唐芳林，2019. 建立以国家公园为主体的自然保护地体系[J]. 中国党政干部论坛(8)：40-44.

唐烨余，2019. 新时代大学生生态文明观协同教育研究[D]. 南宁：广西大学.

田兴军，2005. 生物多样性及其保护生物学[M]. 北京：化学工业出版社.

王春英，仲昭旭，2021. 习近平生态文明思想与生态文化体系建设研究[J]. 牡丹江师范学院学报(社会科学版)(01)：40-49.

王慷林，李莲芳，2019. 生物多样性导论[M]. 北京：科学出版社.

王蕾，2019. 习近平生态文明思想蕴涵的政治制度伦理研究[D]. 广州：华南理工大学.

王连芳，2012. 当代中国共产党人的生态文明思想研究[D]. 保定：河北大学.

王美珍，高健，2019. 新时代高校生态文明教育现状及对策探析[J]. 法制与社会(11)：199-120.

王腾茜，张双喜，2019. 新中国成立70年以来生态法治建设的回顾与展望[J]. 柴达木开发研究(5)：60-66.

王铁柱，2021. 习近平生态文明思想的理论创新[J]. 理论导刊(02)：11-16.

王文婷，2019. 十八大以来党的生态文明建设思想研究[D]. 合肥：安徽工程大学.

王中华，张学芳，刘明源，2019. 大学生生态文明教育的现状、问题及对策研究——以江苏泰州高校为例[J]. 轻工科技，35(12)：182-184.

吴会，2019. 生态文明建设的概念及内涵[J]. 智库时代(1)：2-21.

奚旦立，等，2010. 环境监测[M]. 4版. 北京：高等教育出版社.

谢辉，连娇，2018. 林业高职院校开展生态文明教育的必要性及实践探索[J]. 科教导刊(下旬)(03)：13-14.

谢秋凌，2020. 生态法治之实践维度[J]. 思想战线，46(3)：159-165.

徐海根，丁晖，吴军，等，2010. 生物多样性目标：指标与进展[J]. 生态与农村环境学报，26(4)：289-293.

燕连福，赵建斌，毛丽霞，2021. 习近平生态文明思想的核心内涵、建设指向和实现路径[J]. 西北农林科技大学学报(社会科学版)，21(01)：1-9.

杨春平，推动生产方式绿色化[N]. 光明日报，2015-05-12.

杨金兰，2014. 中国生态旅游现状分析[J]. 旅游纵览(04)：15.

杨晓辉，安凌，2020. 关于生态文明建设的环境法治保障探索[J]. 法制博览(12)：141-142.

杨孝青，2021. 习近平生态文明思想的哲学意蕴[J]. 新视野(02)：26-31.

杨英，宁淑媛，2020. 新时代生态文明体系构建探析[J]. 学理论(8)：12-13.

佚名，国家发展改革委 财政部 国土资源部 水利部 农业部 国家林业局，《国家生态文明先行示范区建设方案(试行)》：关于印发国家生态文明先行示范区建设方案(试行)的通知(发改环资〔2013〕2420号)[EB/OL]. (2013-12-02)[2020-12/28]. https：//www. 163. com/news/article/9L2CRJDL00014JB5. html.

佚名，中办国办印发《关于设立统一规范的国家生态文明试验区的意见》及《国家生态文明试验区(福建)实施方案》[EB/OL]. (2016-08-23)[2020-12/28]. http：//politics. people. com. cn/n1/2016/0823/c1001-28656432. html.

佚名，中办国办印发《建立国家公园体制总体方案》[EB/OL]. (2017-09-27)[2020-12/28]. http：//politics. people. com. cn/n1/2017/0927/c1001-29561108. html.

佚名，中共中央 国务院印发《乡村振兴战略规划(2018—2022年)》[EB/OL]. (2018-09-26)[2020-12/28]. http：//www. gov. cn/zhengce/2018-09/26/content_5325534. htm.

佚名，中共中央、国务院印发《生态文明体制改革总体方案》［EB/OL］．［2015-10-13］．https：//www.ndrc.gov.cn/fggz/tzgg/ggkx/201510/t20151013_1078169.html.

佚名，中共中央办公厅 国务院办公厅印发《关于全面推行林长制的意见》［EB/OL］．（2021-01-12）［2020-12/28］．http：//www.gov.cn/zhengce/2021-01/12/content_5579243.htm.

佚名，中华人民共和国国务院新闻办公室，中国实施六大林业重点工程［EB/OL］．（2002-05-14）［2020-12/28］．http：//www.scio.gov.cn/xwfbh/xwbfbh/wqfbh/2002/0514/Document/327575/327575.htm.

佚名，中华人民共和国环境保护部，《国家生态文明建设示范区管理规程（试行）》《国家生态文明建设示范县、市指标（试行）》——环境保护部关于印发《国家生态文明建设示范区管理规程（试行）》《国家生态文明建设示范县、市指标（试行）》的通知（环生态〔2016〕4 号）［EB/OL］．（2016-01-20）［2020-12/28］．https：//www.66law.cn/tiaoli/35067.aspx.

佚名，中华人民共和国生态环境部，全国生态示范区建设规划纲要（1996～2050 年）［EB/OL］．（1995-08-12）［2020-12/28］．http：//www.mee.gov.cn/home/ztbd/rdzl/stwm/sfcj/ghzb/201209/t20120920_236525.shtml.

尹建业，2016.深入实施河长制打造生态文明江西样板［J］．中国水利（23）：11，14.

于萍萍，2019.广东省自然保护地体系构建研究［D］．广东：华南理工大学.

虞崇胜，2020.开启全面建设社会主义现代化国家新征程的五个重要节点［J］．国家治理（11）：21-24.

袁晓玲，李文军，2019.新媒体下高校生态文明教育机制创新思路研究［J］．才智（12）：201.

张丙玲，2020.新时代背景下我国生态文明法治建设的问题分析及对策［J］．区域治理（1）：124-126.

张成利，2019.中国特色社会主义生态文明观研究［D］．北京：中共中央党校（国家行政学院）.

张聪，2020.马克思主义生态观视阈下我国生态文明建设研究［D］．长春：长春工业大学.

张帆，王丹，2015.论生态文明法治建设［J］．云南社会主义学院学报（31）：133-136.

张慧，2019.习近平生态文明思想研究［D］．泰安：山东农业大学.

张明荣，石光乾，贺志军，等，2017. 可持续发展在甘肃［M］. 兰州：甘肃文化出版社.

张小广，蒋成义，叶兴刚，2015. 大气污染治理技术［M］. 武汉：武汉理工大学出版社.

张晓，2018. 生态文明建设中的农村环境污染现状与保护治理［J］. 安徽农学通报，24(17)：5-7.

张永利，2004，现代林业发展理论及其实践研究［D］. 杨凌：西北农林科技大学.

中共中央文献研究室，2017. 习近平关于社会主义生态文明建设论述摘编［M］. 北京：中央文献出版社.

中央党校中国特色社会主义理论体系研究中心，2010. 加快推进生态文明建设［N］. 经济日报，2010-07-15(A09).

周琳，2019. 当代中国生态文明建设的理论与路径选择［M］. 北京：中国纺织出版社.

周心欣，方世南，2021. 习近平生态文明思想的环境权益观研究［J］. 南京工业大学学报(社会科学版)，20(01)：23-31，111.

周玉丽，任士福，2008. 谈森林环境对人类健康的影响［J］. 环境与健康，10：281-284.

朱卫彬，2013. "河长制"在水环境治理中的效用探析［J］. 江苏水利(10)：7-8.

邹长新，王燕，王文林，等，2018. 山水林田湖草系统原理与生态保护修复研究［J］. 生态与农村环境学报，34(11)：961-967.